时间之箭

［英］彼得·柯文尼　罗杰·海菲尔德　著　江涛　向守平　译

湖南科学技术出版社

扫描隧道显微镜中的原子形象

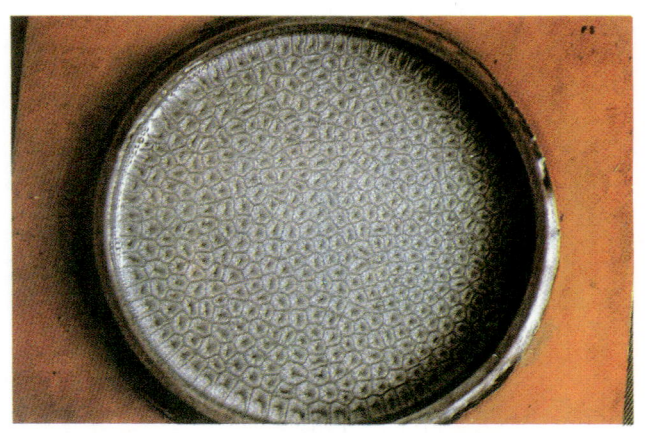

一层硅黄，一毫米厚，其中的六角形对流图案的全貌（上）与特写（下）

奇异吸引子一例

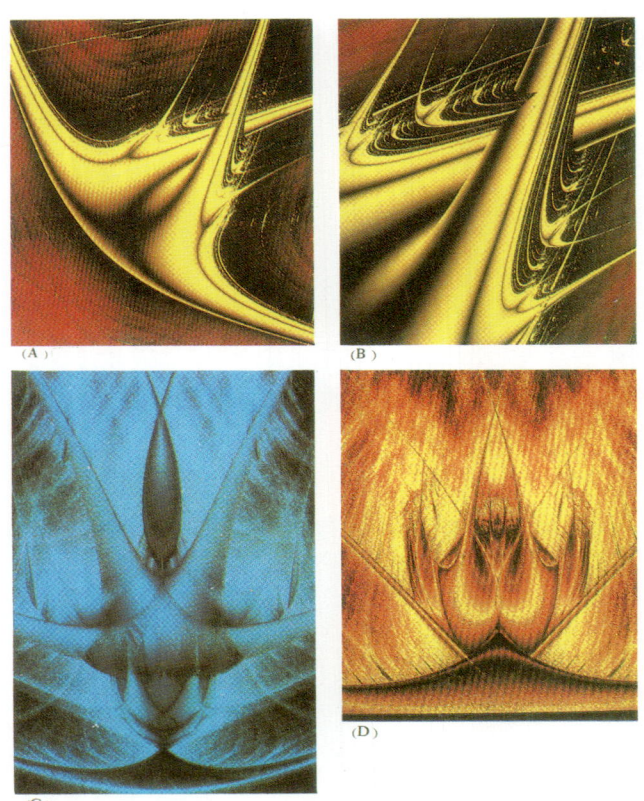

(A)　(B)　(C)　(D)

筹运方程式图示。一个群体总数动力学的简单模型的操作表演。
A 和 B：参数相同，放大率不同。C 和 D：不同参数，同一放大
率。淡区对应组织，深区对应混沌。

路德维格·玻耳兹曼

詹姆斯·克拉克·马克斯韦

阿尔伯特·爱因斯坦

麦克斯·普朗克

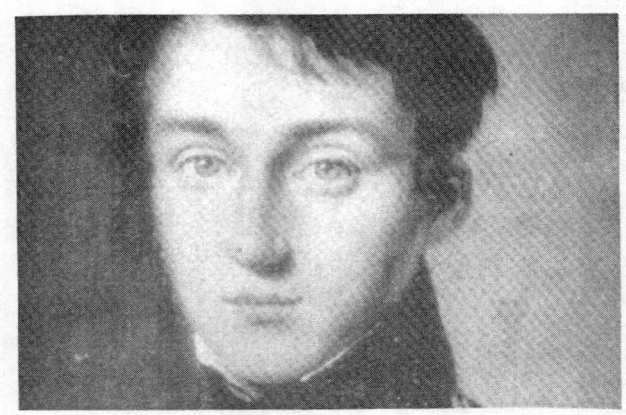

尼古拉斯·莱纳德·�迪·卡诺

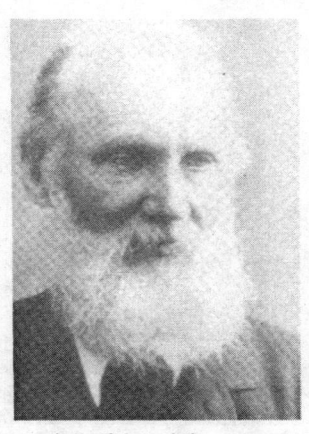

开尔文爵士·威廉·汤姆逊

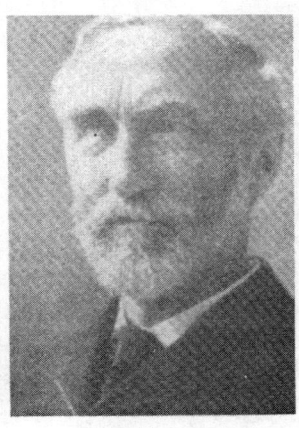

J·威拉德·吉布斯

拉尔斯·昂萨格

伊里亚·普里高金

茹道尔夫·克劳修斯

詹姆士·普莱斯特考·焦耳

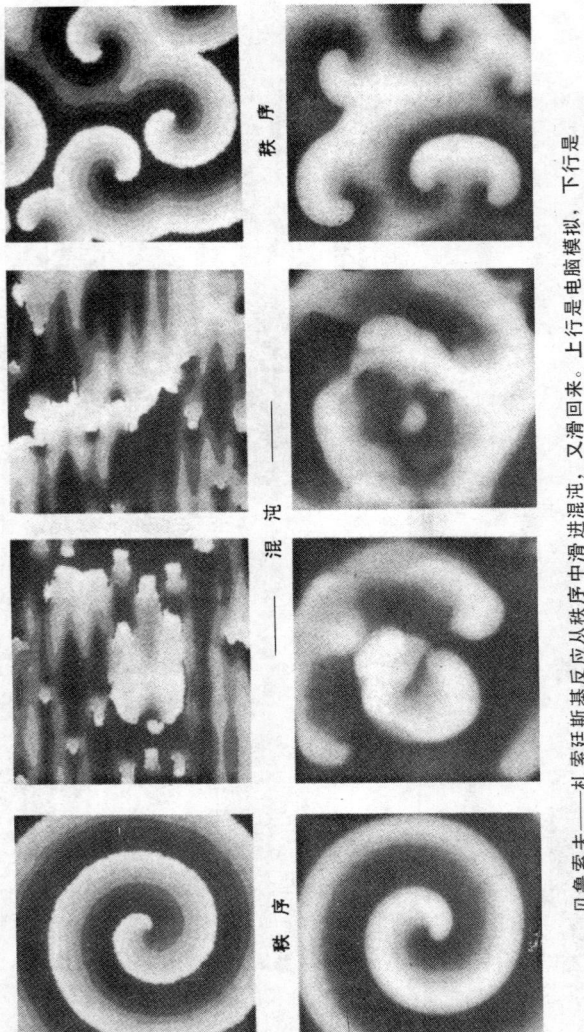

贝鲁索夫——扎鲍廷斯基反应从秩序中滑进混沌，又滑回来。上行是电脑模拟，下行是反应本身。（下）一个分维体。不管放大多少，形状都是一样。

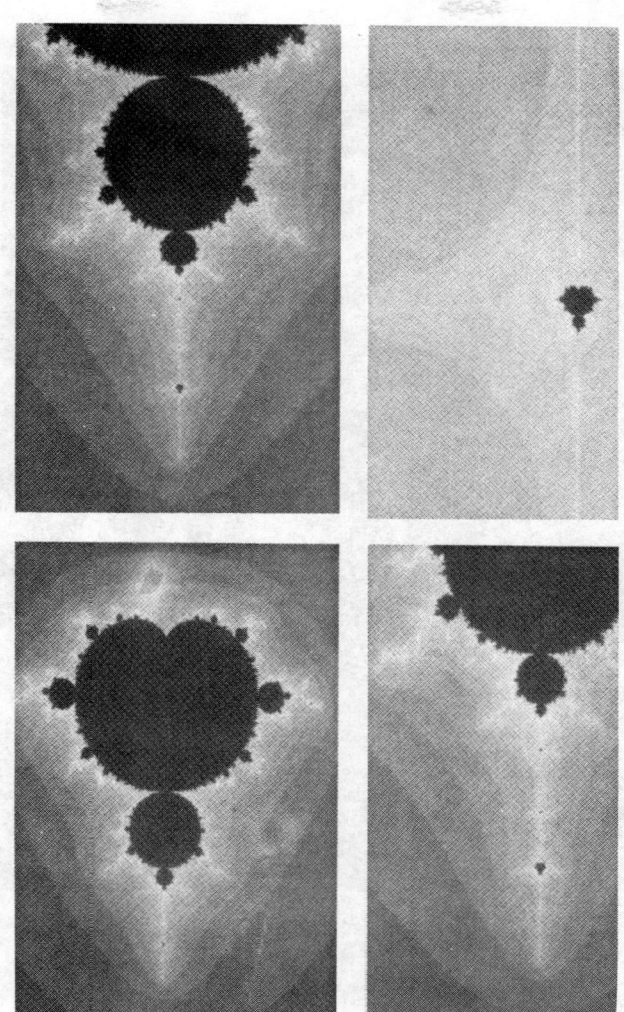

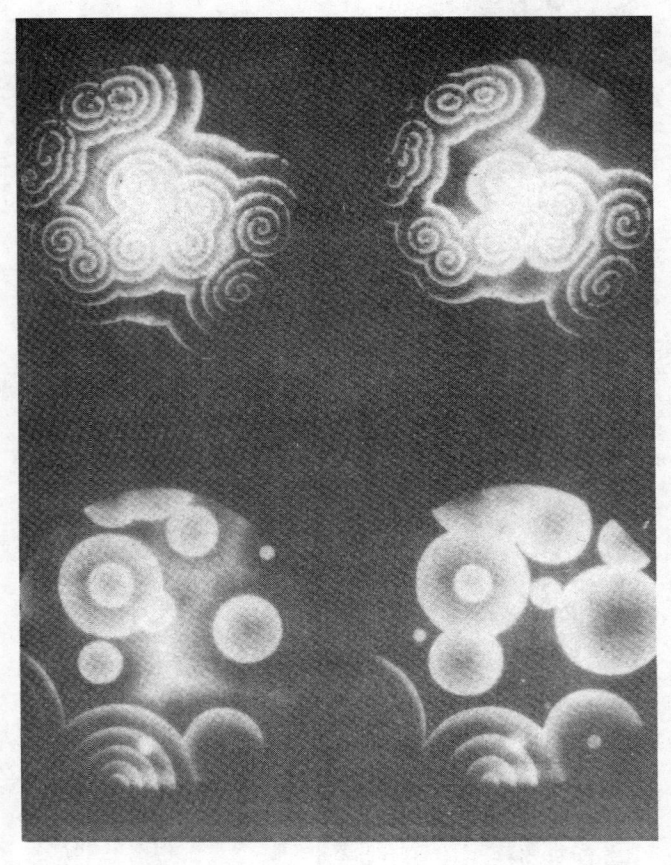

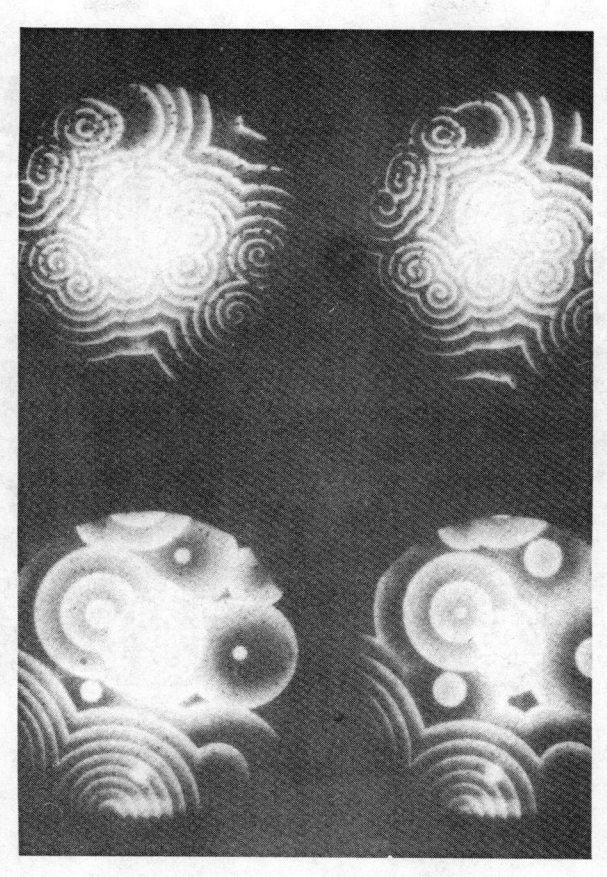

贝鲁索夫——札索廷斯基反应中形成的螺旋花样。

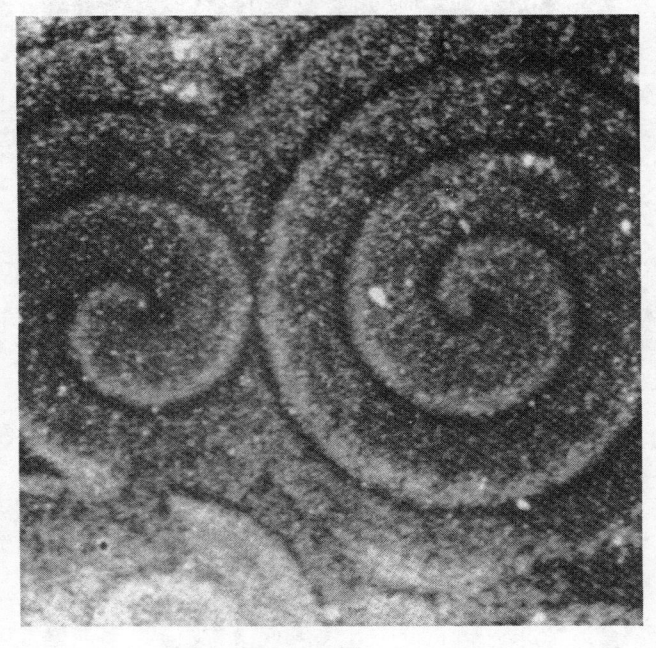

粘菌 Dictyostelium discoideum 聚合

总　序

科学，特别是自然科学，最重要的目标之一，就是追寻科学本身的原动力，或曰追寻其第一推动。同时，科学的这种追求精神本身，又成为社会发展和人类进步的一种最基本的推动。

科学总是寻求发现和了解客观世界的新现象，研究和掌握新规律，总是在不懈地追求真理。科学是认真的、严谨的、实事求是的，同时，科学又是创造的。科学的最基本态度之一就是疑问，科学的最基本精神之一就是批判。

的确，科学活动，特别是自然科学活动，比较起其他的人类活动来，其最基本特征就是不断进步。哪怕在其他方面倒退的时候，科学却总是进步着，即使是缓慢而艰难的进步。这表明，自然科学活动中包含着人类的最进步因素。

正是在这个意义上，科学堪称为人类进步的"第一推动"。

科学教育，特别是自然科学的教育，是提高人们素质的重要因素，是现代教育的一个核心。科学教育不仅使人获得生活和工作所需的知识和技能，更重要的是使人获得科学思想、科学精神、科学态度以及科学方法的熏陶和培养，使人获得非生物本能的智慧，获得非与生俱来的灵魂。可以这样说，没有科学的"教育"，只是培养信仰，而不是教育。没有受过科学教育的人，只能称为受过训练，而非受过教育。

正是在这个意义上，科学堪称为使人进化为现代人的"第一推动"。

近百年来，无数仁人志士意识到，强国富民再造中国离不开科学技术，他们为摆脱愚昧与无知作了艰苦卓绝的奋斗，中国的科学先贤们代代相传，不遗余力地为中国的进步献身于科学启蒙运动，以图完成国人的强国梦。然而应该说，这个目标远未达到。今日的中国需要新的科学启蒙，需要现代科学教育。只有全社会的人具备较高的科学素质，以科学的精神和思想，科学的态度和方法作为探讨和解决各类问题的共同基础和出发点，社会才能更好地向前发展和进步。因此，中国的进步离不开科学，是毋庸置疑的。

正是在这个意义上，似乎可以说，科学已被公认是中国进步所必不可少的推动。

然而，这并不意味着，科学的精神也同样地被公认和接受。虽然，科学已渗透到社会的各个领域和层面，科学的价值和地位也更高了。但是，毋庸讳言，在一定的范围内，或某些特定时候，人们只是承认"科学是有用的"，只停留在对科学所带来的后果的接受和承认，而不是对科学的原动力，科学的精神的接受和承认。此种现象的存在也是不能忽视的。

科学的精神之一，是它自身就是自身的"第一推动"。也就是说，科学活动在原则上是不隶属于服务于神学的，不隶属于服务于儒学的，科学活动在原则上也不隶属于服务于任何哲学的。科学是超越宗教差别的，超越民族差别的，超越党派差别的，超越文化的地域差别的，科学是普适的、独立的，它自身就是自身的主宰。

湖南科学技术出版社精选了一批关于科学思想和科学精神的世界名著，请有关学者译成中文出版，其目的就是为了传播科学的精神，科学的思想，特别是自然科学的精神和思想，从而起到倡导科学精神，推动科技发展，对全民进行新的科学启蒙和科学教育的作用，为中国的进步作一点推动。丛书定名为"第一推动"，当然并非说其中每一册都是第一推动，但是可以肯定，蕴含在每一册中的科学的内容、观点、思想和精神，都会使你或多或少地更接近第一推动，或多或少地发现，自身如何成为自身的主宰。

"第一推动"丛书编委会

目 录

前　言

1977 年诺贝尔化学奖获得者

伊里亚·普里高津

我十分高兴在此为彼得·柯文尼、罗杰·海菲尔德的这本书写篇前言。

时间有箭头吗？这问题自从苏格拉底以来，一直迷魅着西方的哲学家、科学家和艺术家。然而，在20世纪末期的今日，我们问这问题，情况与以前不同。对一个物理学家来说，20世纪的科学史可以分为三个阶段。首先是两项思想方案——相对论和量子力学——所产生的突破。其次是一些出人意料之外的事物的发现，包括"基本"粒子的不稳定性、演化宇宙论，以及包括诸如化学钟、决定性混沌等的非平衡结构。最后——也就是现在，由于这些新的发展，我们必须对整个物理学作重新思考。

这里一个令人瞩目的特点是：所有这一切都强调时间所扮演的角色。当然，在19世纪，人们都已经承认时间在生物学、社会科学等学科中的重要性。可是当时一般认为，物理描述的最基本层次是可以用决定性的、时间可逆的规律来表达，而时间箭头只相当于唯象层次的描述。这种立场在今日是很难站得住了。

现在我们知道，时间之箭在非平衡结构的形成之中，扮演着最重要的角色。近来的研究告诉我们，这些结构的演化可以在计算机上用按照动力学规律写的程序来模拟。因此很显然地，自我组织过程不会是某些唯象观假设的结果，而是内禀于某类动力系统之中的属性。

熵的意义，我们现在更能体会了。按照热力学第二定律，熵这个量总是在增加的，因此它赋予时间一个箭头。熵基本上是高度不稳定系统所具有的一个性质。这种系统，将在此书第六章和第八章详加讨论。要研究的东西还很多，许多问题仍是悬案。因此不足为奇，我不一定同意这本书里的每一句话。但是对作者所提倡的一般立场，我是同意的，即时间之箭是某些重要种类的动力系统中一个精确的性质。

这些问题是非常重要的，因此我热烈欢迎此书的写成。这本书科学水平很高，而同时能被较多的读者接受。彼得·柯文尼本人对此领域作过重要的贡献，因此撰写此书，尤其胜任。罗杰·海菲尔德的文笔流畅，使此书精彩可读。

1989年10月在明尼苏达州圣彼得城的古斯塔乌斯·阿道尔夫斯学院举行的诺贝尔会议，专门讨论了一个充满挑战性的题目："科学的终结"。会议组织人写道："越来越有这样的感觉……科学已不再能被当做一种统一的、普遍的客观努力。"他们接着写道："如果科学只搞'超历史的'普适的定律，而不理会社会性的、有时间性的、局部的事物，那我们就无法谈及科学本身以外的某些真情实况，而科学仅仅是反映而已。"这句话把"超历史的"规律和有时间性的知识对立起来。科学的确是在重新发现时间，这在某种意义上标志着对科学的传统看法的终结。但这难道是说科学本身完结了吗？

的确，我上面已经提到，经典科学的研究方针是把全力集中在用决定性的、时间可逆的规律来描述世界。实际上，该计划从未完成过，这是因为，规律以外还需要事件，而事件在对自然的描述中引入时间之箭。屡次三番，经典科学的目的似乎就快完成了，但结果总是出了岔子。这种情况给予科学史几分戏剧性的紧张。例如，爱因斯坦的目的是把物理学表达为自然界的某种几何，可是广义相对论给现代宇宙论开路以后，遇到的却是所有事件中最惊人的事件：宇宙的诞生。

"规律-事件"二重性是西方思想史中一直在进行的争论的中心，这争论从苏格拉底以前的臆想，经过量子力学和相对论一直进行到我们这时代。伴随规律的是连续的展开，是可理解性，是决定性的预言，而最后是时间本身的否定。事件却意味着某种程度的任意性、概率以及不可逆的演化。我们必须承认我们是居住在一个二重性的宇宙里面，这宇宙既牵涉到规律，也牵涉到事件，既有必然，也有或然。我们所知道的事件之中，显然最关键的是和我们宇宙的创生和生命的形成有关联的事件。

"我们有一天能克服热力学第二定律吗？"——阿西莫夫（Asimov）的科幻小说《最后的问题》中的世界文明不断地在问一台巨型计算机。计算机回答道："资料不足。"亿万年过去了，星辰、星系都死了，而直接和时空联结的计算机仍在继续搜集资料。最后没有任何资料可以搜集了，不再"存在"任何事物了；

可是计算机还是在那儿计算，在那儿找相关关系。最后它得到答案了。那时候要知道这个答案的人也都不存在了，可是计算机知道了如何克服热力学第二定律。"于是光明出现……"对阿西莫夫来说，生命之出现、宇宙的诞生都是"反熵"的、非自然的事件。

　　此书是新思维框架的一个极好的介绍。这个新思维框架将导致一套既包括规律又包括事件的新物理学，将使我们对我们身处的世界有更好的了解。

序

地点：的里亚斯特附近的都伊诺小镇

日期：1906 年 9 月 5 日

路德维格·玻尔兹曼（Ludwig Boltzmann）那时在亚得里亚海边的一个村庄里度假。这假期的用意是让他从在维也纳的研究工作中散散心，帮他康复已有一段时期的病和排遣心情的忧闷。可是玻尔兹曼心绪还是很不安宁。

人的心理中有一个基本假设，那就是，时间一去不回头。对此假设，只存在一个科学证据。玻尔兹曼自从他 20 来岁时当了教授以来，多年来就是为了了解这证据而苦斗。此项伟大的追求，他没有成功。他有关"熵"的工作（熵是衡量变化的一个物理量，它总是随时间增长的）非常精彩，可是没有得到确定的结果。时间方向之谜始终是科学的缺陷。而对玻尔兹曼来说，时间已经到了尽头了。

玻尔兹曼身材魁梧，一脸的大胡子，可是人不可貌相，其实他性格柔弱，容易受人伤害。他工作过度，疾病缠身。那年他 62 岁，双目差不多完全失明，剧烈的头痛使他坐卧不安。起伏的情绪曾一度把他带到绝望的边缘，使他在慕尼黑附近的一个疯人院里住过一段时期。一点不顺心的事也会使他大大伤心——例如今天他夫人为了要把他的外套拿去洗衣店干洗，因而坚持让他晚一些时候再回维也纳。

玻尔兹曼夫人拿走了外套，和她女儿一同去西司提亚纳海湾游泳去了。就是在那个时候，她丈夫做了天下最不可逆转的事。他把一根短绳子系在窗框的横木上，围着自己的脖子打了一个死结。然后，就在那间租住的屋子里，他自杀了。他女儿艾勒萨回来，看见父亲在那儿上了吊。

玻尔兹曼的自杀，再次生动地表现了时间是如何在捉弄想揭示时间秘密的人。他的丧生深深地震撼了人们的心灵。他在莱比锡的一个学生嘉菲（George Jaffé）写道："玻尔兹曼的死是科学史中的悲剧之一，就像拉瓦锡（Lavoisier）上断头台，迈耶（R. J. Mayer）进疯人院，皮耶尔·居里（Pierre Curie）惨死在货车轮下一样。尤其可悲的是：这事就发生在他的思想将取得最后胜利的前夕。"

玻尔兹曼的思想牵涉到原子是否存在。有些评论家把玻尔兹曼看作一个智力的"三十年战争"的受难者，这战争是和不肯接受原子论的人打的。他的对手包括一大批 19 世纪思想界中的知名人士，其中有法国的督黑姆（Pierre Duhem）、孔德（Auguste Comte）和庞加莱（Henri Poincaré），德国的奥斯特瓦尔德（Wilhelm Ostwald）、荷耳姆（Goerg Helm），以及其他在美国和英国的诸如兰金（William Rankine）、史大罗（John Stallo）等人。他最大的敌手是他的同胞马赫（Ernst Mach），他们之间的论战使玻尔兹曼在知识界中形势孤立。玻尔兹曼有一次曾向一个同事表白，说懂他理论的人，实在是一个也没有。

玻尔兹曼对原子和分子的看法，终于占到上风。

可是他希望能进一步解释时间的方向。对于自然界的这个特点，玻尔兹曼比其他任何科学家都下了更大的工夫。他这方面的雄心，终被狂躁抑郁症所击败，使他自杀。下面我们将要看到，玻尔兹曼在原子分子的概念和时间的方向之间，成功地建立了一个决定性的关联。可是他的伟大梦想，在他生前始终没有实现。

在努力想用原子分子语言来表达时间箭头和我们这世界其他特性的人中，玻尔兹曼还不是最后一个死于悲惨结果的人。加州工学院的古德斯坦（David Goodstein）在他的《物质的状态》一书的开头写道："一生中大部分时间花在研究统计力学的路德维格·玻尔兹曼，1906年自杀身亡。艾伦菲斯特（Paul Ehrenfest）继续了这项工作，但也以类似的方式而死。现在轮到我们了……也许研究此项课题，谨慎为妙。"

第一章　时间的形象

> 毁败教我这样想来想去，
> 时间要来把我所爱带走，
> 这念头好像死亡，不得不
> 为所害怕的丧失而哭。

——莎士比亚
《十四行诗》

时间是给人神秘感最大的来源之一。它深奥难测的性质，是有史以来人们日夜捉摸的对象。历代的诗人、作家、哲学家都被时间迷惑过。可是，近代的科学家们却没有这样。现代科学，尤其是物理学，即使没有完全取消，也总在想降低时间在事物中的作用。因此有人称时间为被忘却的维度。

我们都知道时间一去不返，觉得它的流逝好像支配着我们的存在，过去已不可改变，未来是一片空白。我们有时巴不得能扳回时针，能挽回过失，能重享美好的时光。可惜，常理不允许我们这么做。我们知道，时间是不等人的，时间不会倒流。

真不会吗？奇怪的是，许多科学理论并不支持我们一般对时间的看法；在这些理论中，时间的方向无关紧要。如果时间倒走，现代科学的几座大厦——牛顿力学、爱因斯坦的相对论、海森堡和薛定谔的量子力学，也都同样站得住脚。对这些理论来说，记录在影片上的事件，不管影片顺放还是倒放，看上去都行得通。单向的时间，反而像是我们脑中产生的幻觉。研究这个问题的科学家们，带着几分嘲笑的口气，把我们日常时间流逝的感觉，称为"心理时间"或者"主观时间"。

宇宙会不会有这样一个地方，那里时间的方向跟我们所熟悉的方向相反，那里的人们从坟墓里升出，皱纹从脸上消失，然后回进母胎？在那个世界里，香气神秘地凝结成香水，钻入瓶中；池塘里的水波向中心汇聚，弹出石头；屋里的空气自发地把各种成分分解出来；破瘪的橡皮膜自动膨胀，密封成气球；光从观测者的眼睛里射出来，然后被星球吸收。可能的事或许还不止这些。按照这个想法，地球上的时间也会开倒车，我们也都会被过去所吞没。

那样就跟所有时间总朝一个方向走的大量事实完全矛盾了。让我们比较一下时间和空间。空间包围着我们四周，而时间总是一点一点地体验到。左右之间的差别，根本比不上过去和未来之间的差别。在空间中我们可以朝四面八方走来走去，而我们一切行动只能对将来起作用，不能影响过去。我们只有回忆，但除非是千里眼，不能预知未来。物质一般总是逐渐地腐烂下去，而不会自发地聚合。这样看来，特殊的方向，空间没有，时间有。时间行走像一支箭。"时间之箭"——这意味深长的词，是英国天体物理学家爱丁顿（Arthur Eddington）在 1927 年首先提出的。

本书探讨时间在当前科学理论中扮演的各种角色及其后果，并且指出我们的确能找到一个对时间的统一看法，这个看法和我们直接经验的时间一致、不矛盾。时间之箭甚至会启发我们：为了描述自然界，有必要建立一个比目前更深刻、更基本的理论框架。

文学中的时间

平常一般对时间的看法，在一些文学名著中得到极生动的表达。单向的时间使我们觉得万事无常；这种感情，再好不过地流露在普鲁斯特（Marcel Proust）自传小说的书名"重找失去的时光"里。这些作家脑子里转来转去的，就是人生短促有限，光阴一去不返。时间不由自主地向前走，每个时刻我们都得抢，都得尽情玩味。昙花一现，生命的神秘更加神奇；朝生暮死，更使我们觉得时间的不可逆。象征时间的老人，代表死亡的骷髅收割者，同样带有一把镰刀、一瓶沙漏，这不是偶然的：时间到了，谁也逃不过那把镰刀。

多少诗、多少文章，是描述时间的流逝！古波斯哲学家兼诗人奥玛·哈央姆（Omar Khayyam，死于 1123 年）的冥思，在菲兹哲罗（Edward Fitzgerald）的意译之中永存不朽：

不停前移的手指写字　　字一写完就向前去
不管你多虔诚多聪明　　它不会回来改半句
你眼睛里所有的眼泪　　洗不掉它的一个字

人生的悲哀归根结底来自时间的不可逆转。不言而喻，最后胜利属于死亡。凡是活着的都要死，这事实就是时间流逝的铁证；这里就和科学开始挂钩。要想了解我们周围的世界，这一点非解决不可。就如爱丁顿所说："在属于内心和外界的两种经验之间搭任何桥梁，时间都占着最关键的地位。"

文化时间

时间有向的概念，并不是一直都有的。潮水、冬夏二至、季节、星辰的循环往来，这些现象使许多原始社会把时间看做一种基本上不断循环的有机节奏。他们想，既然时间跟天体的循环运转分不开，时间本身也应该是循环的。白天跟随黑夜，新月代替旧月，冬天过了是夏天，为什么历史就不这样？中美洲的玛雅人相信历史每260年重复一次，这个周期他们叫拉马特，是他们日历的基本单元。他们认为灾难也有周期：1698年，西班牙人入侵登陆，伊嚓部落闻风而逃，因为他们相信周期满了，灾难来到。这点他们并没有搞错，但并不是什么预言，连巧合都算不上。原因是此次入侵80年前，西班牙人从传教士那边得知玛雅人相信时间有周期，所以侵略者本来就预料到对方的反应。

时间的循环模式是希腊各宇宙学派的一个共同点。亚里士多德在他的《物理学》中说："凡是具有天然运动和生死的，都有一个循环。这是因为任何事物都是由时间辨别，都好像根据一个周期开始和结束；因此甚至时间本身也被认为是个循环。"斯多葛（Stoics）学派的人相信，每当行星回到它们初始相对位置时，宇宙就重新开始。4世纪的尼梅修斯（Nemesius）主教说过："苏格拉底也好，柏拉图也好，人人都会复生，都会再见到同样的朋友，再和同样的熟人来往。他们将再有同样的经验，从事同样的活动。每个城市、每个村庄、每块田地，都要恢复原样。而且这种复原不仅是一次，而是二次三次，直到永远。"好像所有历史的事件都装在一个大轮子上一样，循环不已。这不断回返的观念重新出现在现代数学里面，叫"庞加莱循环"。庞加莱（Henri Poincaré）是世界伟大数学家之一，活跃于19世纪末、20世纪初。

时间之箭引起我们内心的恐惧，因为它意味着不稳定和变迁。它所指向的是世界的末日，而不是世界的重新再生。罗马尼亚人类学者、宗教史学者埃里阿德（Mircea Eliade）在他有关时间之箭和时间循环、名为《永恒回返的神话》的书里，认为世上从有人类以来，多半的人都觉得循环时间更令人安慰，而将它紧抱不放，死心塌地地承认再生和更新。这样，过去也是将来，没有真正的"历史"可言。请注意他写的："远古人的生命……虽然发生在时间里面，并不记录时间的不可逆性；换句话说，对时间意识中最明确的特征，它反而置之不理。"

是犹太基督教传统把"线性"（不可逆）的时间，一下子直截了当地建立在西方文化里面。埃里阿德写道："这种'无尽循环'的老调，基督教企图一下子将它超越。"由于基督教相信耶稣的生、死和他的上十字架受难，都是唯一的事件，都是不会重复的，西方文化终于把时间看成是穿越在过去和未来之间的一条线。基督教出现以前，只有犹太人和信仰拜火教的波斯人认同这种前进式的时间。

不可逆时间深刻地影响了西方思想。对"进步"和地质学所谓的"深时"——指人类进化只是新上地球舞台不久的一出戏的那项惊人发现，不可逆时间给我们做了心理准备。它为达尔文的进化论开辟了道路，从而把我们和原始生物在时间上连接起来。总之，线性时间概念的出现，和因之而起的思想改变，为现代科学以及其改善地球上生命的保证打下了基础。

文化时间的循环模式和线性模式，在生物时间中可以找到对应。细胞的分裂，以及体内各种不同节奏——从高频的神经脉冲到悠闲的细胞更新——所组成的交响乐，都牵涉循环式时间，而不可逆的时间则体现于从生到死的老化过程之中。日常用的钟表也具有这两个不同的时间面貌。一方面，不停的钟摆或晶体振荡累积成一般所谓的"时间"，在地球上这时间就表示为 12 小时或 24 小时的周期。另一方面，各种耗散现象，诸如电池的干涸、发条的松弛、钟锤的下降，都告诉我们时间是一去不回头的。

哲学中的时间

时间是哲学家不断思索研究的一项课题。数学家惠特罗（Gerald Whitrow）在他的名著《时间的自然哲学》里面，强调阿基米德和亚里士多德是对时间两个极端看法的代表人：亚里士多德认为时间是内禀的，对宇宙说来是基本的，而阿基米德的看法就完全相反。2000 多年来，这个争论，以不同的形式一直在进行。

柏拉图在他讲宇宙学的著作《狄玛尤斯》（*Timaeus*）里说，太初混沌，神工强加以形序，时间乃生。《狄玛尤斯》一开头就讲"实存"（being）和"将然"（becoming）的区别，这两个概念，以各种形式重新出现于近代科学理论之中。对柏拉图，"实存"的世界是真正的世界，"此世界永恒不变，由智慧借助论证而得知"，而"将然"的世界（时间的领域），则是"意见与非理智感觉之客体，既生又灭，从未完全真实过"。他把"将然"比作旅途，把"实存"比作终点，说只有后者才是真实的。这样，具有时间的物理世界只有次等的真实性。这种区别，支配着柏拉图哲学的全部。

拥有这种看法的人，在柏拉图以前是帕尔米尼笛斯（Parmenides）。他相信实际是既不可分，也没有时间的。他的学生，意大利南部埃里亚的芝诺（Zeno），为了整个推翻我们对时间的观念，创造了一批著名的佯谬来捉弄我们。其中最有名的一个叫"勇士和乌龟"，企图用来证明："如果时间可以无穷地分而再分，运动将是不可能。"设想勇士在追乌龟，当勇士达到当初乌龟在的地方，乌龟又走了一（小）段路；当勇士把那段路走完后，乌龟又走了一段，这样下去，永无止境。

究竟芝诺这个佯谬和他别的佯谬意义有多大，众论不一。自从芝诺在 24 个世纪以前把它们提出以来，至今已有大批文献问世，有的说是无稽之谈，有的却认为非常高深。惠特罗仔细分析的结论是：要解开这些佯谬，只有两条路。一条是否定"将然"这个概念，于是时间便有真正属于空间的性质；另一条路是不承认时间像空间那样可以分而再分。

就像红颜色给不同的人有不同的主观印象，仍然是视觉中不可少的一部分一样，哲学家康德同样认为，时间固然是我们经验中不可缺少的一个成分，它其实是没有客观意义的："时间并不是什么客观的东西，它既不是实体，也不是偶发，也不是关系；它是因为人类心灵的本性而必然产生的主观条件。"康德的"主观主义"看法，和有些科学家对今日科学中时间的解释十分相似。一个简单的、显而易见的、被历代的唯心主义者们——帕尔米尼笛斯、柏拉图、斯宾诺扎、黑格尔、布拉德里（Bradley）、麦克太戈特（McTaggart）等——所乐于采取的办法，是说时间充满矛盾，所以不会是真实的。对这种形而上学的遁词，逻辑学家克琇（M. Cleugh）老实不客气地说道："说时间由于自相矛盾便只是表面现象，非但没有解决问题，连答案都说不上。"

玻尔兹曼（Ludwig Boltzmann）给形而上学起了个诨名，叫它"人脑中的偏头疼"。他说："最平常的东西一到哲学便成为不可解决的难题。哲学以无上的技巧建造了空间和时间的概念，然后又发现这样的空间里不可能有物体，这样的时间里不可能有过程发生……把这个叫做逻辑，我看就像一个想去山区旅行的人，穿着长而累赘的衣服，在平地上没走三步就被绊倒了一样。这种逻辑来源于对所谓的思想规律的盲目信任。"玻尔兹曼尖刻地批判了包括黑格尔、叔本华、康德等一群哲学家，他说："为了追究到底，我拜读了黑格尔的著作，可是那里我看到的是滔滔不绝、不清不楚而又毫无思想的一番空话！读他的书总算我倒霉，我又去找叔本华……就是在康德那里，也有不少话叫我莫名其妙，以致令我怀疑，像他这样脑筋灵活的人，是否在跟读者开玩笑或是在存心欺骗读者。"

时间：牛顿和爱因斯坦

要是哲学里的时间使人失望，科学里的又如何？17世纪中叶，惠更斯（Christiaan Huygens）成功发明第一部摆钟，随后"计时"的精度不断提高，逐渐令人觉得自然界是机械性的，是可预言的。时钟技术的发展把时间从人类的事件中解开，使我们更相信独立的科学世界。17～18世纪产生的"经典"科学所描绘的宇宙里面，自由意旨和偶发事件都是多余的；那个宇宙从各种观点来看，都无异于一台机器。

真正"科学时间"的诞生，我们可以上溯到发现物体运动数学表达式的牛顿。他的成就的确令人惊叹。他的运动公式，从苹果到月亮都能适用；地球上的动力学，天空上的动力学，被他融为一体。如此有力的表达式仅仅牵涉很少几个假设，给人十分优美的感觉，因此人们很快地接受了牛顿的思想。于是，牛顿成为现代科学的奠基者。

牛顿无疑受到数学家巴罗（Isaac Barrow）的影响。1669年巴罗从剑桥著名的卢卡逊教授席退休时，设法保证该席位由牛顿继任。巴罗曾说过，"既然数学家经常讲时间，他们对该词的意义应有明确的观念，否则他们不过是江湖术士罢了"。然而，尽管牛顿的科学成就如此辉煌，他方程式里的时间却只是一个未经定义的原始量。就像牛顿的空间一样，牛顿的时间也是绝对的。这就是说，任何事件，都在空间里有个一定的位置，都发生在时间里某个特定的时刻。格林尼治天文台也好，远处旋涡星系的一个角落也好，每个地方都被现在这个同一时刻所连接。牛顿在《自然哲学之数学原理》（以下简称《原理》）中说："绝对的、真实的、数学的时间，由于它自身的本性……与任何外界事物无关地、均匀地流逝。"

牛顿力学具有极高的预测能力，它使每个时刻都有能力提供宇宙过去未来所有可能的信息。我们只要把宇宙某个时刻所有星球的位置、速度，放入一个解牛顿方程的巨大计算机就行了。冻结在那个时刻的，是整个的过去和未来：计算机能算出别的任何时刻星球的位置和速度。但是牛顿方程式不会做的是，它不能断定时间的哪个方向是我们宇宙的过去，哪个是未来。牛顿方程式从时间里把方向抽走了，没有为时间的不断前进性腾出任何地方。他这种对称式的时间，可以用拍摄行星运动的影片来阐明，例如用 1977 年发射的探测外太阳系的旅行者二号飞船拍的影片。牛顿首次对这种运动定下了数学规律。然而，顺放也好，倒放也好，影片总是符合他的天体力学定律的。过去和未来都是预先注定的世界，对这种决定性世界的信仰，在物理学发展上起过极大的作用。它的影响可以从爱因斯坦接到他终生好友贝索（Michelangelo Besso）死讯时说的一句话里看出来。在他 1955 年 3 月 21 日的信里，爱因斯坦用他"物理定律没有时间性"这个坚强的信仰，试着给贝索的家人少许安慰。

死并非终点，他写道："对我们这些坚信物理学的人来说，过去、现在和未来之间的区别，尽管老缠着我们，不过是一个幻觉而已……"或许写这封信时，爱因斯坦也有意安慰自己，因为他又加了这么一句："贝索向这个奇怪的世界告别，只比我稍早一点。"一个月后，爱因斯坦就去世了。

现在我们知道，牛顿的运动理论，在有些场合之下不适用：当物体的速度接近光速时，它不适用；在大质量、高引力场，包括黑洞的情况下，它也不适用；它也不适用于牵涉原子和亚原子粒子的极小尺度上。可是主管这些场合的20世纪两大革命，即爱因斯坦的相对论和量子力学，也同样建立在时间无向的概念上面。因此，要想在历史文学的不可逆时间和牛顿定律的对称时间之间搭桥梁，这两套理论同样是束手无策。

这并不是说它们没有对于时间提出新的、引人入胜的观念。爱因斯坦的相对论砸碎了牛顿绝对时间的通常观念——宇宙中任何事件都发生在空间的某一点、时间的某个时刻，而那时刻是到处一样的。爱因斯坦认为存在是四维的，是在合并三维空间和一维时间的四维时空中的存在，而不是一个三维存在外加它在时间上的演化。我们的时间感会被疾病或者药物搅乱。而爱因斯坦的相对论说，时间对不同运动状况的观察者是不同的：对某个观察者来说，一台钟如果钟本身移动得越快，它的时针、分针、秒针就走得越慢。相对论兴起以后，经过逻辑学家戈岱尔（Kurt

Gödel）的研究，连时间旅行的可能性，也登上了科学的大雅之堂。

尽管如此，爱因斯坦惊人的相对论对时间的单向性还是无话可说。就跟牛顿方程式一样，如果我们知道一个系统——例如围绕一个黑洞的一颗星，或者整个宇宙——在某个时刻的所有细节的话，那么爱因斯坦方程式的结构便能使我们知道它的整个过去和未来。可是，究竟哪个方向是过去，哪个是将来，它并未留下任何线索。此外，与它有关的数学中出现令人为难的"奇点"，在那里，空间、时间和物质无法描述，因而引起对它基本性的怀疑。最有名的奇点就是所谓的"大爆炸"——那个普遍被认为产生宇宙的超高密度火球。在这个奇点，巨大的能量都集中到一点，理论中的可测量都变为无穷大，从而变为无意义。正如宇宙学家西亚玛（Dennis Sciama）所说："广义相对论蕴含着自戕的种子。"

量子时间

在我们给时间的方向寻找科学依据时，统治原子分子世界的量子论看上去似乎较有希望。量子论很成功地，同时也很令人不解地，描述了原子分子的各种奇行怪迹。它能解释激光、核反应器中的亚原子、计算机里的电子和许多其他东西的行为。我们从组成这个世界的原子分子大聚合的量子描述里，也许可以给我们有切肤感受的时间之箭，找到一个量子描述。这个想法来自一个很辉煌的传统。自从希腊文化的黄金时代以来，用组成世界的原子分子来描述世界——这部名为"归化原子法"的哲学遗产，在科学思想的发展中，占有至高无上的地位。

本书第四章将提到有两个棘手的问题：一是名为"长寿K粒子"的奇案，二是量子论中测量本身就是一个难解之谜。从这两点我们似乎能瞥见一个时间的量子箭头。可是，量子论的中心思想是跟随其他"基本"理论的，是不分时间的两个方向的。就和爱因斯坦的相对论一样，量子论也有严重的内症：用它处理实际问题时，譬如原子如何吸光、如何发光，它就会爆出许多令人头疼的无穷大。虽然物理学家已理出一套能躲开这些无穷大的诀窍，我们也难免觉得内中大有蹊跷。

量子力学和爱因斯坦的相对论两虎不能容于一山。有些科学家，像牛津大学的彭罗斯（Roger Penrose），相信这两门理论如果真正统一了，就会出现一个量子引力理论，或者什么新的理论，其中时间之箭是明文规定的。这一步看上去一时还不能实现，并且很可能仍有不足之处。这是因为目前有一个危险，就是把我们的科学世界观死死地建造在具有时间可逆性的，原子、分子、粒子和场的微观层次上，而这个层次毕竟不是直接观测到的。正如诺贝尔奖获得者普里高金（Ilya Prigogine）所说："尽管物理大师跟我说了，我总还是不明白，怎么能从可逆性里得出我们宇宙、文化和生命的演化形式。"

时间与热力学

另一种描述牵涉科学家所谓的宏观层次。这个层次的现象是我们看得到、尝得到、碰得到和感觉得到的。热力学也就是探讨这个层次。19世纪，这门学问随着蒸汽动力的出现而问世，布莱克（Black）、卡诺（Carnot）、克劳修斯（Clausius）、玻尔兹曼、吉布斯（Gibbs）等人将它发展；它当时关注的是热机的功能。在一个形式的理论框架之下，热力学列出热和功之间的关系，详细说明了热如何转化为别种能量，如何跟别种能量交换。

我们对时间流逝的感觉，一面固然被经典力学、相对论、量子力学搞乱，另一面却从热力学中得到支持。就像我们觉得时间是有方向的，热力学第二定律也说热只能从较热的物体流到较冷的物体，说雪人会融化，雕像会粉碎。第二定律和我们的时间感之间的关联可以用瓷器店和公牛的影片来说明。如果时间是朝正的方向走，影片就一定会显示出：完好的瓷器到处乱飞，碗碟被牛蹄踩碎。但如果我们看到公牛先倒走进被破坏得烂糟糟的店里，等到最后一个茶杯都好好地飞回架上以后又倒走出来，那我们就知道影片放倒了。第二定律规定这种事不会发生，永动机不可能存在，证明任何过程中，能量都要转化成热而被消耗掉；这里，掉下来的碗碟的能变为再也不能复原的热和声。这种不能倒过来的损失是跟我们时间流逝的感觉连在一起的：从第二定律里面，我们发现一个叫做"熵"的量，它度量一个系统可变的能力，它跟时间有密切关系。熵的增大是时间方向的指路标。爱丁顿为了强调第二定律的至尊地位，发出了这样的警告："……如果你的理论违背第二定律，那你就没有希望了，你的理论只有丢尽脸、垮台。"

上面我们看到，在牛顿力学里，过去、现在、未来的任何时刻都是一样的。因此，力学没有时间性，"演化"没有太深的意义。热力学就不同了，这里，熵把每个时刻加以区别，宇宙是真正在演化的。

就像古代的人，谈到不可逆时间就害怕，而一些哲学家们说时间是幻觉，草草地将它放在一边，很多科学家也很想把第二定律的含义简单埋葬了事。他们说，不可逆时间是和我们的头脑如何理解时间有关，而不是客观流逝。因为可逆时间的理论如此成功，所以这些科学家们想尽方法说第二定律中的时间之箭只不过是种幻觉。可是下面我们将会看到，这个说法如果对，那差不多所有的东西，连生命本身的节奏和过程，都变成我们个人的局限和近似的结果。这是因为解释有机过程的数学工具里面，时间之箭是基本的一部分。

一个常取的办法是，不讲别的，只问力学定律在实际上是怎样应用的。应用一个物理定律时，除掉这个定律以外，我们还得输入一些数字，代表初始条件，或者边界条件，例如宇宙中所有粒子的位置和速度。许多物理学家认为，热力学的时间之箭不知怎么搞的只是跟这些初始条件有关，而不是物理定律本身的一部分。

按照这个想法，如要了解时间之箭，应该考虑所有初始条件的老祖宗——宇宙的诞生。他们说，宇宙最初很小、很密，处于高度组织、低熵状态，于是时间的流逝就一定和熵的增大、混乱的增大对应，而宇宙一直在膨胀，能量不断消耗成一片废热——所谓"宇宙热寂"的过程。但如果宇宙有朝一日开始缩小，这想法不是就不行了吗？那时候，熵不是就要开始降低了吗？时间不是就要开倒车了吗？下面我们会看到，这种牵涉边界条件的论调，说好一点，是主观性的，说坏一点，就是与题风马牛不相及。仅用初始条件显然解释不了时间之箭。另外有些人，其中包括数学物理学家霍金（Stephen Hawking），想把初始条件解释成宇宙论本身的结果。他的办法是把现今纯理论的对称时间的宇宙学理论推到尽头，然后说边界条件就是没有边界条件。这样一来，就不会出现不守规矩的奇点，空间时间也不会有"边缘"，宇宙将是独立自足的，犹如一个球面。

对宇宙学中的这类论调，南安普顿大学的兰兹堡（Peter Landsberg）不以为然，他写道："诸如牛奶在咖啡中扩散这种'日常'现象，反而要用本身比这些现象更有问题的、讲述宇宙的理论来'解释'，这做法也未免太奇怪。一般人总认为一套东西应该用比它更肯定的另一套来解释；正常不可逆的现象用宇宙膨胀来解释，不属于这个办法。"

与其钻这个牛角尖，不如直接回到第二定律。对支持可逆（"不真实的"）时间的人来说，热力学最大的缺点是它只牵涉世界的皮毛，它不像相对论和牛顿力学那样能跟"基层的"、看不见的微观世界打交道。要对付这种批评，我们设想冰如何在可乐中融化的情况，办法是使可乐分子的动力学性质，以及诸如熵、体积、温度这类描述这杯可乐的宏观量与第二定律相一致。在这方面，玻尔兹曼作了出色的贡献，尽管许多他的同辈不相信他从原子分子的行为中，重新发现了时间之箭。玻尔兹曼震惊了当时的物理学家，他把熵和概率连在一起，成为世上第一个给一项基本物理定律一个统计性解释的人。他的开创性工作没有白做。例如，现在我们就可以用它来估计水分子在室温下，保持冰状态的概率：冰是个低熵状态，概率远小于水存在于液态的概率——液态是随机性更大的高熵状态。表示这个关系的严密数学公式，爱因斯坦称它为"玻尔兹曼原则"；它已成为目前物理研究者广泛应用的一个工具。维也纳中区公墓里玻尔兹曼的坟上，就刻了这个公式，作为装饰纪念。虽然它没有回答我们的问题，但它为我们确立了研究方向。

乍看上去，第二定律和19世纪震惊全世界的另一发现——达尔文的进化论相冲突。经典力学把宇宙看成一个不折不扣的机器，热力学似乎说这机器步步走向绝对的混乱。可是达尔文证明的是，简单的生物逐渐演化成复杂的生物，生命随时间是越来越有组织，而不是越来越乱。天上飞的，水里游的，地上爬的，如此丰富多彩，它们的演化似乎跟主张世界越来越乱的理论不能相容。事实上，这里并不存在矛盾。这是因为热力学第二定律里面藏着一套妙计，它能使创造性的演化发生，而不仅只是纯破坏性的演化。早在 1878 年，玻尔兹曼可能已经看到了端倪，不过正式发展要等到近年来对第二定律的重新估价以后。新估价证明了第二定律并不意味着单调退化到无序，证明了宇宙反过来可以利用热力学来创造，来进化，来发展。这个新估价赋予第二定律的时间之箭新的微妙的意义，甚至更高的可信性。

创造性时间

以普里高津为首、主要来自布鲁塞尔自由大学的一群研究者，创造了一套 20 世纪的热力学。由此我们可以借助"自组织"这个新的科学法则，来理解秩序为什么可以在混乱中出现。他们的论点和通常对第二定律的理解不同，说第二定律并不等于千篇一律地朝着混乱一直消沉。混乱固然可能是物质的最后状态，在时间终点的宇宙固然会是一片倾圮，但是第二定律绝不是说这个过程均匀地发生在空间的每一点、时间的每一点。

首先我们必须区别变化潜能已耗尽的"平衡热力

学"和"非平衡热力学"。一杯咖啡已经冷到室温，不能再冷的时候，应该用平衡热力学；当牛奶才加进去，还没有搅匀的时候，就应该用非平衡热力学。如果我们把第二定律应用在事物不断在变的实际世界，而不应用在僵化的热力学平衡状态，那么自组织就会很自然地从第二定律中产生。平衡与非平衡热力学之间的对比，犹如实存和将然之间的区别，犹如这句话里面的字和句尾的句号之间的不同。在所谓宇宙向热寂退化的过程中，我们可以找到许多自动产生秩序的出色例子。咖啡里面加牛奶，最后状态固然是那个常见的灰色浑汤，但是在达到那个状态以前，白牛奶在黑咖啡里排演了多少瞬息万变的旋涡花样和结构！

"化学钟"是自组织的一个实验例子。这是一种特别的化学反应，里面的颜色很有规则地变来变去，也会显出美丽的旋涡结构。为了保持花纹，化学反应必须不断地得到补充。它的组织也很特别：是连锁在一起的一串化学反应，牵涉到反馈，其中一个反应的产品又参加同一个反应，甚至做它自己的催化剂。令人惊讶的是，化学钟里成千上万不计其数的分子，好像都精确地知道彼此在做什么，它们好像能彼此"交换信息"。

这些概念对生物界的含义非常重要。对生物来说，变化完结的平衡态就是死亡。热力学提供了一套自然语言，用它可以描述生物学的过程：只有远离平衡的过程，变化才能发生。我们能活着，完全是因为存在着一个由许多精密和谐的节奏组成的复杂网络。

以这些节奏进行的生物化学反应，跟化学钟属于同一类。参与这些反应的就是生命的精髓——链状遗传分子 DNA 和 RNA，它们能间接地催化本身的自我产生。这样，在经典热力学和达尔文进化论之间的鸿沟上，非平衡热力学搭了一座桥。它可以大致说明，为什么在一个熵递增的宇宙里，像人这样具有极其微妙结构的生物，仍然可以出现。

更引人入胜的是关于时间的含义。像化学钟这样的自组织告诉我们，第二定律不仅提供了一个时间箭头，并且它里面也有我们到处可以看到的各种循环、各种花样的种子。时间的这两个方面都很重要。时间的箭头代表时间的前进，每个时刻都带有自己的烙印。可是另一方面，就如噪声和音乐的区别在于拍子和节奏，因此要在服从同一规律的现象里找出花样款式，时间的循环模式是至关重要的。第二定律为这两个最重要的时间形象打下了基础。

然而，即使我们承认第二定律的时间之箭意义深奥、根基牢固，不可能是幻觉，我们的主要问题仍旧没有得到解答。我们如何能使这个不可逆时间和用"无时间性力学"描述的微观世界和谐一致？这个谜，玻尔兹曼只解答了一部分。本书第八章将讲述，答案可能从正在萌芽的一门新学科里得到。这门新学科就是自组织的姊妹科目：动力学混沌。

混沌与箭头

在有关不可逆过程的讨论中，混沌并不等于全盘的天下大乱，而是指一种奇妙的秩序。描述化学钟行为的方程，解起来可以得到各式各样的解，不仅包括自组织，而且有"确定性混沌"。这是一种似非而是、可预言的偶发性。在化学钟的情况下，混沌表现为一连串颜色的随机变化。它之所以叫做"确定性的"，是因为混沌学专家们从这种随机行为里面，整理出来了一个微妙的基层组织。一般相信天气就是由混沌主宰，所以天气预报短期有效，时间过长就不灵了。目前科学界掀起一股混沌热，到处找混沌，吉卜赛蛾数目的起伏、癫痫的发作以及许多其他的现象，从政治到经济，全是混沌研究的对象。

时间对称的牛顿运动方程里，也存在混沌。这项颇为惊人的发现，含义极为深刻。据说，自命为"混沌福音传道士"的物理学家福特（Joseph Ford）曾经说过："一个大革命正在开始。我们对宇宙的整个看法，都会改变。"研究结果表明，在最简单如仅仅 3 个粒子相互作用的情况之下，都会出现混沌。可预言性、确定性，这些几百年传下来的神话，这一来再也站不住脚，一个钟表式的宇宙就更不用谈了。在这个世界里，动力学混沌是主导，不是例外。过去是固定的，而未来是开放的；这样，我们重新发现了时间之箭。

　　我们终于开始理解，不但是复杂的体系，就是物理学中最简单的情况，未来都是开放式的。牛顿力学和量子力学跟时间之箭配合，从而使创造性的演化成为可能，这看上去离不开混沌。自从玻尔兹曼以来困扰科学界的一个难题，现在答案总算有了点眉目。

第二章　牛顿物理学的兴起：时间失去了方向

科学！时间老人的真正女儿！

——坡（Edgar Allan Poe）

《致科学》

伊萨克·牛顿于 1642 年圣诞日出生在林肯郡乌斯索普的一个小庄园里。因为过于早产，他成活的可能性极小；他的妈妈汉娜说，他简直可以放进一个 1 夸脱的罐子里。可是在他以 84 岁之高龄去世时，大街上举行了游行盛典，举办了露天表演，诗人为他写诗，雕刻家为他雕像，赞颂他的生平。伏尔泰（Voltaire）曾写道："他像一个国王那样被安葬了，一个为其臣民做过大好事的国王。"

牛顿了解运动的意义，从行星绕日的轨道到箭矢射中目标的径迹，他都搞通了。在大瘟疫盛行的时日，他发展了包括时间在内的，对宇宙的第一个主要的数学描述，其中融合了哥白尼（Copernicus）、开普勒（Kepler）的天文学思想和伽利略（Galileo）的新运动理论。许多人把 1666 年称为他的奇迹年，正是因为他在这一年中在数学、光学和天体力学各方面迈出了巨大步伐。其实 1665 年也同样是奇迹年。在他 50 年后的一篇记述中，牛顿描述他自己的成就时写道："所有这些都是在 1665～1666 年大瘟疫的两年间取得的。因为那些日子我正年轻力壮，富于创造，以后就再也没有像那时那样专心致志于数学和哲学了。"

毫无疑问，牛顿对于数学和物理学的贡献是无与伦比的，它们开辟了一条分析物理世界的全新途径。他通过主宰天空和地球的定律而揭示了自然界的统一性。他一生的成就，被古体诗大诗人坡普（Alexander Pope）在西敏斯特大教堂著名的牛顿墓志铭上，简洁地概括为：

大自然
和它的规律深藏在黑夜里。
上帝说，
让牛顿出世吧！
于是一切就都在光明之中。

1686 年 4 月 28 日牛顿将《原理》的第一册提交给皇家学会，这是物理科学的转折点。有些人认为《原理》一书是有史以来最伟大的科学著作，是科学文献皇冠上的一颗宝石。另一些人把它比作高耸于周围一群摇摇欲坠的临时建筑之中的一座大厦。牛顿也认为这书是自己所有著作中最高的成就。在其书第三册的开始他自豪地写道："我现在就来说明世界体系的框架。"

时间在这个首次对运动的科学描述中肯定地出现，就像最早的钟表利用运动把时间的流逝转换为容易测量的量，例如钟摆在空间的摆动一样。在他的《原理》中，牛顿提出了运动的三个定律，这三个定律改写了关于运动的科学。他证明了地球上和天空中的物体都是被同一种力——引力——所支配，即使行星保持在一个轨道上，而像苹果这样的物体却落向地面。这样，他也同时解决了人类自太初以来一直大惑不解的一个问题——行星在太空的运动——这也正是守时和航海的关键问题。

为了把天空作为一个精确的时钟或历表，不仅需要有关太阳和恒星运动的信息，而且也需要有一套把这些资料编制成理论的方法。牛顿推导出天体运动的数学表达式，其精度是前所未有的。说起来也很妙，虽然牛顿对于天空的迷恋根源于神学，他的思想却成为人类斩断这种联系的铁砧。恰恰正是天体的运动、它们的轨道和重复的循环，最终导致了人们把理解的重心从魔法、巫术和诸神转移到科学和数学原理上去。正如罗素（Bertrand Russell）所写的："几乎所有现代世界与古代世界之间的区别，都得归功于在17世纪取得最辉煌成就的科学。"

时间的概念由人类对天文学的追求而出现的这一过程，鲜明地表现了科学思想的进化。古代的民族为了预测何时洪水发生，为了知道冬季的开始和第一个春日的到来，认识到了标志时间流逝的重要性。我们今天用时钟的指针在24小时的周期中扫过钟面来量度时间，而他们靠的是太阳的升起下落、月亮的周月运动或者载运众星的夜空从地平线的一方到另一方的转动。因此几乎所有的文化之中都有天文学的脉络，也就不足为奇了。

生命是围绕着维持生命所需要的能量而构成的，这种能量从太阳源源不断地流向地球。这座天钟的节奏对地球上的生命是如此之基本和重要，以至于几乎每一个活着的生物身上都反映着这种节奏（我们将在第七章和附录中再回到这个话题）。能量倾注到地球上的每一个角落，从太阳自东方升起之时一直到夕阳西下。这是一个由于地球绕着自己的轴转动而引起的视运动，它可以用来守时——牛顿据说就能根据影子的位置来指出一天中的时间。

太阳的第二个视运动提供给我们一个季节变化的时间单位——年——它大约等于 365.25 天。因为地球绕日的轨道周期并不正好等于整的天数，所以每四年要多加一天，也就是闰年，来防止误差的积累。太阳在天空中位置的季节性变化以及季节本身的出现，是由于地球在空间中的取向：它的自转轴相对于它绕日的椭圆轨道平面是倾斜的。婆罗洲的部落利用观测太阳高度的变化来观察季节的更迭。在英国索尔兹伯里平原上矗立着一个巨石群，这是一座巨石堆砌而成的庙宇，古人用其石柱相对于太阳的列向而测定季节。另外还有一些天体时钟也曾被使用过。其中在古代计时中最重要的要算是月亮的周期了，每相隔大约29.5 天，新月就在西方傍晚天空出现一次——这一运动周期近似等于我们的一个月。天上的星座也同样关联着季节的循环,有些星宿在夏季主宰着夜空,而另一些却在冬季出现。

天文学在人类历史上的起源要早于其他自然科学,它起源于史前时代,但最初记录没有被保留下来。在最古的文明中,占卜或占星术被用来解释恒星和太阳的运动。例如中美洲的阿芝特克族就相信太阳必须由血和一颗跳动着的人心来滋养,否则就会消失。在那些黑暗的日子里,科学与宗教之间没有冲突:教士、术士或沙曼(shaman)总是多疑善防地守护着关于季节和历法的知识。这些知识被当做是人世间神绩的标记,教士们因此在社会中拥有崇高的地位,因为他们能够预言未来,并取得了某些成功。天文学意味着凌驾于他人之上的权力。天文学通过季节指示人们,何时应当耕种,何时应当收获或者迁移牧群。宗教和祭祀活动同样也必须在特定的时节举行,例如与月相相合的日子或冬夏至日。天文学也帮助指引行路人。难怪《圣经》中跟着一颗星而走到伯利恒的三个人被认为是智者。

历法的兴起使人类的活动能更精确地与季节配合,因而更加协调。历法中所使用的三种周期——日,月,年——都是基于对人类生活具有最大的影响的天文周期。最早的历法依赖于月亮,因为它不仅有升起下落,还在一个月的周期中改变着位相,从而便于描述季节。后来的历法发展是根据太阳的周年循环。古代埃及人所使用的历法,被认为是古代最先进的太阳历之一。尼罗河的泛滥是古埃及人一年中最大的事件，而预言这一事件的关键是天文学，因为这一事件恰好与天空中最亮的星——天狼星（Sirius）——黎明前在东方地平线上出现相偶合。这一事件对古埃及人是如此重要，以至于他们把天狼星的升起称为"一年的开启"，他们的历法就是围绕这一事件而编制的。

许多古代历法中使用基于新月之间大约 30 天平均周期的 12 个月，这样的一年太短，需要延长。最初的埃及历法就是用 12 个月，每月 30 天，这样一年就只有 360 天。后来在每年的末尾加上了 5 天来使得"太阴月"与基于太阳的季节保持协调，从而和"一年的开启"步调一致。

把从日出到下一次日出的一天划分为 24 小时的办法出自埃及人。他们用一个小时的间隔来标记从东方地平线升起的恒星或者星群，这样恒星横越天空的运动也就是 12 个小时，因而就有了 12 个小时的夜晚。后来很可能是为了对称性的缘故，也就出来个 12 个小时的白天。他们用水钟来测量白昼的时间，水从一个石制容器的孔中不断滴出而记录时间的流逝；他们还用日晷和影钟，利用阴影扫过钟面来显示时刻。但这样显示的是"不均匀时刻"，它们并不均等而且随着季节变化。在日本，这种"不均匀时刻"直到 19 世纪还在用，而且机械钟还要调整到与之相应。在欧洲，从 14 世纪城市采用了机械钟后，一天就被划分为均等的 24 小时了。

我们现用的历法是由古罗马人使用过的历法而衍生来的。古罗马人用的是太阴月，为了补足太阳年，他们不时地插入一个闰月。到了恺撒（Julius Caesar）时代，这种处理办法已混乱到冬天的月份落到了秋季的地步。这个置闰法被某些教皇和某些有权决定闰月的官员滥用过，这一班人为了政治上的原因用此延长公职任期或提前进行选举。到了公元前 47 年，这个历法和太阳年之间已脱节达三个月之多。次年，在希腊天文学家索西杰尼斯（Sosigenes）的指导下，恺撒不仅加了一个惯常的 23 天，而且还插入了两个追加月，使得那年的天数总共有 445 天。这一年后来被称为"混乱年"。从那以后，12 个月的每一个月便具有现在的天数。

可是，一年 365.25 天的儒略历，每年还是要多出 11 分 14 秒。随着世纪的推移，历书上季节日期不断前移，恺撒时代发生在 3 月 25 日的春分到了 1582 年已移到 3 月 11 日。那一年，教皇格里高利十三世（Gregory XIII）颁布了一种新的更精密的历法，同时把 10 月 4 日后面的一天指定为 10 月 15 日。然而新教徒不情愿接受天主教的这项革新。在英国直到 1752 年才用格里历来取代儒略历。随后一个姗姗来迟的 11 天的改正还引发了伦敦和布里斯托街头的骚乱，而使一些人丧生。工人们要求那几天的工资，很多人认为他们失去了自身生命的一部分。这一件事也影响到牛顿的出生日，这一日子按现代的格里历应是 1643 年 1 月 4 日。希腊正教直到 1924 年才采用格里历，但还有一些定期集市和地区性节日仍然沿用儒略历。穆斯林们用一种月亮历，因此他们神圣的斋月每格里年都得提前。

星期并不是根据天空的运动。正如伦敦社会研究所所长杨（Michael Young）所指出："太阳并没有成为唯一的主人。人类可以创造他们自己的周期，并不是必须依赖现成的东西。没有其他任何生物，能表现出对于天文学如此强的独立性。没有其他任何生物有星期。"星期的出现，很可能是因为社会对一个小于月而大于天的时间单位感到需要。如果人们洗衣、做礼拜和度假能有规律，社会活动就会进行得更加平稳。古代哥伦比亚人常用为期三天的星期。古希腊人喜欢十天一周而某些原始部落却偏爱一星期只有四天。七天一周源出于巴比伦人，后来影响到犹太人（虽然前者是以"恶日"而不是以"安息日"来结束一周，当天为了讨好诸神而施行各种禁忌——这也许是对星期天活动诸多限制的起源）。七天一星期广得人心，许多想改变它的企图都没有成功过。法国人在大革命后曾试图把它变为十进制，然而他们的十天一周终被拿破仑废弃了。在1929年苏联曾尝试引用五天一星期，并在1932年把它延长到六天，可是到了1940年还是回到了七天一星期。

正如星期不理会天文学一样，现代守时技术也不理会天文学。现代科学的发展，使时间量到越来越小的间隔。像星期一样，小时被分成分和秒也起源于最早的科学天文学家巴比伦人，当他们在大约公元前

1800年完成他们的星表时，所有的计算都是以60进制进行的。只是到了工业革命以后，由于火车时刻表和其他一些详尽的工作程序表的需要，"分"才日益变得像今天这样重要。这种把时间不断越分越小的趋向，是和科学的发展需要处理极端快速的过程联系着的。例如，一个激光脉冲可以被用来捕捉类似原子在一个衰变中的分子里运动这类事件，这种事件持续的时间只有几十个亿亿分之一秒。

希腊人，古代天文学和科学

就牛顿的工作而言，最重要的天文学遗产来自古希腊人。古希腊人不仅像其他古代文明一样，收集了他们周围世界的信息，而且他们也试图用理性来了解宇宙的运作，而不求助于神、巫术和迷信。

为了解释天空的奥秘，牛顿不仅需要他的力学，而且需要一个天空的实际模型。生活在埃菲索斯附近迈勒图斯的塔里斯（Thales，大约公元前625～前547年）常被称为是最早的哲学家。他相信世间只有一种基本物质——水，而且认为地球是在球形的宇宙中的水上漂浮着。这种对称的宇宙模型以后还要不断出现。下一个有影响的见解是公元前6世纪毕达哥拉斯（Pythagoras，大约生于公元前560年）提出的，他是一个饶有情趣的古典嬉皮士组织——即毕达哥拉斯学派——的领导人。他们不喝酒，不穿毛皮制品并且食素。他们相信灵魂可以离开躯体。同时他们对于数学持有强烈的信念，他们挚爱对称，并认为"数字是实在的精髓"。根据他们对声学和行星轨道运行时间的数学知识，他们认为天空具有音乐的韵律，即所谓的天球音乐。这种观察事物的方法给予了天文学的发展深远的影响。甚至于牛顿也被说成是 17 世纪的毕达哥拉斯，"他把一生贡献给对宇宙和谐的研究"。

这种圆周运动的对称性，例如一个转动的轮子所表现的，是古代宇宙模型的中枢。这种圆周模式影响了人类工具的发展 50 万年，现在它开始影响作为思维工具的理论模型。圆是最完美的曲线，因此它也成为描述行星如何绕着地球运转的、美学上最具吸引力的模型。也由于这种对于圆周对称性的喜好，古代人认为天空和地球必须是圆的。

公元前 400 年左右是古希腊思想史的黄金时代，那时柏拉图（Plato，公元前 428～前 347 年）的思想地位最高。像毕达哥拉斯一样，柏拉图也赋予数学极重大的意义。遗憾的是，他的知识论的基础是，我们观察到的世界并不像实际的世界。他认为，一个完美的宇宙模型，主要是要显示神的尽善尽美，而不是要描写我们的观察。他的模型很多与毕达哥拉斯有关〔可是与菲洛劳斯（Philolaus）无关——他是毕达哥拉斯的门徒之一，认为地球像其他行星一样也在作轨道运动〕。对柏拉图而言，实际世界的观测和实验与知识的探讨无关：真实的实在只能用头脑去深思而得。在他的宇宙学大作《狄玛尤斯》中，宇宙是一个井然有序的世界，地球位于中心，其他的天体在不同半径的球面上运动。无疑地，尽管柏拉图有对数学的癖好，或者正是因为如此，他对实验方法的不喜欢严重地阻碍了科学的发展。

公元前 384 年亚里士多德（Aristotle）的诞生带来了希腊科学的新纪元。作为柏拉图的学生，他也认为地球处于宇宙的中心，其他的行星在不同的球面上运动，而恒星镶嵌在最外面的球面上。与前人相比，亚里士多德赋予观测的地位要高得多，这为现代的科学工作奠定了基础。他提倡观测与理论之间的相互影响，观测显示世界的运行方式，而理论解释其原因。但是从我们后人的观点来看，亚里士多德使科学的发展倒退得比柏拉图还远。这位西方哲学之父宁可用目的论的链条来解释世界，而不用因果关系。宇宙目的论（Teleology）探求的是宇宙现象的目的。如果要我们解释座头鲸的存在，我们会援引达尔文的进化论，一种因果论证，而宇宙目的论却把这归因为仁慈的造物主（上帝）对人类的恩赐。也许宇宙目的论的最著名的例子就是"设计论"了，它被许多宇宙目的论者作为上帝存在的证据——特别著名的是帕雷（William Paley）1802 年写的《自然界的宇宙目的论》一文。在这篇论文里，帕雷满怀激情地争辩道，生命组织是如此之复杂，因而它必须要有一个设计者——上帝。

今天这种论证方式已被看作是本末倒置的科学的神圣化。达尔文进化论的现代鼓吹者道金斯（Richard Dawkins），在他的《盲人钟表匠》一书中，先把帕雷的方法论优美地表述出来，然后说它是一文不值。然而令人玩味的是，这一设计论在今天，又被一些天文学家和宇宙学家以一种所谓人择原理（The Anthropic Principle）的极端形式重新提了出来，关于这个原理我们将在第三章中再遇到。简言之，人择原理认为宇宙之所以是我们所看到的这样，是因为如果宇宙不是这样的话，我们也就不会存在，也没有人会来观测宇宙了。

萨摩斯的阿里斯塔克斯（Aristarchus of Samos，一般认为其生活于公元前 310～前 230 年）第一个提出太阳中心说，他的天体模式与现代的观念是相一致的。他坚持地球是围绕一个固定的太阳做圆周运动，而不是位于宇宙的中心。但是他的思想由于缺乏经验根据，在亚里士多德派的影响之下，被打入冷宫长达近 2000 年之久。此后，阿奎那斯（Thomas Aquinas）研究了阿拉伯人保存的亚里士多德派手稿，由于他的支持，亚里士多德的模式得到了天主教会的珍爱，因为这一模式把人类放在宇宙的中心地位。15 世纪中叶科学大革命开始，并一直进行到 16 世纪末。在这个时期，神的干预这一观念逐渐衰落，科学的宇宙思想代之而起。正如在牛顿出生那年去世的伽利略所说："圣经所指出的是通往天堂之路，而不是天空自己走的路。"

科学大革命

科学大革命代表了几方面思潮的同时繁荣，这些思潮可以上溯到古希腊时数学作为一门独立学科的年代。一些早期的天体模式，例如阿里斯塔克斯的模式，包含有地球绕日运行这种"现代"观念的胚芽。然而由于亚里士多德观念的影响，直到波兰教士哥白尼（Copernicus，1473～1543）的时代，没有重要的知识界人物认真看待这个观念。哥白尼生活于文艺复兴时期，那时候出现了透视法的数学概念，给予艺术一个新的维度。同样地，哥白尼也改变了透视宇宙的方法，从太阳的角度而不是从地球的角度去想象它，从而解释了行星复杂的运行轨迹。

按照哥白尼的观点，太阳处于静止，而地球却被抛到空中。如他的 1543 年出版的《天体运行论》一书中所述，他把太阳置于行星体系的中心。一个世纪以后，所有能被接受的天体模式，都以太阳替代了地球，作为行星运动的中心。1729 年去世的布莱克默爵士（Sir Richard Blackmore）曾写道：

> 哥白尼正确地判决了古老的体系，
> 创造了更完美的世界模式；
> 它叫太阳静止，
> 而令地球绕着它的真极运转。

然而，在一段很长的时间里，哥白尼的宇宙模型并没有被普遍接受。当时流行的观点是根据对圣经的字面解释，说人类占有中心地位。甚至在讲述新世界体系的《天体运行论》发表以前，路德（Luther）在1539年就曾抱怨过："这个傻瓜想把整个天文科学颠倒过来，但是神圣的圣经告诉我们说（约书亚记第十章第十三节），约书亚是命令太阳而不是命令地球停下来。"奇怪的是，直到布鲁诺（Giordano Bruno，1548～1600）作为一个新学说的热烈鼓吹者、积极地传播它以前，罗马天主教廷并没有对哥白尼的新学说横加摈弃。其后哥白尼的思想被搞得与布鲁诺所倡导的与其说是科学不如说是巫术的那一套，混淆在一起。布鲁诺被天主教宗教法庭监禁，最后被烧死在火刑柱上，随之哥白尼的理论也就成了罗马天主教廷的攻击目标。这之后主要的贡献出自开普勒（Kepler，1571～1630）和伽利略（1564～1642），这些贡献的结果是：出现了一个结合时间的数学框架。伏尔泰写道："开普勒之前，所有的人都是瞎子。开普勒有一只眼睛，牛顿有两只。"开普勒在他的导师，最伟大的肉眼观测天文学家——第谷（Tycho Brahe，1546～1601）——去世前一年移居到布拉格。第谷临死前在床上嘱咐开普勒去编制一个行星运动表，以支持第谷本人的理论（与哥白尼的相反），即地球仍旧牢牢地位于所有天体的中心，月亮和太阳在环绕它的轨道上运行，尽管他也承认行星可能是绕着太阳转动。

开普勒的工作表明第谷和哥白尼都不对。在他的《新天文学》一书中，他摈弃了源于古希腊人的传统观念，明确地显示了火星不仅绕着太阳运转，而且它的运动速度老在变，轨道还是一个椭圆。这一来，行星运动再没有神一般的完美性——亚里士多德伪科学的棺木上又钉上了一根钉子。开普勒用三个定律阐明了行星的运动：在第一个定律里他描述了轨道的椭圆形状；第二个定律说明了行星的轨道速度如何变化；第三个定律给出了轨道大小和轨道周期之间的关系。但是在他关于世界运行的观念中仍然有着神学的烙印和神秘的色彩。例如在他的《宇宙的和谐》一书中，他把行星的最大和最小的速度联系于音乐的和声——令人重新想起毕达哥拉斯的"天体音乐"。

现在我们来谈现代科学研究方法的鼻祖——伽利略。伽利略是一个音乐家兼音乐史家的儿子，与莎士比亚同年，即 1564 年出生于意大利。伽利略对现代动力学科学的贡献，我们不可能低估。他系统地阐述了"加速度"的概念，而牛顿的第二定律就是建立在这一概念上的。"速度"的概念，作为量度一个物体的位置随着时间变化快慢的量，当时已经是家喻户晓。可是加速度内含更多的时间成分：一个运动物体的加速度需要我们找到在固定的时间间隔内，速度在方向或大小上的变化。伽利略强调，一个运动物体只有在受到某种力的作用时才会发生速度的改变，才会有加速度。任何一个曾试图端着一满杯咖啡在一列行进的火车的通道中行走的人，都会亲身体验到力和速度改变之间的关系。

伽利略第一个把望远镜应用于科学研究，从而把哥白尼的革命置于坚实的实验基础之上。望远镜的发明者究竟是谁，这一问题今天仍然是学者们争论的一个问题。但伽利略已能用之来注视现实宇宙的缺陷，而不再管古希腊的伦理偏见。伽利略 1609 年一听到荷兰的利普谢（Hans Lippershey）有关望远镜的工作之后，在几天之内就造成了他自己的仪器。第二年，在《星辰信使》上，他成为第一个发表望远镜观测结果的人："啊，有了这样绝妙的仪器，新的观测和发现会有止境吗？"从木星诸卫星的运动变化，金星的位相以及太阳本身的转动，他亲眼看到了明显的证据：哥白尼的的确确是对的。他本来早已是一个哥白尼派；这时候他把每一个发现都用作捍卫日心说的武器，例如，他用木星被其卫星环绕作为太阳系的一个比喻。

但是他的工作使他与教会直接发生冲突。1952 年爱因斯坦在为伽利略的《两个主要世界体系的对话》一书所写的序言中写道，伽利略"以其激昂的热情、智慧和勇气，作为理性思考的代表，挺立在教士们的迷信面前"。他还写道，伽利略工作的主题是，"反对任何基于权威的教条，坚决全力奋战"。

因为传播与天主教会教义相抵触的思想，伽利略被抓进宗教法庭。1633 年他两次受到严刑拷问的恐吓，尽管他已宣布放弃了他的观念。教廷对他说，教廷"强烈地怀疑他持有异端邪说",但只要他以"一颗真诚的心""恳求并诅咒和痛恨上述的错误和异端邪说",他就可以得到宽恕,而只被监禁。当他在佛罗伦萨附近的阿西特里的家被软禁时,他已 69 岁高龄,但仍继续在做力学方面的研究。同时他在对时间的科学阐述方面,也扮演了另一个重要角色:在他生命的最后日子,他投身于守时研究和利用钟摆来控制时钟机构。他的实验结果,荷兰科学家惠更斯(Christiaan Huygens)在 1656 年开始实用化,这样一个精确守时的新时代终于来临了。

当伽利略的《世界体系》一书流行于整个欧洲的时候,新教已经在几个国家确立,并与天主教会分庭抗礼。在这些国家,政府基本上和教会是分开的:不管新教教士多么反对哥白尼,他们没有权利去压制哥白尼的学说。

牛顿和力学

古希腊人懂得静态的实体,例如各种几何体,但他们对于运动缺乏清楚的了解,例如,一支箭在飞行的过程中,是如何从一个时刻到下一个时刻改变它的位置的。这并不奇怪,因为要研究物体在自然界的运动就需要一个好的钟表,而他们当时缺乏这一基本技术。根据伽利略建立的基本原理——钟摆可以作为可靠的守时工具,彭罗斯(Roger Penrose)写道:"牛顿得以建立起一座宏伟壮丽的大厦。"

牛顿的《原理》一书写于 1684～1687 年。有些人把牛顿看成是一个集大成者，把哥白尼、开普勒的天文革命观和伽利略、笛卡儿的运动理论结合在一起。另有一些人则认为牛顿学说中，有很多的新见解，所以他是个道地的创新者。尽管如此，牛顿自称他的思想源于古人，"主要源于塔里斯"。他认为毕达哥拉斯的天球音乐里面已经蕴藏着他本人的引力平方反比定律；如上所说，这个天球音乐思想也曾启发过开普勒。有人认为，牛顿这样引用古人，是为了提高自己思想的地位。

牛顿的《原理》包括一篇引言和三册书（或三个部分）。引言中写有如下的运动定律：

1. 一切物体保持它的静止或匀速直线运动状态不变，除非有力加于其上迫使它改变这一状态。

2. 运动的改变正比于所受到的动力，并且发生在该力所施的方向上。

3. 对每一个作用都总有一个等量的反作用；或者说，两个物体的相互作用彼此依赖，并总是大小相等，方向相反。

从他在书的前两册中所建立的数学框架出发，在第三册中他推导了行星、彗星、月亮和海洋的运动。在牛顿的框架之下，只要假设行星的加速度反比于行星到太阳的距离的平方，开普勒的行星轨道定律就可以很自然地推导出来。

一个行星能绕日运行，一定是受到某一力的支配，才把自己保持在绕日的轨道上，因为尽管它以不变的速率运动，运动的方向却是时时刻刻在变的。牛顿认为行星和太阳之间的"力"是速度改变的原因，具体地说，他认为加速度是正比于这作用力的。他著名的引力定律公式说，两个物体，例如太阳和月亮，它们之间的引力正比于它们各自的质量的乘积，而反比于它们之间距离的平方。换句话说，如果其中一个的质量加倍，则引力也加倍。但是如果距离加倍，引力则变为原先的四分之一。

伏尔泰说过，"伊萨克·牛顿爵士在他的花园里散步，看到一个苹果从树上掉了下来，从而首次想到他的引力理论"。按照《牛顿手册》所载，看来牛顿至少也用过这个故事来形容引力，但是说他曾被这个苹果打中，并且就由此而产生了万有引力的想法，这些都是夸张。只有一件事可以说是毫无疑问，就是在沃尔斯索普的确是有这么一棵树，它结出一种名为"肯特之花"的烹调苹果，缺少味道，样子像梨，红色中带有黄、绿条纹。虽然这棵树 1828 年曾被吹倒，但它的后裔仍在繁衍，因为它已被接枝到贝尔顿地方的贵族——布朗罗（Lord Brownlow）的一些树上。

为了从他的定律中得出肯定的预言，说行星和苹果应该怎样运动，乃至老鼠如何从柱子上滑下以及其他一些动力学现象，牛顿发明了微积分，这是数学的一门分支，至今仍是高等数学和理论物理的基石之一。这也引起过科学史上一次最著名、最激烈的争论，因为牛顿和德国哲学-数学家莱布尼兹（Gottfried

Wilhelm Leibniz，1646～1716）都声称自己发明了微积分。莱布尼兹很多年来都直截了当地在说，牛顿的学术研究大有问题，这无疑使争论更加白热化。1711年，莱布尼兹曾向伦敦的皇家学会申诉；两年以后皇家学会做出了一个有利于牛顿的"公平"裁决。很多年后真相暴露了，原来作为皇家学会会长的牛顿本人就是这仲裁书（*Commercium epistlicum*）的作者之一。威斯特福（Richard Westfall）写的牛顿传记《从不休止》中，认为这是牛顿的典型的性格：冷酷、自私、骄傲、惯于欺骗。"伊萨克·牛顿为人令人讨厌"，宇宙学家霍金（Stephen Hawking）也这样承认道。霍金是剑桥大学著名的卢卡逊教席的现任教授，当时牛顿就是该教席教授。

微积分是一种优美简洁、描写宇宙中许多事物的方法，但这里我们不想讲它所牵涉到的数学，我们只想用文字来描述一下，时间是怎么样在牛顿的方程出现的。如上所述，大到行星、小到甲虫，任何物体的运动都涉及物体的位置随着时间的变化。牛顿认为时间是一个绝对量，但他对时间的态度是要应用它，而不是要描述它。牛顿首先得解决一个问题，即如何精确地描述一个物体的运动。如果一辆马车在 100 秒内跑了 200 英尺（1 英尺＝0.30 米，下同），那么它的平均速度是 2 英尺/秒。但是假设有人要问 50 秒后跑得是多快。在那一瞬间——其持续长度等于零——马车明显的是一点都没有动。问马车在一刹那间的速度，好像在问在一个短到运动都停止了的时间间隔内跑了多远一样。

　　牛顿解决这个问题的办法是，考虑一个物体在一系列很短的时间间隔内的运动。一个数学家也好，一个拦路强盗也好，如果给他提供马车运动的所有细节，包括转弯时走多快，什么地方慢下来等，他就可以估计出什么时候马车会通过一个预定的地点。只要用一个钟表，一个人就可以测出马车每几秒内走的速度。他的测量原则上可以推到一个极限，即马车在一系列越来越短的时间间隔内的速度。当时间间隔趋向于零的时候，这个速度极限就是瞬时速度。在这样无限小的时间间隔内，马车位置的变化也将是无限小的。然而马车的这一瞬时速度却是一个有限的量：它等于微小的位置变化除以同样微小的时间间隔。在微积分学中，这个量被称为一阶导数。用这个极限过程，得出一个瞬时速度的精确描述，这是微积分的基本法则。同样地，用一个类似的极限，我们可以得到马车的瞬时加速度。

　　牛顿把这一新的数学方法运用于天文学。他看到行星围绕太阳的轨道被引力弯曲成椭圆形。这样，一个围绕太阳运动的行星其实是在不断地下落。它的轨道的形成，是由于它所受到的引力每一瞬时都在改变着它的速度。为了严格地用微积分来计算行星轨道，我们必须知道每一瞬时的准确加速度，而不仅是一个粗略的平均值。因此，瞬时加速度就在牛顿运动定律的数学公式中出现，这些运动定律其后被用于对太阳系运行日益详尽的描述。这样，用诺贝尔奖获得者温伯格（Stephen Weinberg）的话来说，"牛顿破除了两种形式的物理之间的壁垒。他不仅消除了太空的神秘性，而且开辟了把天空和地球放在一起研究的可能性"。

牛顿对于运动的描述，把人类对于宇宙结构以及时间的看法全部改头换面。罗素甚至认为，由于牛顿科学的兴起，"在 1700 年，受过教育的人的思想境界就已经完全现代化了。而在 1600 年，除去极少数以外，绝大多数人仍处于中世纪。"神在世界秩序中的作用被大大降低：上帝，即使他存在的话——而拉普拉斯（Pierre Simon de Laplace，1749～1827）和其他一些人认为连这假设都没有必要——也只是在时间的开端给所有的物体一个推动，其后就再也不需要他管了。实际上当时根本不知道时间是否会有一个开端。总之，天体的运动成为可以预知的了。虽然人类在宇宙中的地位变得无关紧要，但是人们开始赞美人类聪明才智的力量。不可避免地，这导致了神学上对上帝和人类关系的重新评价。教会的教条几乎是黯然失色了。

然而牛顿意识到他自己工作的局限性。他写道："我不过只是像一个在海边玩耍的孩子，以偶尔间发现了一个更光滑的卵石或者更漂亮的贝壳为乐，而我面前仍是一片未知的真理大海。"（这个独特的比喻很可能是二手货，牛顿从来没有去过海上，甚至于连去海边散步都没有过）实际上，牛顿在其自然观上是与上帝合作的，因为他有着强烈的宗教信仰。他坚持认为太阳系需要上帝时时刻刻的照料，否则就会不稳定。对于牛顿来说，上帝是宇宙的造物主和维护者，但这却使莱布尼兹讥讽牛顿的上帝好像一个二等钟表匠，造出来的钟表每次停下来还非要他自己去维修不可。

为了检验他的新理论的预言，牛顿利用了弗雷姆斯蒂德（John Flamsteed，1646～1719）的月亮运动的观测结果，后者是格林尼治天文台的首任皇家天文学家，也是牛顿为了知识产权问题后来与之争吵的另一位科学家。格林尼治天文台当时除了做纯研究外，还在另一项工作中起着重要作用：为使船只在海上能够找到所在的经度而做天文观测（纬度可以通过测量恒星的地平高度而得到）。尽管弗雷姆斯蒂德和他的后继者作了大量观测，这一工作直到 1767 年才算完成。大约也是在这个时间前后，来自亨伯河边巴洛城的一个木匠哈里森（John Harrison），制成了第一台天文钟，它可以在海上显示"家乡时间"。但只是到了下一个世纪，在 1884 年，才把这个"家乡"确定在格林尼治。从此，为使全世界的守时标准化，格林尼治时间建立了起来。比较格林尼治时间和本地时间就可以得到经度。比如，如果海上的日出时刻比格林尼治时间晚四个小时，船长就知道，他已经绕地球航行了六分之一。

牛顿方程式的剖析

牛顿的运动方程式把一个物体的加速度直接与作用力联系在一起，这样就产生了一个有关时间的奇妙结果。在加速度的瞬时值中时间出现两次：加速度是速度随时间的变化率，而速度是位置随时间的变化率。在微积分中，这样一个量被称为位置对时间的二阶导数。这就在牛顿的运动方程中产生了一个重要的后果，即时间是作为两次幂，也就是平方出现的。如果我们把前进的时间（"正的时间"）替换为倒退的时间（"负的时间"），这些方程不会改变，因为两个负数的乘积和两个正数的乘积一样总是正的：负时间的平方等于正时间的平方。这样，牛顿力学是不能够区分这两个不同的时间方向的。牛顿方程式本身不能告诉我们是在变老或是变年轻，但这一点正是人生至关重要的一个方面。

一个球从球拍上弹回也好，水星在绕日轨道运行也好，对牛顿方程的每一个解，只要把时间方向简单地颠倒一下，就可以得到另外一个同样可以被容许的解。这等于设想时间倒转。

我们马上会觉得，时间对称是一个非常特殊的性质，因为我们直接经验的现象中，这种情况极为罕见。考虑图 1 所示的两个行星围绕太阳运行的情况。（a）和（b）是不同的运动状态，但都是牛顿方程式同样容许的解。这样，记录（a）的电影胶片如果倒过来放映就会变成（b）。但不论这电影如何放映，都不能告诉我们哪一种情况代表时间真实的方向，哪一种情况代表时间的反向。我们可以说，牛顿运动方程式描述的是一个完全可以逆转的世界。

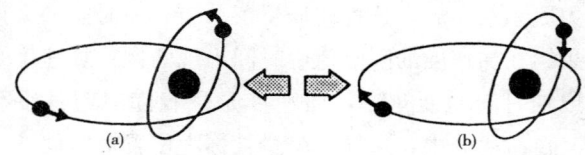

图1　牛顿力学的可逆性。在时间向前和向后之间没有区别。图（a）表示围绕太阳运转的两颗行星。如果把记录 A 的影片倒放，我们就会得到图（b）。但是我们如何才能独一无二地确定，哪一个真正是时间在向前走呢？［录自柯文尼，法文杂志《研究》，第 20 卷，190页（1989）］

　　然而，这是我们所了解的那个世界吗？试想公牛闯进瓷器店的影片（图2）。滑稽的时间倒转——被打碎了的瓷器奇迹般地重新聚合在一起，公牛倒退跑出这家商店——在现实世界中从来不会发生。这两种过程中哪一种代表了时间流逝的正确方向，是不证自明的。

　　还有无数其他的例子：从来没有人见到过一杯茶会自发地变热——它总是自己凉下来。我们只见过季节以同样的春、夏、秋、冬的顺序出现，而从没有见过夏天紧接着秋天。我们与单向过程最直接的接触大

(a)

(b)

图 2　在真实的世界中我们决不会遇到完全可逆的系统。日常发生的一切都是不可逆的。图中所画是想象一头公牛闯入一家瓷器店的情况〔(a) 是闯入之前，(b) 是闯入之后〕。从来没有见过 (b) 发生在 (a) 之前的时间倒转过程。〔录自柯文尼，法文杂志《研究》，第 20 卷，190 页 (1989)〕

概就是年龄的增长。从来没有一个记录在案的例子，显示一个死亡了的有机体会复活，越变越年轻并最后"倒生"回去。像生命一样的单向过程，叫做不可逆过程。

然而牛顿的定律显然预言，这样不可能的时间倒转过程是完全可以发生的。公牛可以溜达走进摧毁殆尽的瓷器店，把破碎的碗碟拼起来并重新堆放好。是不是我们因此就可以得出结论说，牛顿的运动理论是不正确的，因为我们已经看到这么多的实际过程，它们看来都与牛顿定律的预言相抵触？

为了避免这一结论，有人就说，应当考虑这个故事实现时间倒转所需要的初始条件。公牛把瓷器碎片拼合好原则上是可能的，但是可能性极小极小。把一个盘子打成碎片可以有许多方式，但是把这些碎片重新还原只有一种方式。用牛顿方程式去拼合瓷器碎片，初始条件实现的概率是如此之小，所以我们看不到改过自新的公牛，去重整被糟蹋了的瓷器店。这样，时间箭头便出现了。

但这个说法是有缺陷的。根据这个说法，时间的箭头不是一个内禀的性质，而是由于这家瓷器店起初特别整齐有序。这类似于说，一个放在斜坡上的球将总是向下滚动。对于这个说法，牛顿的时间对称的方程式仍然可以作如下反驳：一组初始条件，既可以作为时间向前的事件的出发点，也同样可以作为时间向后的事件的出发点。反过来说，如果起始条件能够任意选择，那么一个在山底的球也会滚上山顶的。

也许这时间箭头出自于耗散。耗散是区别可逆过程与不可逆过程的一个关键特征，它涉及所研究的系统中的能量再分布，或能量从该体系的散失。瓷器被冲撞时，"摩擦力"或者其他的力起作用，使能量耗散，能量在瓷器碎片和周围环境之间转移。我们知道，碎片之间的相对运动由于摩擦力而减慢而不是加快，因为部分动能被转换为热能。这种摩擦力的"衰减"作用可以被加进牛顿方程式，只要简单地承认它的存在，在方程中加进一个附加项来代表它就行。原方程的时间对称性因此被破坏，不可逆情况于是出现。

然而基本的困难并没有解决，因为根据现代原子论的观点，摩擦仍然需要用原子和分子的运动来解释，而这种运动本身是服从牛顿可逆的定律的（或者同样地，服从第四章要讨论的"无时间性"的量子力学定律）。因此，我们只是把问题暂时放在一边而已。牛顿的方程与时间方向无关，一只摔碎了的茶壶，它的几十亿分子原则上可以开倒车，从声波中吸收所需的能量，使散落的瓷器碎片自发地重新拼合起来。

也许牛顿力学并不是可以到处应用的，也许我们为解释时间之箭已把它用在不应该用的场合。但是，时间的箭头，确实是许多过程包括生命现象在内的一个内禀特征，这些过程并不特别依赖于"初始条件"。我们将在第五章中讨论这些过程。

电磁时间

牛顿提出他的定律，是为了研究引力对大质量物体的作用。但是自然界中还有其他的力，例如静电力——我们梳头时使头发竖立起来的力。解释静电现象的定律最后演变为电磁理论，它是物理学的第二个主要的理论构成。在这里，时间同样是一个棘手的问题。

牛顿引力理论的一个饶有趣味的特点，是它描述了两个大质量的物体（例如太阳和月亮）之间的一种瞬时作用，尽管这两个物体并没有直接接触。这种现象被称为超距作用。它使当时的科学家和哲学家都感到头疼，因为找不到显而易见的机制去说明它。在《原理》一书中，牛顿叙述道："我希望我们能用类似力学原理的推理，导出其他自然现象，因为有许多理由使我猜想，这些现象都取决于某些力，这些力使得物体中的粒子由于某些迄今未知的原因，或者相互靠近而连接成规则形状，或者相互排斥而分散。这些力既属未知，所以哲学家们迄今对大自然的探索仍是徒劳无功。"

对于像一记拳或是一记耳光那样的碰撞力，物理学家和哲学家们可以理解。可是对于吸引力或排斥力——像牛顿的引力——他们总认为是玄虚的。牛顿在科学上的主要敌手莱布尼兹，曾把牛顿的工作评论为"引力（不言而喻，任何牛顿其他的原动力），不是故弄玄虚就是某种奇迹的作用"。牛顿为了解决这一问题，想象了一个引力场，它从每一个引力质量中流出，瞬时弥漫到整个空间，并且随着到物体质量中心距离的增加，它的强度按平方反比而减少；这样当距离增加一倍时，引力场的强度就减少到四分之一。

静电力——例如，在带电的梳子和头发之间的静电力——以同样的方式作用于整个空间。为使这种作用在一段距离外发生，就要假定有一个电场，就像牛顿的引力场那样。1785 年法国人库仑（Charles Coulomb）获得了必要的实验精度，为静电力的理论提供了基础。根据他的实验，他得到了一个把荷电物体之间相互作用定量化的定律。库仑使用了一个扭矩天平，这是一个可以测量一对荷电球之间电力的装置。他发现同性电荷相互排斥而异性电荷相互吸引，在这两种情况下，相互作用力都准确地按照荷电球之间距离的平方反比而变化（并且正比于两个球电荷量的乘积）。

库仑定律与牛顿的引力定律具有惊人的相似性：两者都用了场的概念，都用了平方反比定律，来描述超距作用。诚然，也有一些重要的区别。电荷有两种类型，正电荷与负电荷。同性电荷相斥，异性电荷相吸。而引力只有一种类型的"荷"——质量——它总是相吸的：日月星辰之间全都是互相吸引。

与静电学有关的静磁场的研究，与静电场有非常相像的历史，两者之间有许多相似之处。当时担任伦敦皇家研究所所长的法拉第（Michael Faraday）1820年在电学和磁学方面进行了独创性的研究，发现运动的或动态的磁作用与静电作用紧密相关，而且反之亦然。运动的电荷产生磁场，而运动的磁场在导体中产生电流（第三章中我们将深入讨论这种对称性的原因）。法拉第的开创性工作，由苏格兰人麦克斯韦（James Clerk Maxwell，1831～1879）用有力的理论继续发展。麦克斯韦 1864 年当伦敦大学皇家学院的教授时，证明了电和磁的作用，是同一个电磁力不同的表现形式。他最后集其大成的数学方程是如此优美，使得玻尔兹曼（Boltzmann）不禁引用歌德（Goethe）的语句："难道是上帝写的这些吗？……"麦克斯韦把法拉第的电磁定律数学化，其结果现在就叫做麦克斯韦方程。根据这些方程，麦克斯韦得到一项推论说，电磁信号在真空中应该以一个恒定的速度运动，而这个速度就是光的速度。

这样说来，我们就很难避免下结论，说光本身就是一种电磁作用。不久之后，另外一些形式的电磁辐射也被发现了，从此人们知道可见光只是电磁波谱中的一部分，整个电磁波谱覆盖着从射电波直到 X 射线以及它以外的波段。我们熟悉的从红色到紫色的电磁辐射波谱，仅仅是整个波谱中的、人的视网膜感觉得到的一个波段。

然而，就像牛顿方程一样，麦克斯韦方程也不区分过去和将来。时间不论是正值还是负值，方程都是不变的，方程里面不包含过去和将来的区别。按照麦克斯韦方程，一个像电子这样带电的、有质量的粒子，在电场和磁场并存的情况下，由于同时受到这两个场的作用，将受到一个以荷兰物理学家洛伦兹（Hendrik Lorentz）的名字命名的力。这个粒子的运动于是就可以用牛顿运动方程来描述，洛伦兹力和粒子质量决定粒子的加速度。

这样我们又一次失去了时间箭头。正如先前讲到的引力下的运动一样，现在我们在电动力学中又遇到了可逆的力学描述。有关带电粒子在电场、磁场或者两者并存情况下的实验，证实了这些时间对称的运动方程的解，的确给出了正确的动力学结果。可是许多电磁现象，很明显是具有时间方向的。从没有人见过光波从照亮的房间里聚回到电灯灯丝，然后被灯丝吸收；也从没有人见过光线从我们的眼睛跑出来，再被太阳或是其他光源吸收回去。因此有些人说，存在一种电磁的时间箭头，它可以排除这些"倒转"过程，原因是这些过程的初始条件被实现的概率极小。这种说法和我们前面已经反驳过的，有关公牛和瓷器店的说法十分相似。

电和电磁辐射在守时技术方面起了很大的作用。依赖于个别地方准确守时的"地方时"制度由此结束，取而代之的是全国性的"国家时"。这给出了一个全国范围共同意识的"现在"。无线电波可以使遍布全国的钟表时间同步。当第一个电报系统1838年在英国被采用时，人们就已认识到，用同样的办法，可以传播来自同一个主钟的信号。电使得钟表的准确性比以往大大提高。在美国的贝尔实验室，借助于电路装置的晶体石英钟，早在 20 世纪 20 年代后期就已经问世。在这类钟里，石英晶体像音叉一样，以恒定而且非常准确的频率振荡。这一频率是石英晶体的特性，与机械钟不同的是，它和钟表的设计基本无关。

1948 年，设在华盛顿的美国国家标准局成功地把一种分子振动用于守时，为原子钟铺开了道路。原子钟的"滴答"频率是完全与工艺设计无关的。美国国家标准局当时用的是氨分子，它的形状像金字塔，由三个氢原子和一个氮原子组成。三个氢原子构成一个环，氮原子前后跳动穿过这个环，就形成了钟的"滴答"走时。最古老的守时钟就是我们所在的这颗行星了，它的缺点是它的转动速率不是完全稳定的，与此相比，原子钟要好得多了。由于地球极冠的冰雪冻结和融化，潮汐的摩擦以及其他产生于地球内部深处的作用，一天的长度在一年之中，有千分之一秒左右的涨落。这对于现代超精密的守时需要来说，是完全不够的。

关于场，以太，空间和时间

麦克斯韦所预言的电磁波，照他自己的描述，可以想象为"带电或带磁物体周围空间中，一种电磁场的扰动"。这种波的特征，可以用它们的波长来表示——即相邻两个波之间，振动相同点的距离。射电波的波长一般是几米或更长，而放射性原子射出的伽马射线的波长要小亿万倍——大约是氢原子直径的百分之一。我们眼睛的视网膜能感觉到的可见光，其波长是原子直径的几千倍，介于上述两种极端情况之间。

但是，载运电磁波的介质是什么呢？我们最熟悉的波，并不是从太阳晒到日光浴者头顶上的电磁波，而是从海里打在沙滩上的水波。难道麦克斯韦的电磁波，也一定要经过什么东西才能传播吗？麦克斯韦假定有一种叫做"以太"的介质，是它在载运电磁波。有趣的是，以太这个观念，起源于绝对空间的概念；直到爱因斯坦时，才把这个观念扫除掉。

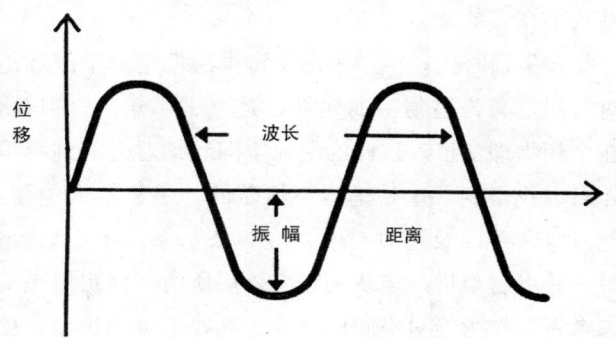

图 3　波长的意义。

绝对时间和绝对空间源于古希腊思想，特别是亚里士多德。牛顿和其他许多人构想过一种参考框架，一种绝对静止的状态，它类似于一个巨大的、延伸到整个宇宙的网格。相对于这个框架或状态，一切物体的运动就可以在实验上与理论上与它比较。例如，一个在火车上往餐车走的乘客，他的速度可以从每小时行走几英里（1 英里约等于 1.61 千米，下同）变化到几千英里，这取决于他的速度是相对于火车、铁轨测量，还是相对于牛顿假设的绝对静止状态。正如我们已经提到过的，牛顿同样设想了"绝对时间"，它独立于空间，在任何地方都以同样的快慢流逝："把时间联系于恒星运动（如柏拉图建议的那样），或者联系于'运动数'（亚里士多德）、意识（奥古斯汀，Augustine）、世界和人类（亚维若艾斯，Averroes）或是生命和感觉，这些企图都已经一去不复返。时间成为一种普遍规律，不论发生了什么，这种规律都是自我存在着的。"

在牛顿时代，神学中的宇宙模型把绝对空间和绝对时间定义为造物主的属性，是毫不困难的。但是，在牛顿物理学里，这样的绝对空间和绝对时间到哪里才可以找得到，这是远远不清楚的。牛顿本人主张，绝对空间（以及绝对时间）应与太阳系的中心重合；另一些人后来进一步认为，应该用所谓"固定恒星的参考系"作为绝对空间的框架。这些遥远的恒星，由于距离上的原因，看起来是固定不动的。

实际上，在牛顿力学里，要承认绝对时间，就得否定绝对空间，否则逻辑上就讲不通。没有绝对静止、完全不动的状态——它完全决定于个人的观察角度，或者用术语来说，决定于观察者的参考系统。考虑一个最简单的例子，一个除了两个球以外，没有任何其他东西的宇宙。想象我们位于其中一个球上。如果两个球之间的距离在稳恒地增加，我们就不可能说，是这一个球还是那一个球在动，或是两个球都在动。在这两个参考系中，不可能有哪一个是有特殊地位的。这本放在桌子上的书，虽然对地球来讲是不动的，但对太阳来讲，就完全不是这么回事了。我们也不能假定太阳是固定不动的，或者宇宙中确有某个地方是绝对静止的。牛顿的理论，实际上否定了这个绝对空间的观念，许多科学家和哲学家都指出过这一点，其中包括牛顿同时代的人，例如伯克莱主教（Bishop Berkeley）和莱布尼兹，以及后来的庞加莱、马赫（Ernst Mach）和爱因斯坦。

正是因为宇宙中没有特殊的、延及各处的网格，也没有一个点，像一张图表中的原点那样，可以被唯一地指认出来，所以在所有的参考系中，牛顿定律描述的是同样的物理现象。我们看来是理所当然的：一位空中小姐在斟咖啡时，她会认为咖啡流动的规律，不论飞机是停在跑道上，还是在 8000 米高空以固定的速度飞行，都是一样的。我们只要考虑相对运动的作用就行了；当火车以 50 千米/小时的速度，从一位坐在月台上的铁路值班员身边驰过时，一位乘客向着火车运行方向，以 30 千米/小时的速度扔出一个苹果核。这样，苹果核相对于值班员的速度，就是 80 千米/小时。在数学上，这可以用一种叫做伽利略变换的方法来表示，这个方法讲的是，当两个或更多的观测者作匀速相对运动，也就是他们两两之间的相对速度保持不变时，如何把他们的测量结果联系起来。

　　尽管在逻辑上站不住脚，但绝对空间的观念在19 世纪的物理学家的头脑中太根深蒂固了，于是他们很自然地设想，以太弥漫于整个绝对空间，电磁波就是在这云雾状的以太中的扰动。以太是宇宙的属性，就像地图上的经纬一样。任何距离的测量，都可以相对于以太做出。但是对于这些物理学家来说，以太的含义，并不仅仅是一种宇宙的参考系而已。由于地球相对于绝对空间在运动，它就是在连续的"以太风"中疾驰。如果以太不是出于亚里士多德腐朽思想的一种心理上的神话，就应当找出证据，表明以太可以导致出某些实实在在的科学结果。著名的迈克耳孙-莫雷（Michelson-Morley）实验，其动机就是为了搜寻以太。关于这个实验和它的深远意义，我们将在下一章中再来谈。

牛顿物理学的预言能力

　　关于时间，牛顿方程式还有另一个令人惊异的特点：它们是"决定性的"。为了理解这个意思，我们可以想象任何一个系统，相互碰撞的台球也好，绕日运行的火星也好。牛顿的运动方程说，不管在观测的初始时刻位置和速度如何，也就是不管"初始条件"如何，系统的行为对过去和将来都是确定的。不论物体是受到电磁相互作用，像绕原子高速转动的电子那样，还是受到引力作用，像绕日运转的行星那样，牛顿力学原则上能使我们确定物体在整个过去和将来的行为，只要我们能够知道物体在某一个时刻的速度和位置。我们也许会想，将来是不确定的。但是按照牛顿的方程，将来是被详详细细地确定下来的。这种"决定论"是牛顿方程数学结构的一个直接推论。决定论与"因果律"密切有关，因果律说，每一个事件都有它的原因，而事件本身为其结果。在我们现在讨论的情况下，初始条件就是第一个原因，因为我们不问初始条件是如何导致的。

看上去，我们不得不下这样的结论：万事都是由宇宙的初始条件决定的——当上帝点燃大爆炸的导火线的时候，这初始条件就被确定了。哲学家们常常想"证明"源于偏见的信仰，他们列举出来的有利于自由意志的所有论点，都被牛顿的决定论击得粉碎。决定论也贬低上帝和人类在宇宙演化中扮演的角色。牛顿的钟表机械式的宇宙，像是打在基督教神学心脏的致命一击。怪不得教会与科学的关系相当不融洽。

上一章提到爱因斯坦说过的一句话——过去、现在和将来之间的区别只不过是一种幻觉——这无疑是出自于牛顿力学的决定性的和因果性的结构，这结构也同样支承着广义相对论。牛顿力学是一个时间对称、决定性的理论，其中过去、现在和将来没有区分——这三者相互之间没有什么特别的关系。知道了某个任意时刻行星的坐标和速度，就可以完全确定地描述太阳系在所有"后来"和"以前"时刻的状态，只要把这些坐标和速度代入牛顿方程就行了。因此，对于一个力学系统，牛顿理论在任何一个时刻的描述，都在这同一时刻已包含其整个的过去和将来。时间倒转的对称性意味着"果"可以变成"因"，"因"可以变成"果"；这样一来，我们的"因果感"本身也就大有问题了。就牛顿方程而言，一场板球比赛的时间完全可以倒转，每一个球都完全可以回到投球手的手中。此时，"因"是球开始在草坪上先滚动后弹起时，球吸取的热量；"果"是球飞向球板，吸收声波，并弹回到向后退的投球手张开的手里。

庞加莱的回归论

牛顿的力学方程不具有内禀的时间箭头，于是没有理由说一个时间方向比其相反的方向更好。但是事情其实更糟。庞加莱提出的一个定理说，在一个足够长的时间间隔内，任何孤立体系（例如宇宙本身）将返回到它的初始状态。事实上，在一个无限长的时间中，它应当如此重复无限多次。这就是第一章中提到的斯多葛学派的时间循环。

庞加莱定理适用于一个大小有限的孤立体系：一个被限制在无摩擦的台面上运动的台球，迟早会以初始时的速度，回到它的初始位置。这种永恒的反复，在台球游戏的例子中是容易想象的。但是，对于许多我们所感兴趣的体系，粒子（例如原子和分子）的数目是如此巨大，使得这"循环时间"比起宇宙的年龄（大约 100 亿年，也就是 1 后面 10 个零），要长出许多倍。即使如此，这种无止境的循环往复，还是暗中在摧毁时间箭头的基本观念，否定一切事物的演化，使演化的概念顶多只具有最肤浅的意义。庞加莱的循环论（或者叫做庞加莱回归论），不管它的缺点如何，成为理论物理学家的麻醉剂，所引起的主要反应，大体上说来，就是坚持从主观立场上解释时间的不可逆转。

牛顿物理学的局限

牛顿物理学承认绝对时间的概念，但不承认绝对空间。如我们上面提到的，在向火车外扔果核的那一例中，牛顿方程的描述在伽利略变换下是不变的。这个变换讲的是，当两个观测者的参考系作匀速相对运动时，如何把这两个观测者对于同一个事件的记录联系起来。如果要求物理学与描述事件所用的参考系无关，那么这一不变原理是必需的。如果宇航员到了月球上，发现那里的物理定律不同，他们一定会感到非常惊异。因此，难怪不变原理在现代物理学中起着中心作用。但是，按照牛顿方程，两个观测者一方面由于相对运动而有不同的位置，另一方面他们对时间却有同样的感觉，而这种感觉是与参考系无关的。这就使得牛顿的或其他任何人的绝对时间观念得以继续存在。如果在早期某个时刻，两个观测者的表互相校准过，按照牛顿的世界观，两个人的表将永远显示同样的时间。这听起来非常合理，非常符合我们对时间的常识。

遗憾的是，常识往往是对真实世界的误导，这一点以后会很明显。其实，当我们注意到麦克斯韦电磁方程在伽利略变换下并非不变时，我们就意识到绝对时间是会有问题的。换句话说，电磁现象是随着伽利略参考系的速度而变化的。然而，伽利略变换之所以成立，正是因为牛顿力学中没有一个绝对静止的状态。电磁波的不正常表现，暗示着存在一个特殊的参考系，也就是绝对空间幽灵的复活。奇特的作用看来是可能了，例如，光传播的规律似乎应该与观测者的相对速度有关。此后，洛伦兹发现了一个新的变换——洛伦兹变换——在此变换下麦克斯韦方程是不变的。这一变换和伽利略变换大为不同，特别是它把两个作匀速相对运动的观测者的空间和时间坐标混在一起，从而使得光传播的规律与速度无关。洛伦兹的这个形式古怪的变换，当时被认为只是一种雕虫小技，因而未受到重视。直到爱因斯坦的狭义相对论1905年问世，它的命运才改观。狭义相对论我们在第三章中将要谈到。

除掉这一点小困难以外，牛顿物理学对物体在引力和电磁力作用下的大尺度动力学行为，无论是从树上掉下来的苹果，还是绕日的行星轨道，都给出了很好的描述。然而，对于看不见的原子和分子的微观世界，也就是构成物质的基本单元，情况又是怎么样呢？

在我们的故事现在讲到的那个时期——即 19 世纪末——还没有一个被普遍接受的物质原子论。但是有利于原子论的证据，是在不断地越积越多。做出主要贡献的，有玻尔兹曼，他奠定了气体动力学理论的分子论基础；有麦克斯韦，他把黏滞性与分子行为联系起来，玻尔兹曼把这比作"一首绝妙的交响诗"；此后，还有爱因斯坦，我们将在第四章中再谈到他的关于布朗运动的分子理论（1905）。所有这些人的工作，都是运用牛顿力学去描述分子的运动。

反对物质原子论的论调，主要是由后来被叫做"维也纳派"的"逻辑实证主义"的先驱者们激发起来的。这一哲学学说的倡导者，其中相当一些是有影响的人物，例如马赫和德国化学家奥斯特瓦尔德（Wilhelm Ostwald），他们坚持认为，任何有关所谓原子论的陈述都是没有意义的，因为我们没有办法直接证实原子和分子的存在。另一方面，玻尔兹曼深信原子论是科学上必需的，因此他不断地与这些固执的反对者争论。逐渐地，这些反对者在论战中处于下风。

到了 20 世纪初期，原子论已经牢固地建立起来。当时大多数物理学家认为，现在对一切事物基本上已经完全了解了。也许只有很少的几个小问题，是需要解释的——例如，某些物质吸收热量的准确方式，以及某些原子蒸汽辐射出的奇怪谱线——但物理学家们声言，只要再过几年，这些问题就可以解决了。让我们仅仅举一个例子。迈克耳孙在1903年信心十足地说道："所有比较重要的基本定律和物理科学的事实，都已经被发现，它们已经很稳固地成立，甚至连因为有新的发现而要对它们进行补充的这种可能性，都极其微小。"温伯格写道："这段话以后一直被物理学家们当做笑料。"然而，人们仍然一次又一次地拿科学上的运气打赌。1928年，后来获诺贝尔奖的玻恩（Max Born）发表评论说："我们所了解的物理学，将于六个月内大功告成。"核力的发现，很快把这种想法送进了垃圾箱。但是即使到了1988年，霍金在他的畅销书《时间简史》中还说，他相信"可以谨慎乐观地说，我们对自然的终极规律的探索，现在也许接近了尾声"。让时间来检验他的预言吧。

　　无论如何，原子论的兴起，敲响了牛顿物理学在某些领域的丧钟。日渐增多的证据表明，牛顿物理学对于描述高速、极大质量和极小质量的情况，已经失效。下两章要叙述的两个革命，在20世纪的头25年中，冲进了牛顿的物理世界。量子力学使我们对"基本"微观世界的认识面目一新，爱因斯坦的相对论把绝对时间的观念一扫而光。正如斯夸尔爵士（Sir John Squire）模仿坡普的诗句写道的："光明不再继续了，恶魔高声地在嚎叫；让爱因斯坦出世吧，使世界重现光明。"

时间失去了方向

作为我们日常生活中一个基本特点的时间，它的本质，在牛顿物理学中一直是含混不清的。时间是牛顿为了以数学方式描述运动的概念而引入的，他把运动定义为位置随时间的变化，而时间是一个基本量，本身没有定义：运动是用时间来解释的，而不是时间用运动来解释。我们可以把一个物体任意置于空间一处，但我们不能控制它在时间中的位置。

在一个牛顿宇宙中，相对做匀速运动的钟，不论它们的位置和速度如何，时间流逝的快慢都是一样的。一般人对这种时间观是最感惬意的。然而这种时间观被爱因斯坦的相对论否定了，这我们将在下一章中再谈。

牛顿的时间中有一个佯谬。人们的经验是，时间永远是向前走的。时间的流逝才使我们能够观察到运动，但是时间箭头的起因一直没有解释。牛顿的运动方程尽管具有很大的能力，但是它们产生的结果却是与直觉相反的：时间的对称性使这些方程对时间的方向漠不经心。经过庞加莱回归，这些方程确保历史会无限地重复。它们的决定性，如再加上关于一个系统的足够信息，就可以断言该系统所有将来和过去发生的事件。牛顿的这种自然观难怪是浪漫派诗人所憎恶的。济慈（Keats）在他的《拉米亚》一诗（1819）

中写道：

> 科学将剪断安琪儿的双翅，
>
> 用规则和准线打破所有的秘密，
>
> 把幽灵赶出天空，把地精赶出地洞，
>
> 把天上的彩虹拆散，叫它们永远不再编织。

如果牛顿力学是普遍适用的，我们就不得不说，所有可能发生的过程，都可以用其组成部分的原子和分子的运动来表示。因为牛顿力学是决定性的，一个系统将来和过去的行为，就可以从该系统任何一个时刻的信息得到断言。我们的大脑既然也是由原子和分子构成的，自由意志就不可能存在。法国哲学家波格森（Henri Bergson），和其他许多人一样，为这幅大有问题的世界图像感到忧虑，因为他觉得"经典物理学中，所有的事物都是一次性给定的：变化只是将然的否定，而时间也只是一个参数而已"。同样的困难也使得另一个法国科学哲学家科瑞（Alexandre Koyr）认为，把牛顿力学描述的运动看做是"一种与时间无关的运动，一种在'非时'时间中进行的过程——这样的时间概念，就和'没有变化的变化'同样地令人难解"。

牛顿力学造就了一个充满活力的理论机体，这机体，人们至今仍然把它应用在各式各样的场合：从台球的运动到星系的形成，到空间探测的技术。行星、导弹、火箭、卫星和诸如"旅行者号"那样的空间探测飞船，它们的轨道都是以这 300 岁高龄的理论作依据的。正如维尔纳·伊斯雷尔（Werner Israel）和霍金所述："它工作的精确性令人难以置信——对于地球的绕日运行，精度好于一亿分之一——而且它还继续在日常生活中发挥着作用。"对于描述行星轨道，以及其他只包含很少运动物体的"简单"系统，常常有这样的情况：它们的位置中微小的不确定性没有多大影响，原因是牛顿方程对非常相似的现状，总给出非常相似的将来。但是现实世界里要考虑的，往往是包含众多物体的复杂系统，而我们对它的信息又不可能掌握完备，在这种情况下，上面说的那种决定性和实际就很少有关系了。在绝大多数情况下，例如第一个太空人从空间看到的庞大的地球天气系统，对现状的描述中最微小的不确定性，也会导致完全两样的将来。失之毫厘，谬之千里，拉普拉斯梦想的决定论，因此被一笔勾销。他本来认为，只要我们知道了在某个任意时刻，宇宙中所有粒子的位置和速度，我们就可以对一切做出预言。随着决定论的灭亡，重新发现一个统一的自洽的时间观的可能性，终于来到了。

第三章 时间使爱因斯坦受挫

相对论教我们对时间要警惕。

——伦德勒（Wolfgang Rindler）

《相对论精义》

阿尔伯特·爱因斯坦 26 岁的时候，就把有 300 年历史的绝对时间观念摧毁了。他推翻了牛顿物理学的整个基础，对现实进行了革命性的重新评价，赋予时间和空间全新的意义。这就是"相对论"。它给出了许多完全新颖的结果，其中有"时间膨胀"（即一个人的时间相对于另一个人变慢），时间经过空间"蛀洞"的行进，以及"新生儿自谋杀"的异乎寻常的景象，即时间旅行者回到出生时刻从而"谋杀"了他们自己。爱因斯坦粉碎了几乎所有关于时间的常识。但是，如我们将要看到的，时间问题中有一个基本方面被他避开了。他没有考虑时间箭头。

如果我们认为，一切事情都是在爱因斯坦的相对论论文发表的一夜之间改变的，那就错了。摧毁绝对时间观念的种子，早在 17 世纪就被丹麦人罗耶默（Ole Roemer）播下了。确实，按照爱丁顿的说法，我们现在所理解的时间，是被罗耶默发现的。当他 1675 年在巴黎天文台研究木星卫星的不规则运动时，首次指出光信号具有速度。他告诉一些科学院院士说，由于光线不是瞬时地而是逐渐地传播——这种看法持续至今，因此离木星最近的一个卫星下一次的掩食时刻，将比根据以往观测推算出的晚 10 分钟。

一旦人们开始去想光线从蜡烛或电灯泡传到眼睛需要时间而不是瞬时地传播过来，就会搞清楚当我们注视天空的时候，我们看到的很远的恒星或星系是它们很久以前的样子。直到 1728 年，罗耶默的看法才被英国天文学家布拉德雷（James Bradley）所证实。这以后，光的有限传播速度的概念才被广泛接受（现代的光速值大约是 300000000 米/秒）。然而罗耶默的工作还标志着，最质朴的绝对时间的概念开始终结。绝对时间设想，我们看到的宇宙深处所有角落发生的事件，都和地球上的时间同步。爱因斯坦表明，即使考虑到在把这些事件的信息传过来时，光具有速度，绝对时间也不能够成立。处在不同运动状态的观测者，他们测量的时间不再彼此相同：相对于一个不动的观测者，一座钟所显示的时间决定于它的速度。如果还要考虑引力的话，那么这个时间还要与钟在空间中的位置有关。

公众对爱因斯坦的传统印象是一个白发苍苍、为人和善的古怪老头。但实际上，当他在第一次世界大战前的几年里震撼科学世界时，他是一个干净利索的年轻人，黑色卷发并留着胡须。一个传记家曾这样写过爱因斯坦："显而易见，他看来特别乐于与女士们交际。这种感觉常常是相互的。这个刚成名的年轻人，有一头浓密的、乌黑发亮的波浪式美发，一双大而明亮的眼睛和不拘礼节的风度，明显地具有迷惑力。"这也是一个身负重大使命的年轻人。爱因斯坦的梦想是创立一个与实际世界相符的描述，它不受人为偏见的影响，在它描述的世界里，客观存在是至高无上的。他抱负的志向是使物理学规律完全摆脱观测者的影响，为此他坚持认为，所有的观测者，不论他的位置和运动状态如何，必须同等地看待。任何个别的观测者或"参考系"都不具有特殊的地位——物理学规律必须与这些琐事无关。爱因斯坦远征的第一个阶段是狭义相对论，它建立在一个新的原理之上，即光的速度对所有的观测者都是相同的，不论他们自己的速度如何。后来这个理论扩展到对引力的解释，也就是广义相对论。

迈克耳孙-莫雷实验

在相对论问世之前，以太的观念就已经不得不离开历史舞台了。以太是由日常经验启发出来的。声音是空气中的波，涟漪是水中的波。所以 19 世纪的物理学家自然地想到，光同样必须是在某种东西中的振动，他们就把这种东西称为以太。正如派斯（Abraham Pais）所说，以太是"一个富有奇趣的假想介质，它的引入是为了解释光波的传播"。以太也为测量绝对空间提供了一个标度。它可以被想象为一张笼罩着整个宇宙的无形的网，就像地图上的经纬线一样，可以作为测量距离的参考系。

我们前面谈到过的麦克斯韦电磁理论，它的成功启发了一些人去做实验，目的是测出地球绕日运行穿过以太的速度——也就是"以太漂移"的速度。事实上，正是这其中的一个实验——1887 年在克里夫兰的切斯应用力学学院做的——让以太的幽灵寿终正寝。这是搜寻以太的实验中最著名的一个，是由物理学教授迈克耳孙和他的同事莫雷——一位化学教授，一起完成的。基本上，他们的实验是重复迈克耳孙以前的一个实验，在那个实验里误差把结果搞得模糊不清。他们用一个光源向两个方向发射光束，两束光被与光源距离相等的两面镜子反射回来。其中一束光的方向，是沿着设想的地球相对以太运动的方向，另一束的方向与其垂直。

迈克耳孙和莫雷期待发现，在两个相互垂直的方向上光线传播的速度会有不同，这差别可能就是由于地球在以太中穿行的运动而导致的。比如，在地球轨道运动方向上传播的光，会相对以太风逆行。这样，这束光的速度就会比其他方向上的光速慢。分析光的运动就可以知道，垂直于以太风方向的光束，比沿着以太风方向的光束提早被反射回来。两束光被反射回到光源处的时间差，可以计算出来并与实验相比较。但是迈克耳孙和莫雷没有发现一点时间差。为了防止地球绕太阳转动时，以太风的方向发生改变而影响实验结果，他们在一年的不同时间重复同样的实验。但是不管他们如何努力，还是没有观察到时间差别。这就是说，根本就没有以太。

这是一个令人惊奇的结果。诺贝尔奖获得者密立根（Robert Millikan）当时认为，它是一个"不合道理的，看上去无法解释的实验事实"。看来，不论光是顺着以太风或地球运动方向走，还是逆着走，光的速度并没有改变。如果以太站不住脚了，力学体系本身可能就需要重新改写。"静止的以太"提供了一个绝对的参考系，它是牛顿心理上需要的，虽然牛顿力学也认为以太是多余的：因为没有办法去探测绝对运动——如果你在火车里放手让一个球落下，则无论火车是停着还是以不变的速度在行驶，球都将是垂直地下落。人们所能够观察到的，只是两个物体彼此间的相对运动，并不存在什么绝对的参考系。

但是，仍然有一种看来是从逻辑上对以太的需要，因为电磁学并不满足此种相对性原理。电磁作用随着观察者而异，并且看上去确与某个绝对参考系有关：当时就有不同的方法解释发电机如何把运动转变成电力，电动机又如何把电力转变成运动。因为以太的观念已经站不住脚了，爱因斯坦需要一个新的理论对所有的自然现象给出一个统一的描述。结果是他改写了物理学，让迈克耳孙-莫雷实验的否定结果成为新原理的自然后果。

许多作者声称，迈克耳孙-莫雷实验与另一些或早或晚的实验一起，是对以太致的悼词。这样说无疑是过于简单了。许多著名的物理学家，仍在努力使迈克耳孙-莫雷实验与以太的假说相符合。这当中最有名的要算是荷兰的洛伦兹和爱尔兰的菲兹哲罗（George Francis Fitzgerald）。他们试图利用上一章中提到过的洛伦兹变换，用物体穿过以太运动时的物理收缩来解释迈克耳孙-莫雷的实验结果。这样，以太的假说就可以仍然成立，不过要以一种未经解释的运动物体的畸变作为代价。我们将会看到，这种长度收缩，与爱因斯坦所揭示的世界中的效应相近，我们以后必须习惯于这种效应。

洛伦兹实际上已经接近了狭义相对论的公式，但是他不能摆脱牛顿的绝对时间"经典"观念的束缚，并且紧抱着以太理论不放。法国数学家兼物理学家庞加莱，对牛顿力学造成的问题看得很清楚，他问道："以太究竟是什么，它的分子是如何排列的，它们是相互吸引还是相互排斥？"并且他热切期望着如爱因斯坦后来提出的根本解决办法。他说道："也许我们必须建立一种新的力学，对它我们只能够管中窥豹……在这个新力学中，光速是一个不可逾越的极限。"1904年庞加莱甚至于编造出一个"相对论原理"。但是按照爱因斯坦自己的说法，看来庞加莱至死都没有搞懂狭义相对论的物理含义。

爱因斯坦本人很久以后才知道上述物理学家的种种努力，他基本上是独立地得出他的理论的。他当时并不熟悉那些在物理学杂志上发表的、时新的研究论文的内容。确实，他一点不知道洛伦兹1895年以后的工作；特别是，如我们将会看到的那样，他从没有听说过洛伦兹变换，但这个变换却在他自己的研究结果中再现了。我们甚至都不清楚，爱因斯坦是否认为迈克耳孙-莫雷实验对他后来的狭义相对论起了决定性的影响，虽然 1916 年他的朋友心理学家沃斯默（Max Wertheimer）在柏林采访他时，他明确地说过是受到过它的影响。然而，在 1954 年的一封信中，他坚持说："在我自己的研究过程中，迈克耳孙的结果对我并没有多大影响。我甚至于都记不清楚，当我写关于这个题目的第一篇论文的时候（1905），我是否知道这一结果。在我个人的奋斗中，迈克耳孙的实验没有起过作用，或者至少是没有起过决定性的作用。"

通往狭义相对论之路

这样，我们现在就讲到爱因斯坦本人。他 1879 年 3 月 14 日上午 11 点 30 分出生的时候，他母亲鲍琳相当吃惊。这孩子的后脑很大而且棱角分明，她怕这孩子是个畸形儿。他发育得很慢，语言能力又非常差，周围的人担心他可能永远不会说话。当他 8 岁那年在慕尼黑上中学时，他的希腊语教员对他说，他将来不会有大出息。1894 年他家搬到意大利，爱因斯坦被留了下来，在他不喜欢的学校里继续受煎熬，这是因为这个学校的严格制度，以及德国军队需要征召

16 岁以上的青年。他很难让学校喜欢他，他"早熟，半盲目自信，几乎目空一切"。希腊语教员甚至建议他应当退学。确实，他父母走了不到半年，他就也跟着翻过了阿尔卑斯山。爱因斯坦后来写道："我的班主任老师把我叫了去，要我退学，但不给我以后能保证我进大学的文凭。我说，'我从来没有做过任何错事啊'，他却说，'你只要一露面，班上就对我不尊敬了。'肯定地说，我自己是希望退学，跟着父母去意大利。但对我来说最主要的原因，还是那里呆板的、机械式的教学方法。"一旦离开学校，爱因斯坦高兴得像一只出笼的小鸟，在回到父母身边以前，他抓住机会在意大利北部作了长途旅行。

　　1895 年爱因斯坦决定去试一下运气，报考苏黎世的联邦工艺学校（现在叫做 ETH），希望以后成为一名电气工程师。但是他没有通过入学考试。在阿劳的一个瑞士州立学校补习了一段时间后，他才考上。在 ETH 学习期间，一个教过他的、俄国出生的老师闵可夫斯基（Hermann Minkowski），有一次把他形容为一只"懒狗"，"在数学上一点都不用脑筋"。无疑，爱因斯坦是靠了他的朋友和同学格罗斯曼（Marcel Grossmann）的笔记，才补上了他没有去听的课。闵可夫斯基后来在爱因斯坦学说的发展过程中，起了关键性的作用。1900 年爱因斯坦毕业后，在苏黎世做家庭教师，并且兼代课教员。到了 1902 年，由于格罗斯曼父亲的推荐，他在伯尔尼的瑞士专利局找到了一份差事。爱因斯坦申请的是二等技师，他却只得到三等技师的职位。就是在这看来不大可能有大作为的职位上，他创立了与牛顿理论同样宏大的科学理论。在专利局他遇到了贝索（Michelangelo Besso），他是一位工程师，后来成了爱因斯坦的终生挚友。在爱因斯坦的第一篇相对论的论文中，贝索是唯一被爱因斯坦致谢的人。

1905 年是爱因斯坦的"奇迹年"。他是一个非正统的人，学术上有点小名气。他能在同时代人中出类拔萃，是因为他真正的天赋品质，使他能够从传统思想的长期束缚中解放出来。爱因斯坦把牛顿力学和电磁学的种种不解之谜推到它们的源头，对整个物理学用全新的基本原理进行阐述。这是一个真正的革命性的跨越。从这些基本原理演绎出的结果表示，我们的有限经验所给出的时间和空间的"常识"，可能会欺骗我们。

著名的摄影家哈尔斯曼（Philippe Halsman），有一次把爱因斯坦不喜欢穿袜子的习惯与他的这一品质联系起来。他向这个大人物问到他的怪癖，爱因斯坦的秘书海伦插话说："教授从来不穿袜子。即使是罗斯福总统请他去白宫，他也不穿袜子。"爱因斯坦解释说："我发现大脚趾总爱把袜子顶穿一个洞。所以我再也不穿袜子了。"也许这可以从爱因斯坦 1901 年服兵役的记录中看出一点眉目，在"疾病或缺陷"的栏目之下，写着"平足和汗脚"。但是哈尔斯曼用了一个更浪漫的看法，"这一细节看来是爱因斯坦绝对独立思考的象征"。

绝对时间被废弃

在令人困惑的实验结果面前，科学家们面临选择——或者是让现有的理论七扭八歪，硬是去凑合实验结果（这相对来说比较容易，但常常无效），或者是创立他们自己的新理论（这比较难，甚至极难）。爱因斯坦勇敢地选择了后者，他把日常经验所给的印象完全抛到一边。从形象到抽象的转变，在现代物理学中一直继续着，并取得了高度的成功，这完全应了爱因斯坦所说的一句著名的话："大自然扑朔迷离，但没有恶意。"虽然有涟漪在水中传播、声音在空气中传播这样的事实，爱因斯坦还是断定，电磁波是一种基本的实在，它并不需要经过以太传播就可以存在。他把从麦克斯韦电磁理论开始的物理学理论，纳入系统的抽象数学表示。对那些朴素的物理模型他不感兴趣，虽然它们给出实在的形象，让人感到舒服。一个典型的例子是当时流行的原子图像——葡萄干布丁模型，一个球状、带正电荷的"布丁"上面，点缀着带负电的"电流"。他感兴趣的是真理——不论它会给出多么奇怪和令人惊异的结果。

例如爱因斯坦认为，电磁现象的描述中有些地方不正常，无法让人接受，这就是当电和磁同时存在时的作用。回忆一下，当时人们对电动机和发电机的解释是，它们有不同的工作原理。但爱因斯坦确信，电动机把电转换为运动，发电机把运动转换为电力，它们所依据的物理是完全相同的。人们习惯上认为导体运动会产生与磁场运动不同的结果。爱因斯坦认为这种看法是不合逻辑的。它意味着应当可能探测到绝对运动。他没有去用一种"特殊作用"来强使这些疑难问题归顺现有的物理定律，而是用电动机和发电机中的相对运动，把对它们的描述统一起来。

1905 年爱因斯坦提出了两条全新的物理学基本原理。它们出现在他的第一篇关于相对论的科学论文中，这篇论文发表在权威的德国物理杂志《物理学年刊》上，题目是"论运动物体的电动力学"。这两条原理涉及以不变速度运动的观测者，是狭义相对论的基础。它们是：

1. "相对性原理"：宇宙中所有各处的物理规律都是相同的，不论观测者的运动速度如何。
2. 光速是一个常数，它与光源的运动无关。

爱因斯坦的第二条原理，即光速的不变性，似乎有些耸人听闻。这就相当于，当你测量一颗步枪子弹的速度时，无论这子弹是一个没有移动的步兵向你射出的，还是由一架飞行中的超音速飞机向你发射的，你发现它们的速度一样。但实际上子弹的速度并非如此。那么为什么偏偏光速就应当是不变的呢？爱因斯坦证明，无论两个观测者之间的相对运动是多快，在他们各自的参考系中测到的光速都是相同的。这样，爱因斯坦给了常识狠狠的一击。爱因斯坦宣称的光速不变性，以及相对性原理对所有的物理现象是普适的，把当时流行的说法一下颠倒过来了。这样他的思想就超过了牛顿，牛顿理论只涉及纯力学现象，而他的理论涉及整个物理学——这的确是一步勇敢的跨越。

蕴含在牛顿运动三定律中的牛顿力学，也同样是相对论性的：宇宙中没有一个特殊的参考系，其他参考系与之比较可以得到一些绝对的量。正如我们在上一章中看到的，如果宇宙中只有两个物体，并且它们之间的距离在不断增加，我们不可能判断是这一个还是那一个物体在动，还是两者都在动。相对运动的思想可以上溯到伽利略，他研究了当船静止以及船以不变速度航行时，船上的蠓虫、苍蝇、小飞虫和鱼的运动情况。他写道："当你仔细观察这些东西时……让船以任何你喜欢的速度前进，只要它的运动是平稳的、没有任何摆动，你将不会发现这些东西的运动中有一点变化，你也不会从它们中任何一个的运动中发现船是在航行还是静止不动。"但是牛顿（尽管如此，他还是喜欢相信有一种绝对静止的状态）同时还暗含用了另一条基本假设，也就是关于绝对时间的假设，它在整个宇宙中都是一样的。在牛顿物理学里，时间是以同样的快慢流逝的，不管观测者的速度或位置怎样。

因为对所有以恒定的相对速度运动的观测者，牛顿力学定律都成立——这就定义了"惯性参考系"——不同参考系的时间和空间坐标就通过伽利略变换联系了起来。用伽利略变换，可以把对运动的"看法"从一个参考系变换到另一个，比如说从伽利略船上的一只蠓虫，变换到站在岸上的一个水手。有重要意义的是，这个变换不能用于主导光的行为的电磁学定律。如果我们代之以爱因斯坦的第二条基本假设，使光速以及物理学规律不管观测者的速度如何，都保持不变，则这样的变换称为洛伦兹变换，它保证了描述光和其他现象的麦克斯韦方程，不论观测者的情况如何，都不发生变化。

在爱因斯坦以前，拉莫尔爵士（Sir Joseph Larmor）和洛伦兹也得出了这个数学变换。但是，在一次演示他的学说的威力时，爱因斯坦令人吃惊地从他的"第一原理"推导出了洛伦兹变换——仅仅根据他自己的基本原理，而不用参考上面两人的工作。事实上，他 1905 年 6 月发表的论文，并没有引用任何一篇参考文献。除此之外，他在论文里只用了一句话，就把有两个世纪历史的以太的观念打发掉了。以同样速度在整个宇宙中流逝的绝对时间的概念，他也只是简单地将之摒弃。

绝对时间的被摒弃是一个意义深远的结果，它的重要意义在于检验第二条基本假设——光速的不变性，因为正是光速的不变性导致了这个结果。除了迈克耳孙-莫雷实验以外，对光速不因光源速度而变的另一件有利事实是 1913 年荷兰天文学家德西特（Willem de Sitter）对双星绕它们的公共中心转动时所发出的光的分析。然而直接的观测证实直到 1963 年才给出。这并不是说直到这以前，人们仍然在怀疑狭义相对论的正确性。对于许许多多其他的实验观察和预言，相对论的显著成就，已经足够建立起压倒牛顿理论的优势。理论和实验之间常常发生冲突，这自然是科学有别于哲学的显著之处。

接近光速运动时的新世界

尽管爱因斯坦对时间作了重新评价，牛顿学说的大部分，经过 300 年的考验仍然卓有成效。所以，一位宇航员 1968 年在第一次绕月航行返回途中，说道："我想，现在主要是伊萨克·牛顿在驾驶飞船了。"这句话突出表明，当年阿波罗计划是如何依赖于牛顿定律来计算空间飞船的轨道的。只有当物体运动的速度接近光速时，牛顿定律才会失效。这种高速运动的情况，与我们的日常经验常常迥然不同，除非是涉及光和电磁作用的场合（这也就是为什么麦克斯韦理论在牛顿的理论框架中非常别扭）。的确，在运动物体的速度远小于光速的极限情况下，例如一辆汽车在公路上行驶时，可以证明，狭义相对论的洛伦兹变换，就等价于经典物理的伽利略变换。换句话说，在这些情况下，狭义相对论就还原成牛顿物理或经典物理。因此，我们在这一章中要描述的、由相对论而引起的许多奇怪现象，只有当相对运动的速度趋近于光速时，才有重要意义。

长度收缩是一个很好的例证。爱因斯坦指出，接近光速运动的物体，在一个静止的观测者看来，会在运动的方向上变扁。这纯粹是一个相对论性效应：物体实际上一点都没有收缩，仅仅是观测者看来它变扁了。为了说明这一情况，我们想象有一列高速火车，即相对论快车。它只有一节客车，沿铁路线以不变的速度，相对于坐在站台上的观测者飞驰。当它的速度很大时，观测者会看到火车缩短了。但是从客车上的旅客看来，是站台在运动，所以是站台而不是火车，看起来变短了。收缩的程度决定于运动物体的实际速度：当这相对速度趋近于光速时，长度就收缩为零。物体在以相对论性速度运动时的现象，本身就是一个很有意思的课题：直杆变弯曲，自行车轮看起来像曲形飞标，等等。

如果站台上的人能够测量到的话，他们会发现，相对论快车的质量在高速情况下也改变了。与此同时，车上的旅客也会发觉，站台的质量变化了。这是因为相对论预言，运动物体的质量会增加。一个物体的"固有"质量，是指在相对它静止的参考系中所测得的质量。但是在另一个作匀速相对运动的观测者看来，该物体的质量随着物体的速度增加，质量增加的"洛伦兹因子"和长度收缩的因子完全相同。全世界的粒子加速器大量产生出的微粒子，它们这种相对论性的质量增加已被实验观测到，而且实验结果在定量上与爱因斯坦的预言完全相符。当物体的速度趋近于光速时，它的质量变成无限大，这样，就需要有一个无限大的力，把它加速到光速。这样一来，我们就可以明白，为什么不可能使一个有质量的物体达到光速，要它超过光速自然就更不用谈了。只有静止质量是零的粒子，才能以光速运动：光子就是一例——量子理论中的光子是跟电磁场联系在一起的。光子只能以光速运动。

同时性和时间膨胀

从"常识"的观点，狭义相对论最显著的特点来自于时间的相对论化。同时的概念——事件在同一个时刻发生———决定于观测者的相对速度，而不是像牛顿认为的那样，是一种绝对的概念。如我们前面说过的，即使是在光速有限的牛顿世界里，也不可能看到世界在正好"现在"的样子，因为光线不是瞬时间到达我们的眼睛中，而是以光速传过来的。当你看表的时候，你看到的是有一点点"过时"了的时间，因为光线从表盘到达你眼睛中的视网膜，以及光信号被神经脉冲传送到大脑，都需要一定的时间。依照牛顿物理学，只要把时间作适当的改正，仍然能够重新建立起绝对时间，用以记录事件的发生，而且所有的观测者都可以接受这个绝对时间。但是爱因斯坦的相对论却不允许这样做。

为了说明"现在"所遇到的困难——也就是同时

性是相对的——让我们再回到相对论快车。在车厢里面看来，从车厢正中的一盏灯发出的闪光，是同时到达车厢两头的旅客的。但是，站台上的观测者看到的是，闪光先照到车厢尾端的旅客，而后照到前端的旅客，因为火车的运动使车厢尾端迎着光线走（因而使光跑的距离短），而车厢前端顺着光线走（所以光线要多跑一段路才能追上它）。从站台上看，两束光到达车厢两端明显不是同时的。如果车厢两端的旅客都有钟，则他们所分别记下的、光线到达车厢两端的时刻完全相同。但是，这样记下的时间，和用站台上的钟记下的时间相比，是有差别的。

同样令人惊奇的，是狭义相对论中所谓的时间膨胀现象。运动的钟要比静止的钟走得慢。假定火车里面的旅客和站台上的观测者用的是一模一样的钟。当火车停在站台上的时候，车上和车下都把钟对好，使大家的秒针每秒钟同时"滴答"一下（这就叫做"固有时间"，它表示用相对观测者静止的钟记录的时间，或者用另一个等效的说法，钟在自己的静止系中所记录的时间）。当火车运动后，在站台上的观测者看来，火车上的钟每两次"滴答"的时间间隔要比一秒钟长，变长的程度决定于火车的速度（再次由洛伦兹因子给出）。当火车的速度趋近于光速时，车上的钟两次"滴答"的时间间隔就增加到无限长。像长度收缩一样，这也纯粹是一个相对论性效应。在车厢里的旅客看来，站台上的钟也按同样的程度变慢了。

时间的膨胀已经在实验上验证了许多次。有一种基本粒子叫做缪介子，它生成于地球大气 10 千米的高处，是由于极高速的宇宙线粒子的碰撞所产生的。缪介子的放射性衰变进行得很快（在它们自己的静止系中），如果不是由于它们的衰变时间在我们的参考系中膨胀了，它们的大多数决不会到达地面。因为用它们的静止系的钟测到的寿命计算，缪介子在衰变前只能走 600 米远。而用我们实验室的钟来计算，它们的寿命要延长 8 倍。物理学家们利用粒子加速器进行的许多类似的实验，同样证实了，缪介子的寿命可以由于加速到很高速度而大大延长。

双生子佯谬

　　狭义相对论中有关时间的另一件奇异的事，是所谓双生子佯谬，它是狭义相对论所有的佯谬中最早的一个。想象有一对长得一模一样的孪生兄弟达姆和迪姆，达姆出发进行一次相对论性（高速）的空间往返旅行，而迪姆留在地球上的家里。考虑离开地球的那段旅程，并且假定他们每个人都有一只特别的钟，这钟可以像灯塔那样，每隔 5 分钟发出一个脉冲信号。当达姆的速度增加时，迪姆在地球上收到的脉冲的时间间隔逐渐拉大；这就是说，从迪姆的观点看，达姆的钟走得慢了。这样，当达姆旅行结束回到地球时，他比迪姆要年轻（虽然他们的年龄都大了一些）。然而从达姆的观点来看，出现的情况应当是相反的——

即他们重逢时迪姆应该比达姆年轻。当达姆开始他的旅程时，在他看来将是迪姆的脉冲间隔变大了，这表示迪姆的钟变慢了。

　　显然，他们两者的结果不会都是对的：两个人再相遇时，不会都说对方比自己年轻。对这个佯谬的解答，是我们要认识到，达姆和迪姆并不是有从头到尾完全相同的经历。和迪姆不同，达姆在离开地球时，必须有一个初始的加速度，然后减速，再加速返回。最后，他应当减速，这样才能回到迪姆的参考系里。因为达姆不是以不变的速度旅行的（或者等效地说，他不是保持在惯性参考系中），我们就不能把狭义相对论的分析用于描述他所看到的情况，特别是用于他对时间的感受。这样，虽然这个"佯谬"不存在了，这个故事还是说明，的确发生了件很奇怪的事。在某种意义上我们可以说，多亏相对论，达姆才得以完成时间旅行，跑到迪姆的未来中去。我们只要把一只精确的钟放置在一架客机上，当它返程飞回后，把它所显示的时间和机场上的原子钟相比较，就可以实际观测到这个效应。然而，正像霍金所指出的，"用这种办法，飞行来回的次数要多得惊人，才能使人的生命延长一天。"

时　　空

　　狭义相对论的这些离奇古怪的效应，使我们对于时间的思考方式焕然一新。相对论学家喜欢说"时空"，这个概念把相对论的数学变得比较简单。它是出自于洛伦兹变换的数学性质，这个性质意味着空间和时间不应当单独处理，而是应当作为一个不可分割的整体来处理。这种空间和时间的融合首先是闵可夫斯基注意到的，在他学生爱因斯坦的狭义相对论的启发下，1908 年 9 月他在科伦说："从今以后，单独的空间和单独的时间注定要消失为阴影，而唯一继续存在的是两者的融合体。"

在狭义相对论里，时空的本质可以通过它的度规结构来理解，度规是一个抽象的、然而是基本的概念，它是与宇宙的几何结构联系在一起的。这种度规结构是内禀的，与任何观测者无关，这样的性质满足相对论的需求，可以确保物理定律的成立与速度和位置无关。在相对论中，"几何"性质——例如光线所显示的路径——是用时间和空间共同表示的，它们结合在一起，不可分离。所以，说时间和空间只是单一时空的两个方面，这句话并没有什么了不起。虽然爱因斯坦在某种意义上排除了绝对空间和绝对时间的概念，但他却引进了绝对时空。然而，他把时空仅仅看做是所有事件的联络，这样一个人在时空图中，就像一条四维的"蠕虫"，它的每一张三维切片，就相应于这个人处在一个特定的时刻。在相对论里，我们可以把空间和时间作为四维存在来处理：空间是三维的，时间是一维的。但是从物理上说，它们是相当有区别的，这一点我们决不应该忘记。最重要的是，我们经历的时间——正如这本书要阐述的主题那样——是单向的，但是空间却没有这样的限制。爱丁顿指出过："时间的最大特点是向前走。但物理学家有时常常容易忘记这一点……"我们再次回到了时间箭头——并且面对着狭义相对论的一个严重缺陷。

我们注意到，在双生子佯谬中，两个人的年龄都被认为是增长的。但是年龄增长的概念，作为一种时间的单向过程，在狭义相对论中并没有解释。这是因为，狭义相对论像它以前的经典力学一样，并没有区别时间可能经历的两个方向，也就是向前和向后。它只是说时间是一维的，并没有说时间是单向的。就相对论的时间对称的结构来说，也可以得出这样的结论，即留在地球上的迪姆，要比达姆年轻。但是我们必须认为这个结论是荒谬的，因为我们知道，事实上所有的生物，年龄都是在增长而不是在变小。但是，相对论本身，并没有解释为什么应当是这样。

加速度和绝对空间

狭义相对论还有另外一个较大的缺陷。它同样是与时间的作用有关，出现在有加速度的情况下（加速度是物体的速度随着时间的变化）。如我们已经反复说过的，由于牛顿力学中运动的相对性，绝对空间已经失去意义。可是对于加速度来说，情况就不同了。加速度是由于某种力例如引力所引起的，在牛顿理论中，加速度是绝对的。用另一种方式来说，无论观测者的运动状态如何，加速度总是相同的。一个骑在马上的物理学家，可以争辩说是马在运动，或者是脚下的大地在运动。但是当他的坐骑急停，而把他从马鞍上摔下来，对这个过程他就没有异议了，因为无论从哪个参考系来看，例如从马、地面或行驶中的火车中看来，力和作为其结果的加速度都是一样的。但是对于本身就在加速运动的观测者，他们的看法与以不变速度运动的观测者是不同的。因此存在有地位特殊的参考系，即使认为地球向着物理学家加速，与认为物理学家向着地球加速是同样的可行。狭义相对论也只是对作匀速相对运动的观测者成立，因此也有这个问题。狭义相对论本身并没有给出任何解释，为什么必须赋予这些观测者以特殊的地位。他们只是直截了当地被放进基本假设里了。

爱因斯坦当时很清楚，引力破坏了他直觉上很吸引人的准则：物理定律应当与观测者的运动状态无关。换句话说，在狭义相对论对宇宙的描述中，把一个观测者的看法转换成另一个观测者的看法的数学操作——洛伦兹变换——不能用到引力上面。这问题的根源在于，与狭义相对论所暗指的相反，加速度是相对的而不是绝对的。可以用一个例子来说明这一点，同时也说明为什么包含有加速度的理论描述了引力。设想置于发射台上的空间飞船里有一位宇航员，他有一台放在洗澡间用的磅秤。如果他站在这磅秤上，磅秤将显示出他的体重。当起飞按钮按下，飞船加速飞出地球时，这位宇航员将感到自己重了许多，磅秤也显示他的体重大大增加了。假设发射失败，飞船骤然朝着地球掉下来。在这几秒钟内，这位倒霉的宇航员将在飞船里面自由飘浮，直到飞船撞上地面。在往下落的过程中，如果他把口袋里的钥匙掏出来，然后松开手，钥匙不会落到飞船的地板上。他也将会失重：在他的参考系里，是没有引力的。但是对于一个看着飞船往下掉的观测者说来，引力是再明显不过了。这样，加速度确实是相对的。爱因斯坦也受到过自由落体的启发——不过不是随飞船一起的宇航员，而是一个从屋顶上掉下来的人，这事发生在柏林。这个人侥幸没有摔伤，事后他告诉爱因斯坦，他没有感觉到引力的作用。

总之，爱因斯坦对于狭义相对论的局限性是很清醒的，并且从美学的基点出发，希望物理学彻底摆脱仍在苟延的特殊参考系。他开始着手他的广义相对论，去解决更困难的问题，即给出物理学更概括的系统描述，这种描述对所有的观测者都适用，不论他们的相对运动状态如何。难怪，只有用比狭义相对论复杂得多的时间和空间关系，才能得到这种描述。确实，广义相对论的推导需要应用陌生的数学工具——张量计算。爱因斯坦为此费了多年心血，直到1915年才完成他的论文并准备发表。正如他在这期间所说："每走一步都是极其困难的。"

当广义相对论最后完成的时候，这个理论同时给出了一个漂亮的而且相当完美的引力理论。如果我们重新考察飞船里的宇航员，就可以知道为什么他不能说出他经受的是引力还是加速度。当飞船在空间中加速的时候，他也不能确定，他的磅秤显示的是引力的作用还是他自己的惯性——物体反抗运动变化的一种性质。爱因斯坦认识到了这一点，这使他在 1907 年提出了一条新的基本原理——"等效原理"。他强调说，这条原理适用于整个物理学。实际上，这条原理断言引力和加速度是等效的。

等效原理至少有两种说法。其一，即"弱"等效原理，可以回溯到伽利略和他的比萨斜塔实验，这个实验在传奇文学中被描写得很生动。伽利略发现，所有物体都以同样的加速度朝地球下落（在忽略空气阻力的情况下）。等效原理表明，用相对论的观点，我们也可以说是地球在加速向上而物体保持静止，这样，显然所有的物体的加速度就必须保持相同了。这个一直颇为神秘的难题，直到 1914 年爱因斯坦发表了他的论文，才被解释清楚。这篇论文说明，一个均匀的引力场完全等效于一个适当的加速度，对在任何实验室进行的实验，结果都是如此。等效原理还说明，狭义相对论是一个纯粹局部的理论：没有一个实际的观测者不在经受加速度，因为我们的宇宙是被引力统治着，宇宙物质以恒星、行星等形式散布在整个宇宙里面。等效原理的第二种说法，即"强"等效原理，是爱因斯坦主张的，它认为所有的物理规律，对于宇宙中任何地方、任何时刻的所有观测者都是相同的，不管运动的情况和引力如何。对爱因斯坦来说，这个原理使他能够离开狭义相对论，而进入一个关于宇宙的理论，这一理论必须超越基于狭义相对论的局部描述。

通往广义相对论之路

为了创立广义相对论，爱因斯坦经历了 8 年艰辛、专心致志的努力。在此期间，新见解不断在他头脑中闪现，同时他也一次又一次地走进死胡同。直到最后，一个崭新的、闪耀着智慧光辉的理论终于出现了。1909 年 7 月初，爱因斯坦辞去了他在伯尔尼专利局的工作，去苏黎世大学做教授。这是他在其后 5 年中得到的几个教授职位的第一个。

从 1907 年年底到 1911 年年中，爱因斯坦对有关引力的课题一直保持沉默。虽然他仍然在花费很多时间思考这个问题，但是刚刚诞生的量子理论（我们将在下一章讨论这个理论）使他也用去了不少时间。虽然爱因斯坦已经对这个新诞生的理论做出了重大的贡献，但在此时期，它仍然占据着他的心思，并且在他此后的一生中，一直是使他忧虑的主要原因。在这个期间爱因斯坦的工作几经变动，1912 年 8 月，他从布拉格的卡尔·费尔迪南德大学回到苏黎世，这看来对广义相对论的数学发展有决定性的意义。

当他离开布拉格的时候，他已经确信，时间和光线的轨迹都要被引力弯曲。但是这个想法必须要有坚实可靠的基础。刚刚回到苏黎世，他就转而向他的老友和同学格罗斯曼求助，这时候格罗斯曼已经是几何学教授和 ETH 的数理学部主任。他对格罗斯曼说："你必须帮助我，不然我就会疯了！"

平直的和弯曲的空间

为了了解爱因斯坦是如何解决引力问题的，我们首先必须考虑一下我们日常所经验的世界的几何。公元前 320～前 260 年生活在亚历山大的古希腊数学家欧几里得，对此几何有过详尽的阐述。爱因斯坦发现，欧几里得几何（欧氏几何）只适用于空间中某些限定的区域。由度规结构描述的那些几何性质，在地球上是非常有用的，但是应用到宇宙的大尺度结构上就不行了。

考虑时空最简单的办法是把时空仅仅当做空间，同时用光的速度作为一个量杆（请记住，光速是绝对的）。一段时间的间隔可以转换成一段空间长度，只要简单地用光在这段时间内走的距离来表示就行了。天文学家们常采用光年来表示星系以及星系之间的距离，1 光年大约是 10 万亿千米，同时也常用另一个叫做秒差距的单位，它等于 3.26 光年。这样做是为了避免太多的零出现在距离的表示中。例如，采用这样的距离单位后，太阳的距离仅仅是 8 光分（光在 8 分钟内走过的距离），天狼星的距离是 2.7 个秒差距，

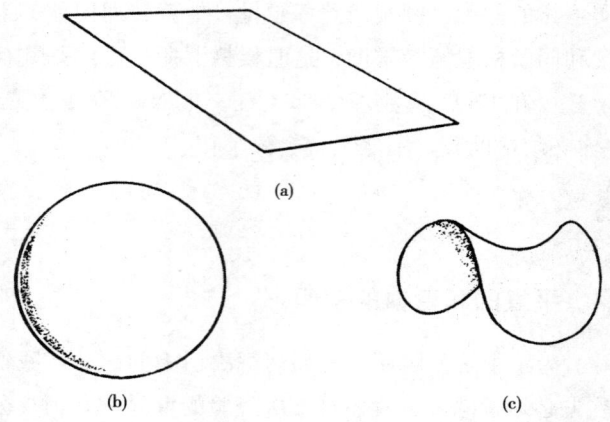

图 4 平直的 (a) 和弯曲的 [(b) 和 (c)] 空间。球面 (b) 的曲率是正的，而鞍形面 (c) 的曲率是负的。

双子座星系团的距离是 3 亿 5000 万秒差距。

在狭义相对论中的度规性质意味着时空几何是平直的，像一张铺着绿色厚毛呢的台球桌面那样。但是在广义相对论中，我们必须熟悉弯曲时空的概念。从直觉上，每一个人都知道一个平面，即一个两维空间，是什么意思。一张平展地放置在桌面上的纸，就表示一个平直空间（它没有曲率）。而另一方面，球面却是弯曲的。这些两维空间或者表面（它们在数学上叫做流形）很容易阐明，因为它们嵌在我们非常熟悉的三维空间之中。我们不大可能直观地想象，高于三维的几何结构是什么样子，除非在某些神秘的感受下或许可能。然而非常重要的一点是，我们要认识到，一个空间的平直或弯曲，完全是这个空间的内禀性质，并不需要一个更高维的空间作为参考对照物。

平直表面的几何与弯曲表面的不同，这一点具有基本的意义。孩子们在学校学的是平直空间的几何，它在两千多年以前就被欧几里得详细阐明了。每一个中学生都知道，三角形的三个角之和是 $180°$，以及半径是 R 的圆的周长是 $2\pi R$。爱因斯坦这样讲到过："欧几里得几何……是一座宏伟壮丽的大厦，在它高耸的阶梯上，你会被认真尽责的老师们紧追不放，为它花费掉无数个钟点。"但是实际上，它的结果只有对于平直空间才是正确的。画在一个球面上的三角形，它的三个角的和要比平面情况下的大，而球面上的一个圆的周长，要小于画在平面上的圆周长，具体的结果取决于球面的曲率。虽然我们不可能想象一个弯曲的三维空间，然而我们可以用同样的方法去推断它的存在。让我们来看一下所谓的"平面世界"，它是维多利亚时代的一位教师阿伯特（Edwin Abbott）1884 年首先描述的。阿伯特讲述了一种叫做扁方先生的生物的奇遇，这种生物具有两维结构，没有上和下的感觉，只能保持在一个表面上运动。为了我们的讨论，让我们想象扁方先生处在一个球面上。它会很快发现它是生活在一个弯曲的空间中，虽然这在第三维看来是很明显的。为此，它只需要出发沿一条直线向前，然后在某一地点它就会发现，它已经回到了出发时的位置。实际上，确切说来，这个特点是扁方先生所居住的世界所具有的、整体拓扑或者大尺度形状的一个性质，而不是一个局部的性质。但是，扁方先生和生活在三维空间的我们自己，只需要测量这样的（局部的）性质，比如像圆的周长，就可以知道，这性质是符合欧氏几何的定律（这样我们就是生活在一个局部平直的空间），还是与欧氏几何不符（这样我们的空间就是弯曲的）。19世纪伟大的德国数学家兼天文学家高斯（Carl Friedrich Gauss，1777～1855），认识到了这一点并且做了许多实验，去探测我们的三维空间偏离平直的程度。但是，无论是他本人，还是后来继续做这件事的人，都没有在地面实验中探查出空间的任何弯曲。这当然不会使我们感到惊奇，因为欧氏几何对我们来说是相当准确地成立，否则学校里就不会开这门课了。

然而，纯数学家通常是不考虑真实的物理世界的。在19世纪，他们开始构想任意维数和曲率的抽象空间，并且极为详尽地描述它们的几何性质。这个工作首先是高斯开创的，他的学生黎曼（Georg Friedrich Bernhard Riemann，1826～1866）发展了它，后来使这一理论臻于完善的，主要是克里斯多夫（Bruno Christoffel），李奇-卡拉斯特罗（Ricci-Curastro）和李微-西威塔（Tullio Levi-Civita）。这些卓越的数学家阐明，度规结构可以告诉我们空间的情况，特别是它是平直的（欧氏的）还是弯曲的（非欧氏的）。

当这些发现刚刚被得出的时候，它们仅仅是使一个小圈子里的数学家从学术上感兴趣的东西。直到爱因斯坦的工作成果问世以后，人们才广泛地认识到这些智慧之果所具有的深刻物理意义。除此之外，也只是由于爱因斯坦和他后继者的工作，时间才同样被纳入几何之中。如我们前面提到过的，闵可夫斯基关于狭义相对论的研究表明，为了数学物理上的目的，可以把时间作为像另一维空间那样处理。这样一来，不仅可以谈论平直的和弯曲的空间，而且可以谈论平直的和弯曲的时空。

刚到苏黎世的时候，爱因斯坦并不知道黎曼的工作，以及这件工作对于他本人正在思考的问题的重要意义。但是当他跟格罗斯曼讨论引力问题的时候，格罗斯曼告诉他说，他要寻找的东西是一种时空，它具有所谓的黎曼几何结构，这种结构完全不同于狭义相对论的欧几里得性质。

时空的关键特点是，即使它在大尺度上弯曲，在小尺度上也可以看做是平直的，正像一个人站在板球场上，会觉得地球看上去很平坦一样。这样一来，对于描述发生在时空局部区域的事件，狭义相对论和洛伦兹变换仍然可以成立。但是当这个区域扩展到时空曲率变得显著的时候，情况就不再是这样的了。这就像是，板球场在板球队员看来是平坦的，而它所在的那块大陆，在一个宇航员看来却是弯曲的。球面的半径越大，它的曲率越小，而且在任何一点的周围，看来是局部平坦的区域也就越大。

从欧氏几何转变为黎曼几何，这是使爱因斯坦得出他的后牛顿引力表示式的关键。起初他还得到了格罗斯曼的帮助。1914 年爱因斯坦迁居柏林，在那里他最后完成了广义相对论，他的这一论文题目是"引力的场方程"，于 1915 年 11 月 25 日提交给普鲁士科学院。

广义相对论

时空弯曲的程度，是由宇宙中物质的分布所决定的：一个区域内的物质密度越大，时空的曲率也就越大。这样太阳附近的时空就要比地球附近弯曲得厉害，因为太阳的质量要大得多。广义相对论的宇宙中，引力已不再像以前我们理解的那样是一种力，它已经被转化到时空的几何（曲率）中去了。用爱因斯坦的新观点来看，可以说，引力产生于从狭义相对论的平直空间到广义相对论的弯曲空间的转换之中。

这样，我们对一些日常事件的看法，例如像对苹果落地这样的事件，就从根本上改变了。与其把引力想象成为某种神秘的力，经过空间作用在一段距离上，倒不如设想，像地球这样的大质量物体，使空间和时间发生了畸变。为了对这个说法有一个直观的了解，一个简单的办法，是把时空想象成一张平展的橡胶软垫。大质量的物体放上去，会使橡胶垫发生局部变形，变形的程度决定于物体的质量。太阳在我们太阳系中，质量远大于其他任何行星，所以它使时空畸变得最厉害。行星可以用大小不等的球来代表，这些球在橡胶垫上围绕太阳滚动，球滚动的路径也就是行星的轨道，它们都位于太阳附近的深"阱"之中。从树上掉下来的苹果，不是被一个力拉向地球，而只不过是滚进地球所造成的局部时空的"阱"里面罢了。

物体在弯曲时空中的运动规律，一般是不同于平直时空中的规律的。一个不受引力作用的物体，在三维空间中是做匀速直线运动的。而在有引力的情况下，新的规律则是物体沿"测地线"运动。测地线基本上就是在弯曲的或平直的时空中连接任意两点的最短的路线，只要这两点充分接近（图5）。在速度非常小、物质密度也非常低的情况下，测地线运动就退化成牛顿描述的运动。显然，广义相对论的这种"退化"一定会发生，因为牛顿物理学所作的预言，在它所适用的范围内是十分成功的，这我们在上一章中已经讲到过。然而，对于牛顿无法回答的一些问题，爱

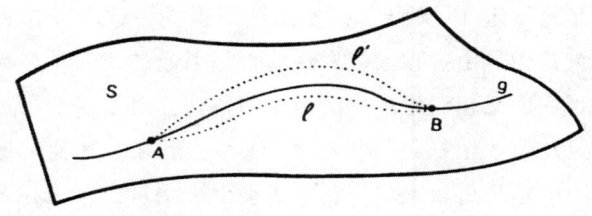

图 5　测地线规定了在广义相对论弯曲时空（S）中的运动路径。如果 A 和 B 是 S 中测地线 g 上足够接近的两个点。则 A 和 B 之间所有其他的连线（l 和 l'）都比测地线长。在广义相对论中，地球围绕太阳的椭圆轨道被解释为，由于太阳的质量所造成的弯曲时空中的测地线运动。［录自 W·仑德勒（W. Rindler）《相对论精义》第 106 页］

因斯坦却可以用测地线运动来解释。

第一个例子是有关水星——它是离太阳最近的行星——轨道的一个很小但很重要的细节。虽然爱因斯坦在推导相对论的时候，几乎没有考虑到这个问题，但它却成了对他的新理论的一次辉煌验证。按照牛顿力学，一个单独绕太阳运转的行星，它的轨道应当是一个精确的闭合椭圆，并且轨道的近日点也是固定的（近日点是行星轨道上离太阳最近的一点）。但是水星轨道的问题是，它的近日点不是固定的。其他行星的引力，以及太阳系里小行星带的引力，加在一起使水星轨道受到一个很小的附加影响，使得轨道产生进动，亦即近日点随着时间逐渐"前移"，在 300 万年内移动一周（图 6）。但是，除了所有已知的引力影响外，还有一个完全解释不了的附加进动——所以称为"异常进动"——根据天文学家们的观测，它仅仅是每世纪 43 弧秒。在爱因斯坦以前，这个异常进动被认为是由一颗未被发现的行星引起的。但是爱因斯坦用广义相对论产生的时空曲率，算出了这个附加的进动值，正好是每世纪 43 弧秒。近来，其他一些行星的这种近日点"异常"进动也被测量出来。在观测误差范围之内，它们的值也同样与广义相对论算出的值相吻合。

爱因斯坦马上算出来的第二个结果，是他在完成广义相对论之前就曾预期的一个效应。这就是光的轨迹被物质所弯曲。从狭义相对论以及它的基本原理之一——即光速对所有观测者都相同，不论他们的速度

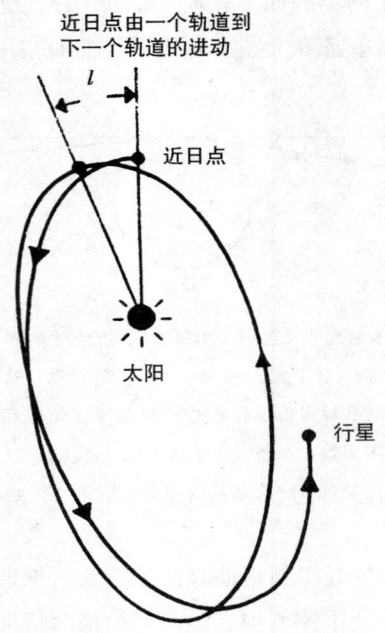

近日点由一个轨道到
下一个轨道的进动

l

近日点

太阳

行星

图 6　行星绕日运行时近日点的进动。［录自 W·仑德勒
《相对论精义》第 145 页］

如何——可以得出一个推论，这就是能量和质量等
效。这样一来，一束光的能量就对应着一定的质量，
也就可以受到其他物质的引力作用。因此，在一个大
质量天体的附近，例如在一颗恒星的附近，光线就会
发生弯曲（图 7）。以前，爱因斯坦也计算过遥远的
星光在太阳附近发生的偏折角度，但当时他根据的是
某种狭义相对论和广义相对论的混合方法，其中时空
仍然假设是平直的。现在他把这重新计算了一遍，但

是应用了时空的曲率。他发现新的结果正好是原来结果的两倍。现在光线必须沿着弯曲时空中的测地线传播了。

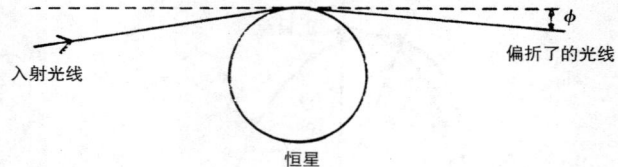

图 7　入射光线掠过一个恒星边缘时会发生偏折，总的偏转角度是 2φ（对于太阳来说，φ 的值是 $1''75$，这是通过比较日全食时的恒星位置和它们已知的位置而得到的，最近根据与太阳大致在一条线上的类星体的观测，也得到了同样的值）。［录自 W·仑德勒《相对论精义》第 147 页］

　　英国的爱丁顿帮助验证了爱因斯坦理论的第二个预言。当爱丁顿从中立国荷兰的德西特那里第一次听到爱因斯坦在柏林的工作后，他不顾当时英国和德国已经处于交战状态，就为验证这一理论做出了自己的贡献。他是教友派的信徒，这个教派从道义上反对战争，因而他被准许免服兵役，条件是继续从事他的科学研究，特别是准备监测一次即将到来的日食。1919年的这次日食，能够观测到星光从太阳近旁经过，因而可以测定光线是否发生了弯曲。通常情况下，太阳光的强烈照射使我们看不到星光。然而，从几内亚湾的普林西比岛回来以后——在那里可以对日食作最好的记录，除非是遇到坏天气——爱丁顿在皇家天文学会的一次聚餐会上，模仿奥玛·哈央姆的诗体，即兴朗诵道：

> 噢，把我们的测量留给智者去评判吧，
> 但至少有一件事已经搞清——光是有质量的；
> 尽管其余的事还在争论，
> 有一件事已毫无疑问——
> 光线靠近太阳的时候，并不是直线前进！

在他晚年的时候，爱丁顿把这个对于广义相对论的验证，看做是他一生中最伟大的时刻。他的这个观测，也使爱因斯坦一下子在国际上赢得了声望。

近些年来的对于广义相对论的验证，是对"双脉冲星"进行的研究。双脉冲星被认为是靠得非常近的一对老年星的核，它们都已坍缩得很小。叫它们脉冲星，是因为它们发射出很规则的射电波脉冲。这一对星互相围绕对方作极高速的转动，这样就必须用广义相对论来描述，而不能用牛顿力学。它们的"近星点"的进动，要比水星和其他行星大得多。时空曲率的扰动，也已经用爱因斯坦的方程计算出来，由此可以预言，会有引力辐射从这对星发出，因而它们的轨道就会越来越小。此外，遥远的"类星体"——宇宙中最亮的天体——发射出的电磁辐射，有时候会受到一种引力透镜的作用，这种作用是由位于类星体和我们之间的某些星系引起的：每一个星系的引力场就像一种特殊的透镜，结果在我们地球上的望远镜看来，就产生了多重像，也就是原来的一个类星体变成为好几个。

总的说来，广义相对论要求从根本上更新时间和空间的概念，这个要求不是出于人为的意图，而是出于实际需要。这种更新了的时间和空间的概念，在数学上被具体化为单一的时空结构。这一时空结构决定于物质的分布，引力本身也不再明显地存在。无论如何，这是一种处理引力问题的方法。为了使读者不至于对此感到过于枯燥，我们想在此引用相对论专家威廉斯（W. Williams）教授1924年写的一首诗，它是模仿路易斯·卡洛斯《海象和木匠》的诗体而作的，诗的题目叫做《爱因斯坦和爱丁顿》，它包括下面的诗句：

> "是时候了"，爱丁顿说道，
> "我们有很多事情要谈及，
> 像立方体、钟表和米尺，
> 以及为什么摆锤会摆动，
> 空间在多大程度上偏离铅直，
> 还有，时间是不是具有双翅。"
> "你说时间变扭了，
> 甚至光线也被弯曲；
> 我想给我的印象是，
> 如果它是你的原意：
> 邮递员今天送来的信件，
> 明天它就要被寄到邮局。"
> "这最短的线"，爱因斯坦答道，

"不再是那条直直的线，

它绕着自己弯来拐去，

好像一个'8'字。

而且，如果你走得太快，

你将会到达得太迟。"

"复活节是在圣诞节期间，

非常遥远就是近了，

二加二也大于四，

还有，过了那里就是这里。"

"你也许是对的"，爱丁顿说，

"但是它看来的确有些稀奇。"

引力时间膨胀

时间在时空中是如何流逝的呢？到 1911 年的时候，爱因斯坦就已经认识到，引力场越强，钟也就会走得越慢：钟离一个大质量天体例如太阳（或是一个超密天体比如黑洞，这样的效应更强）越近，比起另一个放置得很远的钟来，它就走得越慢。这个结论是由整个广义相对论得出的，称为引力时间膨胀，它不同于我们在狭义相对论中遇到过的时间膨胀效应。

这就给出了对爱因斯坦的广义相对论的第三个检验。一个原子可以被当做一只非常简单的钟——它里面的电子以极其准确的频率绕着原子核旋转，原子钟就是利用了这一自然现象。这就为科学家们提供了一个极妙的机会，通过一次实验就可以确定，全宇宙中是不是有一个"普适时间"。然而，并不需要把原子钟送到太空中去，让它作高速运动，也不需要把它放到太阳的巨大引力场附近，去验证相对论——它们已经处在实验位置上了。按照爱因斯坦的预言，太阳上的原子（更正确地说，是离子，即带电荷的原子）中的电子，它们的振荡频率比起地球上的要稍微慢一些。振荡频率的变慢，可以在离子的辐射中显示出来，也就是辐射的波长会变长一些。这确实已经在实验中得到了验证。虽然这个效应对于太阳来说很小，但是对于白矮星来说，就变得很显著。白矮星的质量和太阳差不多，但是半径却小很多，因此它表面处的引力场比太阳要强许多倍。人们已经在地球上接收到从白矮星的离子发出的光，由于引力场的这个效应，光辐射已经明显地红化。我们把这称为引力"红移"。

与此类似，甚至于对地球上不同的地点，这个效应都可以被探测到，虽然它很微小。例如，放在美国国家标准局的一只原子钟（它位于科罗拉多的布尔德，离海平面 1650 米处），比起放在英国皇家格林尼治天文台的另一只同样的原子钟（其海拔仅为 25 米），前者每一年比后者要快 5 微秒（即五个百万分之一秒）。这是因为离地球中心越近，引力场也就越强。美国马里兰大学的阿雷（Carroll Alley）所做的实验，直接地显示了引力时间膨胀。他在 1975 年冬天所做的一系列实验中，用了两组原子钟。在一次实

108

验中，他把一组钟留在地面上，另一组放上飞机，并让飞机在切萨皮克湾上空 9000 米高度处飞行。运动引起的狭义相对论效应在实验结果中被扣除了，这就是我们前面提到过的有关双生子佯谬的效应。结果发现，飞机上的时间每小时比地面上要快几个十亿分之一秒，这和广义相对论的预测完全相符。

我们也可以想象在引力场中的双生子佯谬，它类似于狭义相对论的情况。如果双生子之一跑到非常致密的天体（例如白矮星或者中子星）上去生活，他的兄弟仍然舒适地待在地球上，则随着时间的推移，前者的年龄增长会比后者要慢许多。注意这里也是直截了当地假定了年龄是增长的。相对论既然对时间的两个方向不加区别，因而也可以同样认为，留在地球上的那一个更快地变得年轻。跟以前谈过的一样，年龄增长的现象，是与单向、不可逆转的时间有关的，爱因斯坦的理论对此并没有给出解释。

宇宙学和时间

我们对于时间本质的认识，总是和我们对宇宙结构的认识密切相关的。按照哲学家玻普耳（Karl Popper）的说法，宇宙学的问题，是一个任何有思考能力的人都会感兴趣的问题。宇宙的大尺度结构，也就是星系层次以上的结构，应该用爱因斯坦的广义相对论给予适当的描述。这是因为，在这样的尺度上距离变得如此之巨大，使得牛顿的引力理论不能再适用了。虽然宇宙中的物质平均密度极其低，时空的平均曲率也非常小，但是由于距离非常大，许许多多小的局部曲率总起来就产生了非常可观的影响。爱因斯坦的广义相对论方程，第一次让物理学家们能够系统地研究这个世界的真实面貌，并且冷静地以科学的方式思考宇宙的起源问题。

观测天文学日益积累的观测资料，使我们得以运用它们去对照验证广义相对论的宇宙学模型。然而，我们在宇宙中占据的是一个无足轻重的位置。我们的太阳是一个典型的中年星（它的年龄大约是 46 亿年），质量平常，位于离银河系中心 30000 光年处。银河系像一只巨大的旋涡状圆盘，90% 的物质形成大约 2000 亿颗恒星，聚集在它的几条旋臂上，其他的物质则为气体或尘埃。

我们的太阳系处在一条主旋臂的一个小分叉上。由于我们所处的位置已经被限定，并且探测宇宙其余部分的手段也相对薄弱，这使得可用的有关宇宙的天文观测数据极其有限。但这种资料的缺乏却给宇宙学家提供了更为自由的天地。有些科学家打趣说，宇宙学还不如算命。确实，宇宙给我们提供了一个巨大无比的实验室，但这是一个与众不同的实验室。通常的实验方法，是要能够系统地控制实验现象，这样才可能鉴别出潜在于大自然中的规律性。但是，天文学家的实验室却不受人的控制。我们只能根据天外飞来的信息，去推测天上究竟是怎么一回事。

时间和宇宙的创生

虽然有这些困难，我们还是已经相当有把握地了解了一些宇宙的重要特征。在这中间，哈勃（Edwin Hubble）1929 年的发现，即宇宙不是静态的，而是随着时间在膨胀，确实使宇宙学开始成为一门受到尊重的科学。然而，宇宙究竟是注定要永远膨胀下去（开放的宇宙），还是由于所有宇宙物质之间的引力作用的影响足以使宇宙停止膨胀，然后收缩，最后导致"大坍缩"的发生（闭合的宇宙），这还需要继续研究，才可以得到一个肯定的回答。引力，意味着一个不会静止不动的宇宙——即使宇宙中的所有物质在开始的时候都处于静止状态，引力也会毫不留情地将它们聚在一起。现在的问题是，我们仍然不清楚宇宙中到底有多少物质，而这正是确定宇宙是会无止境地膨胀下去，还是会坍缩回去的关键因素。在写这本书的时候，观测数据仍然还没有精确到足以告诉我们，宇宙未来的命运到底会是怎么样。

如果宇宙是在膨胀，是否这就意味着时间有一个开始？我们可以在不同的观测资料的基础上，估计一下宇宙的最低年龄。例如，从核合成所产生的重元素的丰度，也就是氢原子核聚变而成的重核的丰富度——如我们所知，重元素是生命存在之必需——我们可以得出结论说，宇宙的年龄至少是 100 亿年。就这本身而言，它并不意味着宇宙必须有一个开始。

然而，20世纪50年代中期对宇宙膨胀速率的测量表示，宇宙的年龄比地球还要年轻35亿年。这就使得在50年代之中和60年代早期，宇宙学家们中间，越来越多的人支持一种叫做"稳恒态"的宇宙模型。这个模型是由宇宙学家邦迪（Hermann Bondi），戈德（Thomas Gold）和霍伊尔（Fred Hoyle）提出来的，它认为宇宙中的物质不断地在创生，从而使得宇宙膨胀时，它在空间和时间上的性质保持不变。

稳恒态理论一个直接的困难是，这样的物质创生在广义相对论中完全得不到解释。但是决定性的检验——像对所有理论模型那样——必须要与天文观测相对照。1965年，彭齐亚斯（Arno Penzias）和威尔逊（Robert Wilson）偶然地发现了弥漫全天空的微波背景辐射，他们为此获得了1978年度的诺贝尔物理学奖。他们在实验中发现有一种外来的微波噪声，于是他们非常仔细地设法消除这种噪声，包括赶走了一对在实验用的角状天线上筑巢的鸽子。尽管作了这些努力，噪声还是没有被完全消除。对这种外来噪声的性质详细加以研究之后，他们不得不得出结论说，它是一种来自银河系之外的热电磁辐射，从天空所有方向均匀地接收过来，它的有效温度是绝对温度3度。这种外来热辐射只能解释为宇宙演化极早期的遗迹，宇宙在那个时候比今天热得多，密度也大得多。这个遗迹也就是宇宙诞生的回声。

早在1948年，阿尔弗（Ralph Alpher）和赫尔

曼（Robert Herman）就已经预言了这个无处不在的背景辐射的存在，他们根据的是俄国物理学家弗里德曼（Alexander Friedmann）的学生伽莫夫提出的一个模型。伽莫夫用爱因斯坦方程研究了宇宙在非常早期的状态。从这一研究中他得出结论说，宇宙在那个时候应当是非常致密的，而且极端的热。宇宙开始是一团火球，它发出的辐射随着宇宙的膨胀而冷下来，这就是彭齐亚斯和威尔逊无意中发现的宇宙背景辐射。

阿尔弗的这篇博士论文的要义，是描述出现在原初宇宙的"浑汤"中的基本粒子，如何从氢经过质子和中子的核聚变而演化成为氦。它于是成为"大爆炸"理论的经典文献。这篇论文是在 1948 年 4 月愚人节那天，发表在美国《物理学评论》杂志上的。引人注目的还不仅仅是它的主题和发表的日期：阿尔弗的博士生导师伽莫夫说服了核物理学家贝特（Hans Bethe），把他的名字也添了上去，这样三个名字的谐音正好是头三个希腊字母：阿尔法、贝塔、伽马。在他的《宇宙的诞生》一书里，伽莫夫写道："从希腊字母的顺序讲，如果文章只署名阿尔弗和伽莫夫，这是不公正的，所以贝特博士的名字也在文稿付印时加了上去。贝特博士在收到文稿的复印件时并没有反对……但是后来有一个传说，说是当阿尔法、贝塔、伽马理论暂时遇到麻烦时，贝特博士曾认真地考虑过把他的名字改为扎查瑞斯（Zacharias）。"

很多年以前，在一篇 1917 年呈交给柏林科学院、题目为"广义相对论的宇宙观"的论文，爱因斯坦也隐约地察觉到这样一个宇宙史话，其中时间有一个开端，或许还有一个终结。尽管他在发展广义相对论理论时表现出了深刻的洞察力，他还是无法接受这个史话的"创世纪"和"启示录"："大爆炸"和（可能的）"大坍缩"。他本来完全可以预言哈勃关于宇宙膨胀的发现，但是他被当时流行的宇宙观念（静止且与时间无关）所蒙蔽了。所以，他让他的理论屈从于传统之见，引入了一个新的自然常数——宇宙学常数——这真可谓是削足适履。一个动力学的宇宙学模型的可能性，大概是爱因斯坦本来可以作而没有作的最伟大的预言了。霍金把它称为"理论物理学所错过的重大机会之一"。后来，爱因斯坦终于放弃了这个额外的常数；伽莫夫写道，爱因斯坦觉得这个常数是他一生中最大的失误。

相对论关于宇宙的诞生和死亡的全部含义，由其他人的工作得到了发挥，其中著名的是弗里德曼、德西特和比利时宇宙学家兼教士勒梅特（Georges Lematre）。弗里德曼本人第一个把广义相对论作为一个自成体系的理论接受下来，并且把它用于宇宙而且得到了一些结果。事实上，利用广义相对论，弗里德曼在哈勃的研究好几年以前，就已经预言了一个膨胀的宇宙。弗里德曼的宇宙学模型意味着，如果在过去某个时刻宇宙中的物质密度是无穷大，则那时候的时空曲率也应当是无穷大。宇宙必定是从这种无法描述的致密状态中，以某种大爆炸的形式显现出来；在此之前简直是什么都没有——没有时间，没有空间，没有物质。

这样，在大爆炸之前物理定律便失去了意义，时间本身也停滞了。按照霍金的看法，在广义相对论中，"时间仅仅是一种标志宇宙事件的坐标。在时空流形之外，它便不再具有任何意义。""问到宇宙在开始之前是什么样子，就像问到地球上北纬91°的一个点一样；它恰恰没有定义。与其讲宇宙的创生以及可能走向的末日，倒不如说：'宇宙就是这样存在。'"

大爆炸和大坍缩在很多方面令人讨厌。它们是数学家们熟知的"奇点"的形象比喻——奇点就是体积为零、质量无穷大的时空点。相对论理论所依据的整个数学体系，在无穷大的物质密度条件下变得完全失去意义，这表明，这一理论在奇点面前不再有效。说广义相对论是时空引力的终极理论，是有一个严重的弱点的——这就是，这个理论的适用性到奇点为止。正如华盛顿大学的威尔（Clifford Will）所指出的："认为时空奇点会存在，在那里广义相对论和其他所有物理规律都失效，是非常令人困扰的。如果物理学家不能从某些给定的初始数据而预言未来，他们就会觉得非常不舒服。而奇点恰恰是这种情况，因为从奇点出现的物理学是不受任何约束的。"

相对论过去是、现在还是充满生机。霍金和彭罗斯在1965～1970年所做的开创性工作表明，如果宇宙的行为由广义相对论的方程所决定，在过去的某一时刻，就必定有一个上面描述过的大爆炸奇点。因为物理学在奇点完全不可能给出任何描述——这是由于数学在奇点整个瓦解——这说明，我们实在不能够希望用广义相对论去处理空间和时间的诞生。然而，按照牛津大学的数学家、第一个从事奇点研究的彭罗斯的说法，这远不是意味着我们必须把广义相对论整个地抛弃。"某些人说，奇点向你表示，广义相对论是错误的。但是广义相对论的力量正是在于，它可以告诉你它本身的局限性。"彭罗斯和其他人一道，致力于把广义相对论的这一短处转化为长处，我们在第五章会看到他们是如何做的。

黑洞，宇宙监察和时间弯曲

引力的吸引使所有的物质受到拉力，这就使得时间会有一个终端，正像大爆炸的奇点被认为是时间的开始一样。对于质量足够大的恒星，引力可以超过其他使物质相互分离的力，而最终不留情地导致坍缩。引力场然后可能会变得如此之强，使得光都不能够逃逸，并且时间膨胀也会达到这样一个极端，使得时间看上去像停滞了一样。这样的超密天体的极限就称为"黑洞"，它是根据所谓的"事件视界"而定义的。事件视界不是一个物理的表面，而是代表任何被拉进去的物体都不能够再出来的地方。

美国理论物理学家惠勒（John Wheeler）1967 年在纽约的一次学术会议期间创造了"黑洞"这个词来描述这样的单向行为。但是黑洞的概念早在 18 世纪，在一个名叫米歇尔（John Mitchell）的天文爱好者的作品中就可以找到。他根据当时流行的光的微粒说进行推理，认为光应该被引力所吸引。现在许多天文学家认为，黑洞存在于类星体和其他大的星系的核心部分。在某些有 X 射线辐射的双星系统中，据说也探测到了恒星质量的黑洞的存在，这是目前有关黑洞的最好的观测证据，虽然还没有一个黑洞被确凿地证认出来。毕竟黑洞是不能直接看到的，只能通过它对于其他物体的引力作用而间接地探测到。一个黑洞的事件视界从外表上看来并没有任何显著之处。一个倒霉的宇航员，也许会随着其他什么东西一起被吸进黑洞，然而他却看不到有任何特殊的事情发生；特别是，他自己的表仍然像往常一样地"滴答"走时。但是，一旦进入到事件视界以内，任何东西都不能够再逃逸出去（如果我们忽略量子力学效应的话）。并且这无法停止的引力会继续它的作用，把这个毫无觉察的宇航员拉向他自己的"局部大坍缩"点，也就是爱因斯坦方程的另一个讨厌的奇点，他头部和腿部的引力差异会把他整个人撕裂。

假定我们的太空人达姆，在事件视界外边与他的孪生兄弟迪姆分别，然后，比如说在他自己的表指向一点钟的时候，进入视界。进入视界之前，当这性命攸关的时刻迫近时，达姆每隔一秒钟给迪姆发出一个信号。达姆离视界越近，迪姆接收到的两个信号之间的间隔就变得越长，当达姆到达视界时，这个间隔就变成无穷大。然后，从理论上讲，迪姆会目睹达姆在视界处永远停滞不前；达姆的表在迪姆看来决不会真正指到一点零分零秒，因为时间被引力无限地膨胀了；时间看上去已经停滞。达姆发出的光信号的强度，在迪姆看来也越来越弱而且越变越红，因为光波的波长在强大的引力的作用下被拉长了。这样，达姆就从迪姆的视野中消失而进入黑洞。值得注意的是，对外部观察者来说，位于黑洞中心的奇点，由于事件视界而被掩盖了，这个视界阻止任何光线从黑洞内部逃逸出来。

奇点就是空间和时间的尽头。广义相对论方程中还有这样的解：太空人可以掉到黑洞里面，避开奇点而穿过一条小通道，再从一个"白洞"跑出来。"白洞"就是黑洞的时间倒转。这个特征是由于广义相对论是时间对称的理论："白洞可能存在于另外一个宇宙，也可能存在于我们宇宙的另外一个部分。在后面这种情况下，可以利用黑洞到遥远的星系去旅行。如果星系际旅行具有现实可能性的话，我们确实需要某种像黑洞那样的东西，"霍金这样说过。然而对太空人说来不幸的是，"像宇宙飞船飞临这样的最小的扰动，也会把黑洞和白洞之间的通道挤断。"白洞所描述的情形，在时间上正好跟黑洞相反，奇点的密度无穷大的物质会通过爆炸而出现，同时发出炫目的光辐射——就像在一个局部尺度上发生的大爆炸一样。随后，奇点会裸现出来，暴露在光天化日之下。物理学家们通常觉得白洞是不现实的，会导致经不起推敲的、像霍金描述的那样的物理后果。为了处理白洞，彭罗斯引进了"宇宙监察"假说，这是一个没有理论根据的硬性规定，它一开始就禁止裸露的奇点在宇宙中出现。按照这一规定，所有的奇点都应当被事件视界所覆盖。这其实是为了排除时间对称可逆理论中令人讨厌的现象，而做出的人为假定的又一个例子。

人择原理

有助于我们仍然在黑暗中摸索的宇宙学，一个饶有兴趣的看法是"人择原理"。它使我们注意到这样一个事实，即我们的存在本身，在相当大的程度上决定了我们所看到的宇宙的特点。为什么宇宙是如此浩瀚，而生命却是如此罕见？我们所看到的宇宙，它的尺度确实十分巨大，大约有 130 亿光年。由于它的膨胀，这意味着它的年龄也应该差不多是 130 亿年。而另一方面，生命决定于与氢一起存在的另外一些元素，最主要的是碳、氧、氮和磷。它们不会在原初大爆炸时就已经生成，大爆炸过程中只可能生成一定数量的氢和氦原子核。重元素的生成必须要等到星系和恒星形成时期，恒星的内部像巨大的熔炉，可以使轻元素聚合在一起而引起核合成。在此以后，还需要有长达几十亿年的加热，才能够最终生成这些重元素。因此，为了人类今天的存在，从宇宙创生以来至少要经过如此长的时间。正像巴罗（John Barrow）写道的："发现宇宙尺度如此巨大是不足为怪的，因为我们不可能生活在一个比它小很多的世界……这是一种认真的想法：即整个也许是无限的宇宙结构，和地球这样的行星上的生命演化之必需条件，居然是如此密切相关的。"

1973年卡特（Brandon Carter）第一次提出"弱人择原理"，它只不过是说，生命（我们自己）的存在也许确定了我们看到的宇宙的某些性质。它其实是遵循了惠特罗（Gerald Whitrow）1955年的开创性工作，惠特罗当时根据三维数学物理学的许多特点论证道，我们生活在一个三维空间，是和我们作为能处理信息的理性观察者有关的。惠特罗然后把一个非常大的宇宙这个需要和生命所需要的条件联系起来。这一原理引起诸多争论，因为这些年来有人提出了另一些更加富于推测性的看法。比如，"强人择原理"认为，宇宙必须是能够容许生命得以存在；而"最后人择原理"则补充强调，一旦生命存在于宇宙，它就决不会灭绝。这两种说法初看上去更像形而上学而不像科学，比起科学家使用的说法来，它们与宇宙目的论有着更多的共同点。宇宙目的论认为宇宙具有某种目的，从而被神学家所偏爱。

时间旅行

广义相对论还有另外一个使人极感兴趣的推论：名副其实的时间旅行。像我们在双生子佯谬中所看到的，在一个非常有限的意义上，狭义相对论和广义相对论的时间膨胀，都允许一个观测者相对另一个观测者作"时间旅行"。然而，事件的时间顺序对所有的观测者都是相同的，即使他们不能接受一个普遍适用的"现在"：在任何运动状态之下，没有一个观测者会看到，光会在从恒星发出来之前到达地球。

但是，著名的哲学家哥德尔（Kurt Gödel）1949年曾表明，按照爱因斯坦的广义相对论，旅行回到过去的微妙技巧是可行的。他发现了一个满足爱因斯坦方程的转动宇宙模型，其中返回到历史中去的旅行是可以容许的。但这里暗含着一些使人不安的结果。如哥德尔所说："这种情形包含着某种荒谬，因为它容许一个人返回到他曾待过的一些地方的过去。他会在这些地方发现一个人，此人正是过去某个时候的他自己。这样他就可以对这个人做某件事，而此事在他的记忆中从没有发生过。"假使时间旅行是可能的，它的确会造成一些荒诞的结果。例如像哥德尔想象的最耸人听闻的故事——新生儿自谋杀。如果这样的事能够实现，那么这个人就不会活到能干这件事。这是称作"反证法"的一种逻辑论证的一个极好的例子。

哥德尔发现的模型和我们所生活的宇宙并没有任何相似之处，所以我们尽可以把它只作为爱因斯坦方程的一个没有物理意义的解，而弃之不顾。看起来，根据"反证法"，时间旅行必须在我们的宇宙中被排除掉。正像牛津大学的天文学家雷西（Cedric Lacey）所说："时间旅行在任何合理的宇宙学模型中都是不容许的（但是我猜想这正是'合理'的定义！）。"

另一方面，宇宙学家们发现时空景观中有一个奇异性质，他们把它叫做"蚯蚓洞"。蚯蚓洞的说法是惠勒首先提出来的，它也是爱因斯坦方程的一个解，它连接着一个宇宙的相隔很远的不同部分，或者甚至于把分离开的宇宙也连接起来（图8）。

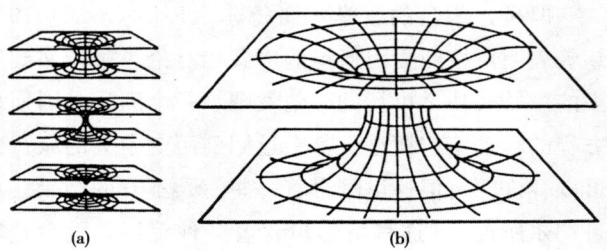

图 8　两种可能的时空中的蚯蚓洞。在经典（牛顿或爱因斯坦）的情况下（a），蚯蚓洞在一个旅行者能够穿过之前就被挤断了。在量子情况下（b），坍缩是可能避免的，这就会容许新生儿自谋杀以及其他诸多事件的发生。

一个旅行者掉进一个适当的蚯蚓洞后，就可能回到他的"过去"的某个位置。但是，牛顿力学或者爱因斯坦力学中所描述的物质，不可能支撑蚯蚓洞存在这么长的时间，以使得这个无畏的旅行者回到过去——他会在这个过程中不知不觉地被挤压得粉碎。然而，值得注意的是，最近有三个宇宙学家，莫里斯（Michael Morris）、托恩（Kip Thorne）和尤瑟福（Ulvi Yurtsever），从理论上提出了一个看法，认为如果考虑了物质的量子性质，蚯蚓洞的坍塌就可以避免，因而新生儿自谋杀及其他许多类似的事情就依然存在可能性。他们的工作是由于受到一本科学幻想小说《门路》的启迪，在这本书里，作者萨甘（Carl Sagan）描述了一种古代文明人类建造的蚯蚓洞，它能够用以实现超高速的时间旅行。然而一定会有人问道，在这推论的中间什么地方，是不是"漏掉了某种使得物理学保持一致性、并且防止我们作时间倒退旅行的基本限制"。

相对论的不足之处

现在回到我们的主题：爱因斯坦对解释时间箭头无能为力。这其中的原因，是和因果律的概念密切相关的，这个概念认为，结果绝不可以先于其原因。设想在一个给定的参考系中，某一事件——例如说一个击球员在空间某 X 处，在某个给定的时刻击中一个板球，引起晚些时候发生在空间坐标 Y 处的另一个事件——例如说是板球落到外场员的手里。为了使 Y 处的事件能够发生，一定有信息从 X 处以某种速度传到 Y 处，在我们设想的情况下，这速度就是板球的速度。如我们上一章中所看到的，这个概念在牛顿力学中具有基本的意义。它被爱因斯坦全盘接收下来，在构造他的相对论时，作为一个无须争辩的指导原则。

爱因斯坦坚持认为因果律具有不变性——对所有惯性参考系中的观测者，X 都必须早于 Y。这看来是合理的，因为我们知道，事实上是先击球而后接球。然而，在保持因果律的同时对洛伦兹变换进行分析就会发现，没有任何作用可以比光速跑得更快。因而光成了一种把事件连在一起的宇宙脐带。否则的话，就应该有这样的参考系（可以是板球场、瓷器店或者恒星），如果从 Y 发出的信号比从 X 发出的信号跑得快，参考系中的观测者就可以看到 Y 比 X 在时间上要早发生。用另外一种方式说，爱因斯坦狭义相对论的第二条公设，即存在一个由光速给定的极限，保证了无论观测者的环境如何，因果律都保持不变。

爱因斯坦坚信因果性的概念是物理学的基石，他这一点怎么样形容都不会过分。这其中的原因很容易懂，只要我们来设想一个违反因果律的世界。在这个世界里，一块卵石会从地上飘浮起来让你抓住；比这更糟的是，在一块石头还没有落下来之前，你也许早就被它击倒了；或者，你会在还没有出生之前就杀死了自己的祖母。因果律和决定论是密切相关的，我们可以回忆一下，牛顿力学是决定性的——给定了某一时刻的动力学条件，就足以预言该体系以后的所有行为。爱因斯坦对动力学的修改并没有触动决定论。而且，因果律在相对论中起着更加主导的作用，因为它首次考虑了信息传递的有限速度。在牛顿物理学中是不言而喻地假定，像大质量天体之间的引力吸引这样的作用——也就是大距离上的作用——是瞬时之间传播过去的。

爱因斯坦对常识上的因果观念的坚持，遗憾之处在于它是自我毁灭的。在第二章中我们已经看到，牛顿对于世界的描述是一种严格的决定性的描述，只要提供足够的信息，将来和过去都可以构造出来。我们也看到他的描述是可逆的——在向前的时间和向后的时间两者之间，并没有物理上的区别。搞清楚一个系统在任何一个时刻的情况，就马上获知该系统在整个过去和将来的情况。这是由于牛顿理论的因果性结构：在某个时间点上发生的事件，唯一地导致后来某个时刻的结果；除此以外，由于运动方程的时间对称性，后来的结果也同样可以说成是以前事件的原因，因为这两个过程都是牛顿方程的数学解，所以物理上都是可能的。

同样的问题爱因斯坦的理论中也有。他所有的相对论方程中（不论是狭义相对论还是广义相对论），大致说来都含有与牛顿力学同样的决定性结构和时间可逆的性质。向前的时间和向后的时间没有区别（这就是为什么我们必须引入某种特别的要求，例如像宇宙监察假说和禁止时间旅行）。这样，当把正的时间换成负的时间时，度规结构（它决定了时空的几何性质）以及由它而来的运动方程都保持不变。同样地，给出在任一时空坐标上的条件后，宇宙的整个历史和将来就可以计算出来了。正像牛顿力学不能解释许多我们熟悉的不可逆过程（诸如雪人的融化，杯中咖啡的冷却，雕像的风化和年龄的增长）一样，爱因斯坦的相对论也对它们无能为力。

20世纪理论物理学的另一个引人注目的成就是

量子理论。在量子论中，因果关系的全部概念从根本上被重新评价了。按照量子论的习惯解释，不能再简单地认可因果性原则。量子力学最终放弃了因果律，对此爱因斯坦从来没有赞同过。但是量子力学这样做，的确可能提供某种克服上述困难的途径。

把宇宙的演化在时间上从现在起倒推回去，我们会发现接近大爆炸的时候，宇宙中的所有物质难以置信地挤压在一起，时空的弯曲也超出任何可以想象的程度。接近大爆炸奇点的时刻，我们所面临的情况是，爱因斯坦的理论必须开始失效。这是因为，即便是爱因斯坦的强有力的理论，也先天地带有一些假设，这些假设在非常短的距离上是不正确的。如我们在前面强调过的，广义相对论在非常大的宇宙尺度上是正确的，因而它替代了牛顿物理学；但是在基本粒子、原子和分子领域，经典物理学就要用量子理论来替代。奇点是十分棘手的，因此科学家们力图寻找一种途径，把量子论和相对论综合起来以绕过奇点。

这样的一种综合，是否就是时间箭头产生的关键？彭罗斯认为是的。我们将在第五章中看到，他相信"量子引力"是一种内禀的时间不对称的理论。然而他又说，"它仍然是我所担忧的事情之一。答案看起来几乎是显而易见的，但是当我这么讲的时候，看来没有人同意我的说法。"也许，一个更能令人满意的时间概念，可以通过把相对论与量子力学合二为一而得到。量子力学支配着魔幻般的微观世界，现在我们就来谈谈它。

第四章 时间的量子跃迁

> 如果原子研究不能适合空间和时间，那它整个目的就失败了，我们也就不知道它的作用究竟是什么。
>
> ——薛定谔
>
> 《致维里·维恩》，1926 年 8 月 25 日

对于时间箭头的存在，量子力学给了我们饶有兴趣的启示。如我们将会看到的，它认为时间的流逝是由某种非常简单的事情决定的：即我们自己对于变化的观测。它揭开了原子世界的奥秘，显示了有一种极其微小的粒子（长寿 K 介子），其存在表示时间是不可逆的。但是物理学家们仍然在为此争论不休：这确实是一个基本线索呢，还是一种风马牛不相及的东西。有一件事倒是很清楚——量子世界中到处都是问题和佯谬。例如，这个新理论在许多方面仍然在步它的前任的后尘，时间似乎是既可以向前又可以向后。它认为事件会无休止地重复出现，但同时也支持这样的观点，即锅里的水决不会自发地沸腾。它认为，一只猫在同一时刻既是活着又是死了，而且有些东西在同一瞬间，既是无处不在又是无处在。它是一种如此

奇怪的理论，许多帮助它创立的科学家——其中包括爱因斯坦——后来极力要与它脱离关系。在它创立了几十年之后的今天，对于量子论究竟意味着什么，仍然有许多不同的看法。

量子论涉及的是物质在最微小的尺度上的性质，这其中包括原子，它是化学元素的最小单位。在试图描述世界在这种微观层次上的行为时，我们发现牛顿力学不能用了。和它在相对论涉及的高速大质量物体情况下的失效相比，牛顿力学在处理微观世界情况下的失效更为明显。与此相反，量子论却在原子层次取得了非凡的成功。我们对化学反应、激光、晶体管和作为现代计算机技术基础的二极管的详尽知识，都依赖于量子论。今天，原子的存在看来是没有争议的了——原子和分子的图像甚至可以借助于场离子、电子或者扫描隧道显微镜而看到（见彩图页）。但是人们很容易忘记，对原子存在的争议其实还是不久以前的事。虽然原子论的思想古代就产生了，但多少个世纪以来，它一直受到压制。

原子的史话也许始于大约公元前 500 年爱琴海的一个海港阿布德拉。两位原子论的先驱者，一位是哲学家卢西普斯（Leucippus），另一位是他的学生，阿布德拉的德谟克利特（Democritus of Abdera）。他们的观点与现代科学观点并没有太显著的差异。他们认为，世界是由微小的、看不见的而且不能够再缩小的物体所组成——这些物体只是在外形和大小上有区别——它们在无限的真空中处于永恒的运动状态。他们把这种物质实体称之为原子，意思是不可再分的，并且认为一切物体，从桌子到海龟，都是由于原子的偶然碰撞而形成的。原子论者还用原子来解释感觉现象，例如味觉和嗅觉。不幸的是，由于柏拉图和亚里士多德的影响，原子论被人们遗忘了。这几位西方哲学之父主张，物质可以被无限地分割，不存在不能再被进一步分割的最小单元。原子论于是被打垮，在阴影之下度过了 2500 年。

为什么原子论又东山再起了呢？这主要归功于一位名叫道尔顿（John Dalton）的教友派教师，他 1766 年出生于昆布兰郡的依格列斯菲尔德城。他在 1808～1827 年写的题目为"化学哲学的新体系"的两卷体专著，使原子论得以新生，并且成了现代化学的奠基著作。道尔顿认识到，原子有助于解释越来越多的科学现象，包括气体的行为和一种物质到另一种物质的化学变化。道尔顿认为，原子是物质最小的不可再分的单元，并仍然具有这种物质的化学性质。他主张，化学反应只不过是这些物质的基本"砖块"的分离和组合。今天我们通常把这些"砖块"称为分子——它们是原子可以参与化学反应的最低组合。例如，水分子就是由两个氢原子和一个氧原子组成的。

开始的时候，其他化学家对道尔顿的主张将信将疑。他们了解他的想法，但是并不认为原子确实存在，所以只是把原子作为一种方便的工具，用来解释他们的实验数据。法国化学家杜马斯（Jean Baptiste Dumas）甚至说，"假使我能做主的话，我会把原子这个词从科学上抹掉。"然而过了一段时间，化学家和物理学家们开始认识到，他们已经积累了许多独立的证据，这些证据毫不含糊地倾向于原子论。当时，争论的焦点主要是气体和所谓的动力论，即用原子和分子来解释气体性质的理论。物理学家们，像麦克斯韦和玻尔兹曼，提出了简单的模型来解释气体对容器的压力。他们把气体形容为像台球那样的一群刚性球的集合，它们不停地快速撞击容器的器壁，这种碰撞过程可以用牛顿力学来描述。气体的性质用构成气体的原子和分子的运动来解释。压力可以很容易地从刚性球碰撞容器壁的速率计算出来。热是分子快速随机运动的结果：气体越热，分子的运动也越快。

但是对于像马赫和德国物理化学家奥斯特瓦尔德（Wilhelm Ostwald）这样的死硬派原子论反对者来说，这些还仍然不足以说服他们。作为实证主义者，他们强调说，谈论一个无法直接看到的世界是毫无意义的。原子论者所需要的，是能够直接展现在怀疑者眼前的分子作用事例。到 1905 年他们认识到，有一个事例早就可以用了，它在道尔顿那个时代就已经被发现。这就是所谓的"布朗运动"——悬浮在水中的很小的花粉（以及尘埃或煤烟）颗粒，像跳舞那样的运动。早在 1827 年，苏格兰植物学家布朗（Robert Brown）就曾经在显微镜下观察过这种作用，但是对此一直没有令人信服的解释。直到爱因斯坦，才对这个问题的研究做出了独特而卓越的突破。他解释说，布朗运动是由于悬浮的颗粒，与它们周围看不见的水分子的随机碰撞。

这是物质原子论的一个有力证明。但是那时候经典的原子概念——像卢西普斯和德谟克利特所设想的那样——已经过时了。它已经在 19 世纪将近结束的时候，被放射性的发现所取代。1895 年，德国物理学家伦琴（Wilhelm Röntgen）偶然间发现了一种神秘的射线，他把它叫做 X 射线。第二年，法国的贝克勒尔（Henri Becquerel）在研究 X 射线的时候，探测到有很强的辐射从铀的化合物中发射出来。由波兰化学家玛丽·居里以及其他人所做的后继工作，把这些零散的发现汇总到一起，从而发现有些元素的原子，可以衰变为化学性质完全不同的其他元素。放射性元素的这种变化——几乎类似于中世纪的炼金术士们所梦寐以求的——在 1902 年由卢瑟福（Ernest Ruther-ford）和索迪（Frederick Soddy）用定律的形式清楚地表述出来。从这一点上说，现代的物质原子论已经同古代沿袭下来的观念断绝了关系，因为现代原子论表明，原子本身具有结构，而且可以被进一步分割。

原子结构与经典物理学的失效

在 20 世纪的头 10 年间，接二连三的有关原子结构的发现，就像是一场竞赛。无疑这其中最重要的实验，是盖革（Hans Geiger）和马斯登（Marsden）在卢瑟福指导下，于 1909 年在曼彻斯特大学所做的那次实验。它的结果是非凡的，使人们第一次有了印象，一个原子看起来是什么样子；而且开辟了通向新的物质观的途径。这两个人用放射性物质产生的阿尔法粒子束（在放射性衰变过程中辐射出的带正电荷的粒子），去轰击金箔。大多数粒子直接穿过这很薄的箔片，只产生很小的偏转。然而有极少数粒子，却朝正好与粒子束相反的方向反弹回去。卢瑟福说，这是他从来没有遇到过的最难以置信的事情："它差不多就是你用大口径的火炮去轰击一张薄纸，而炮弹却反弹回来把你打中。"他对这一散射结果的解释是，阿尔法粒子可能是被质量很大、但体积很小的原子核碰撞回来，原子核带正电荷并位于箔片上每一个金原子的中心。

卢瑟福的著名原子模型是在 1910 年圣诞节期间发表的。在他这个模型中，带负电的电子就像一个微型太阳系中的行星那样，围绕原子核作轨道运行。原子的大部分是空的，原子的大小决定于最外边的电子轨道。原子核的半径（等价于太阳的半径）大约是一千万亿分之一米，电子运动区域的半径大约是一百亿分之一米。人们很快就认识到，放射性是由于从原子核内部辐射出粒子，这跟着表明，原子核也同样具有某种内部结构。

鉴于牛顿物理学的种种成就，我们自然地相信，电子的运动也应遵从牛顿的决定性的方程。如果牛顿力学对板球成立，为什么会对板球中的原子和电子不成立？用这种思维方式可以得出许许多多的预言，其中大多数是可以用实验来验证的。

　　然而，在应用到原子吸收和发射光线的情形时，经典方法就失效了。按照麦克斯韦的电磁理论和牛顿力学，带负电的电子在围绕原子核转动时，应当发出彩虹那样频率连续的光辐射。而实际上观察到的，是一系列不连续的、完全独立的谱线，很像超级市场上用的"条形码"，只是带有颜色罢了。更糟糕的是，如果电子以经典电动力学预言的方式发出光辐射，则电子会失去能量从而螺旋式地掉到原子核上——就像水流进排水管洞口那样。从经典理论得出的不可避免的结果是，作为物质结构基本单元的原子，是不稳定的。

量子论的诞生

　　量子力学以一种迂回的方式，出来搭救这些自我毁灭的经典原子。它始于一个并非存心要闹革命的德国物理学家普朗克（Max Planck）。普朗克的工作实际上要比卢瑟福的原子模型早 10 年。当时所有的理论都不能够解释一个物体的温度和它发出的电磁辐射的量之间的关系：比如，一个烧红了的火钳，当再加热时为什么会变白。当时的理论学家是根据一种理想的模型来做出预言的，这种模型叫做"黑体"，它百分之百地发出或吸收辐射。在辐射谱的红端也就是低频部分，黑体模型与实验符合得很好。对于高频部分，它预言物体将发出无穷大的能量。这个荒谬的结果被戏称为"紫外灾难"。事实上，观测表明，辐射的密度在高频和低频端都很小，而在中间某个地方出现有一个峰，峰的位置决定于发出辐射的物体的温度。

到了19世纪90年代后期，人们把一些近似的定律拼凑在一起，用来拟合黑体辐射的实验测量结果。但是，对于辐射密度随着频率变化的规律，一直等到1900年10月19日，才由普朗克在德国物理学会的一次会议上，给出了一个令人满意的解释。他的这一个历史性的宣布，其根源要追溯到1897年他和玻尔兹曼的一次争论，在那次争论中，玻尔兹曼建议他用一种统计方法去解决问题。普朗克是当时最重要的热力学家之一，他自然希望热力学能够解决黑体问题。玻尔兹曼首先创立了一种统计力学方法作为热力学的基础，这种方法的根据是假设原子和分子存在。作为一个原子论的反对者，普朗克当时拒绝用这种方法。其实早在1891年的一次偶然见面中，玻尔兹曼就曾对普朗克和奥斯特瓦尔德谈到，在他看来，"没有理由认为，能量不是分成一个一个'原子'的"。作为一个老派物理学家的普朗克，最终反悔而接受了玻尔兹曼的建议。他最后得到的定律对黑体谱给出了十分漂亮的描述。

为了导出他的定律，普朗克确实不得不假定，电磁辐射所携带的能量是一份一份的，他把这叫做量子。他发现，像物质一样，能量也只能被分成为有限的份数，而不是无限多份。他这个工作的中心点是一个数学关系，它表明，量子的能量可以用辐射的频率，乘以一个新的基本自然常数来计算，现在这个常数就被称为普朗克常数。能量和辐射频率之间的这一简单的"普朗克关系"，实际上说明了能量和频率是同一种东西，只不过是用不同的单位来表示罢了。

爱因斯坦出场

普朗克认为他对于黑体辐射的解释是古怪可笑的，因为它与经典电磁理论的教义相矛盾，所以他没有能够进一步地挖掘这一解释的更深的含义。作为一个保守的科学家，他只是把他的理论当做一种用起来方便的假设，而不是当做奥妙的真理。然而他也是一个务实的人，由于这个理论是这样卓有成效，他对它深信不疑。但是当他的理论的全部含义，后来被其他人详尽地加以阐明的时候，他还是受到了很大的震动。有人这样说，当普朗克把量子幽灵从瓶子里面放出来后，他被这个幽灵吓得要死。

再一次是爱因斯坦，他把这个理论向前推进了一大步。他对量子论做出卓越贡献是在 1905 年，在这同一年，他关于相对论和布朗运动的论文发表在《物理学年刊》上。实际上，正是由于他在量子论方面的这一突破而不是相对论，使他获得了 1921 年的诺贝尔物理学奖（这一消息是 1922 年发布的）。他这一成就解决的中心问题，是所谓的光电效应。实验表明，照射在固体金属表面上的光，可以使金属发射出电子。这些电子的能量不随光的强度变化，而是随光的颜色变化。这样的行为完全不能用经典的电磁理论来说明，因为按照这一理论，光的强度越大，从金属里面打出的电子的速度也就越大。但实际观测到的是，当颜色给定时增加光的强度，只会打出更多的电子，而电子的能量却保持不变。为了解释这个现象，爱因斯坦认为，能量是以微小份额的形式由光线携带的，他把这称为"光量子"。比较亮的光线表明有更多的量子——所以能从金属中打出更多的电子。频率比较高的光意味着更大的量子，所以逃逸出来的电子会具有更大的速度。在某一量子尺度下，电子就完全不能够获得足够的能量而离开金属表面。

对他这（完全基于演绎）的特殊解释，人们当时是表示怀疑的。因为尽管有普朗克早先的工作，但人们仍然普遍认为，电磁辐射的能量是连续的。爱因斯坦的建议在某种意义上是说，光是由微粒构成的，这是牛顿支持的一种观点，它早在 1678 年就已经被荷兰惠更斯的光的波动说所取代了。波动说看上去是如此优美，它清清楚楚地解释了一系列光学现象，例如折射、反射和干涉（当从两个光源发出的光迭加在一起时，就会发生干涉，这时候产生明暗相间的干涉条纹），因而使人们不愿放弃。

实验物理学家们用了许多年时间，详细地检验了爱因斯坦的光电效应理论。到了 1916 年，它被完全证实了。这个理论的非凡成功，最终迫使科学家们在20世纪20年代重新考虑光的本质。然而，令人啼笑皆非的是，这一理论与波动理论的冲突，却使爱因斯坦在其后半生中忧虑不安。他总是强调，光量子说只是一种暂时性的假定。1951年12月12日，那时他已近垂暮之年，他写给他的朋友贝索说："这50年来，冥思苦想并没有让我接近这个问题的答案：什么是光量子？当今任何一个普通人，都认为他知道这个答案，但是他是错的。"尽管爱因斯坦本人的保留态度，光的这一独特的存在形式，今天已经被毫不含糊地证实了。光量子被命名为"光子"，这是物理化学家列维斯（Gilbert Lewis）1926年建议的。但是这并非意味着光不是一种波动。这是因为，光子在具有粒子性质的同时，也具有波的性质。它有时表现得像波，又有时表现得像粒子。这是我们第一次遇到的量子世界的奇怪特征之一：粒子和波的双重性。

波和粒子

波-粒子双重性对显示光的波动本质的经典实验来说，是一个意想不到的周折。这个实验是杨（Thomas Young）在19世纪初进行并分析的。他让从一个光源发出的光，投射到一个开有两条狭缝的不透明的屏上。这两条狭缝就像一个二次光源，光穿过它们之后继续传播，最后投射到一个屏幕上，形成明显的明暗相间的带状条纹，这是一种典型的干涉作用。这个实验是光的波动本质的一个很好说明：让一列并行的水波通过水中开有两条狭缝的屏障，也能够产生出类似的干涉图样。当水波从这对挨得很近的狭缝中通过后，有些地方的波相消，另一些地方的波相长，这就出现了动静相间的干涉条纹。

现在让我们想象，在杨做的实验中，如果我们只用一个光子，会产生什么样的结果。一个粒子的质量是集中在一个单独的点上的，而波是一种没有质量的实体，它弥散在一个有限的范围之内。这样，一个光子必然是只能穿过这两个狭缝之一。然而结果却是，如果我们把单独的光子一个接一个地向这两条狭缝发射过去，并记下它们到达屏幕的位置，最后我们会得到以前用一束光照射时那样的干涉图样。这样看起来，一个单独的光子，会由于它的波动性质而对两条狭缝都有感觉。

这种双重性质不仅仅是光才有——它含有更广泛的意义。这一点，是一个名叫德布罗意（Louis de Broglie）的法国年轻人顿然领悟到的。德布罗意出身于贵族家庭，他战时曾从事无线电方面的工作，这使得他的兴趣从中世纪教会历史转到物理学方面来。他主导法国物理学界的时间超过了一整代人（有人说这是件坏事）。他对于量子论的贡献是如此极端彻底，以致有人讽喻为"法国喜剧院"（法国资格最老的剧院，路易十四世创建于 1680 年——译者注）。德布罗意从光量子中认识到，正像光波可以表现为粒子一样，粒子也可以表现为波。为了使他这个直截了当的想法有一个坚实的基础，他提出了一个简单的数学关系，把一个运动物体的动量和与物体相应的波联系起来：这个"粒子"的波长反比于它的动量（即粒子质量和速度的乘积），这个比例常数再一次又是普朗克常数。这样，粒子的速度或者质量越大，它的德布罗意波长也就越短。

1923年德布罗意首次把他的想法写成三篇短文，发表在《巴黎科学院学报》上。然后他着手写他的博士论文，该论文于1924年完成。论文审稿人之一是朗之万（Paul Langevin），他显然对这一想法感到十分震惊。他把这篇论文的一份拷贝寄给了爱因斯坦，爱因斯坦马上认识到其中的意义，他在回信中说，德布罗意"已经把大面纱的一角揭开"。无疑地，爱因斯坦的这一评价对论文顺利通过口试起了影响。但是德布罗意并不希望仰仗爱因斯坦的权威——他向自己问道，如何才能够使这一想法得到验证。1927年，德布罗意的想法终于毫不含糊地被实验证实，其中一个是戴维森（Clinton Davisson）和盖尔末（Lester Germer）在美国贝尔电话实验室做的，另一个是由瑞德（Alexander Reid）在汤姆孙（George Thomson）的指导下，在苏格兰的阿伯丁大学完成的。非常有趣的是，以前J. J. 汤姆孙曾因为证明电子是粒子而获得诺贝尔奖，而此时他的儿子却因为证明电子是波而获得同样的奖。

物质的粒子和波的双重性质具有奇异的结果。让我们想象一个"量子台球"游戏。球的波动性会产生许多令人惊异的后果。无论击球人瞄得多么准——例如，他瞄准一个在球袋边上的红色球——这个球却总有机会落到球台另一端的球袋（因为作为波，这个红球应该扩展到整个桌面）。由于一种叫做"隧道效应"的量子现象，也有可能直接越过另一个球，这时被击的球可以径直地穿过另一个位于中途的球。这同样是由于球的类波性质，使它可以扩展而跨越障碍物。

如果德布罗意的想法是对的，那么为什么我们在平常的台球游戏中，看不到这样的类波作用和其他的量子现象呢？这个原因可以从德布罗意关系中找到。德布罗意关系表明，粒子的波动性决定于它们的质量——质量越大则相应的波长越小。对原子而言，这一波长相对于它们的"尺度"来说很大，而对于通常的（宏观的）台球而言，这一波长就小到了微乎其微。只有把台球游戏缩小到微观尺度，我们才能够观察到这些奇特的量子效应。

玻尔原子和量子论

上面说的这些，和原子有什么关系呢？为了了解这一点，我们首先必须回到 1913 年，去看一下丹麦理论物理学家玻尔的研究工作。对于玻尔的才智有各种评价，它们之间有着天壤之别：卢瑟福把他形容为"我从来没有遇见过的最聪明的小伙子"；而伽莫夫却认为，玻尔的最大特点是"思维和理解的迟钝"。丘吉尔（Winston Churchill）也重复过同样的观点，他认为玻尔是一个枯燥乏味的人。然而，玻尔确实启发和主导了研究世界的新途径，这个新途径是由于量子理论而出现的。

针对经典力学不能对付卢瑟福的自我毁灭的原子，玻尔提出了一个尽管不优雅，但是带有根本性变革的解决办法，这个办法介于经典力学和现代量子力学之间。他对围绕原子核旋转的电子，简单地提出了一个人为的假定——用新的量子法则取代牛顿力学。这些法则不能真正称为运动定律，因为它们不具备任何理论基础。这些法则只是直截了当地说，电子占据着固定的轨道，在这些轨道上面它们不发出辐射。玻尔把这些轨道称作"稳定的量子态"。这个想法真可以说是无源之水、无本之术，它和爱因斯坦关于光电效应的想法有许多共同之处。

像以前认为的那样，电子在不同的轨道上运行，颇像围绕太阳的行星。但是当原子接收到电磁能量时，例如吸收了一个光子，则其中一个电子会立即跳到离原子核更远的另一个轨道上。这就解释了独特的分立谱线，因为只有当电子再跳回到它原来的轨道，即"稳定的量子态"时，才会有光辐射出来。这里我们可以看到量子体系的一个主要特征：能量不是以一种连续的方式被吸收或者辐射出来，而是只能在发生突然的量子跃迁时，按照原子的能级而改变。

玻尔把他的模型用于最简单的原子——氢。氢原子只有一个电子，围绕一个电荷量相等但电性相反的原子核作轨道运动。氢原子核的质量比电子要大得多，它称为质子，是卢瑟福在 1919 年发现的。玻尔运用他的量子法则，首次解释了氢原子辐射的电磁谱。现在物理学家们不仅可以搞明白，为什么氢原子的谱具有包含一系列分立频率的"条形码"结构（这些频率对应于电子的量子跃迁），而且对谱线出现的准确频率也可以做出预言（图 9）。

图 9 原子光谱的例子。吸收线或发射线出现在分立的光线频率处，这对原子的量子本质给出了强有力的证据。[录自 W. J. Moore《物理化学》第 587 页]

虽然这个新理论是令人兴奋的，但它并没有能说明较为复杂的氦原子光谱。氦原子是仅次于氢的最简单的原子，它只有两个电子，围绕一个带两倍正电荷的原子核旋转。对于更复杂的原子，这一理论就显得更无能为力。除此之外，使玻尔理论从根本上失去效力的原因，是它没有解释这个人为的量子假定。这样，它只是一个不完全的，或者是一个临时性的原子结构理论。

新的力学

下一个突破过了一段时间才来临。这个突破，是几乎同时地由两条独立的途径得到的，其中之一是年轻的德国人海森伯（Werner Heisenberg），另一个是奥地利人薛定谔（Erwin Schrodinger）。

1925年，海森伯第一个得到了一个适合微观世界的量子表述形式，他称之为"矩阵力学"。他在北海的海尔古兰岛上染上了花粉热，康复以后，他就创造出这个世界上第一个完善的量子理论。他的理论之所以叫做矩阵力学，是因为它用一种叫做矩阵的数学形式来表述微观世界。矩阵的代数和通常的数字代数很相像，但是有一个很重要的例外。在通常的乘法中，二乘三和三乘二是一样的。但是矩阵 A 乘矩阵 B，并不等于矩阵 B 乘矩阵 A。后来人们认识到，这个不对称的数学特点联系着这样一个事实，即仅仅是测量的先后次序不同，微观世界就可能给出不同的结果。这是量子世界所显示的许多奇特性质之一。

矩阵力学相当抽象，所以薛定谔的表述方式更容易引人注目。薛定谔受到玻尔兹曼很深的影响，他自己说过，"玻尔兹曼的学说对我起的作用，就像科学上的初恋一样，没有其他任何学说能再使我如此入迷。"薛定谔 1926 年对原子问题的解释，被索末菲（Arnold Sommerfeld）称赞为"20 世纪所有令人惊异的发现中，最令人惊异的发现"。

德布罗意的工作给了薛定谔极深刻的印象，所以他全力投入到这个波-粒子学说的研究中。他是在阿罗萨发展了波动力学的，那是个离滑雪胜地达沃斯不远的、阿尔卑斯山中的一个地方。当时他和他的情人在一起，因为那时他和他妻子的关系，处于他们婚后的最低潮。摩尔（Walter Moor）在他的薛定谔传记中写道："像那个黑发女郎激起了莎士比亚诗创作的灵感一样，这个阿罗萨女人永远是个谜……不论是谁可能激发起了他的灵感，薛定谔的精力变得如此充沛，这的确是富有戏剧性的。他在1年的12个月中始终保持创造活力，这在科学史上是独一无二的。"薛定谔在1925年12月的一封信中，描述了他如何在为这新的原子理论而奋斗。他说，它一旦完成之后，会是一个"非常漂亮"的理论。

1921年薛定谔的创造性达到了顶点。为了使自己不受到干扰，他常常用珍珠把耳朵塞起来。那一年，他完成了六篇有关他的波动力学的主要论文，它们都发表在德国的《物理学年刊》上。

薛定谔的理论是用微分方程来表达的，比起海森伯的矩阵方法，它是一种更直观形象的描述。从数学上看，薛定谔和海森伯的表述截然不同，但是如薛定谔本人马上表明的那样，它们的结果是完全一样的："这好像是，美洲是哥伦布航海越过大西洋而发现的，但同样勇敢的日本人，如果航海越过太平洋也会发现这块新大陆。"由于薛定谔的理论更直观、更灵活，因而人们更喜欢用它来研究量子力学问题。

　　德布罗意的工作表明，玻尔有关氢原子的量子法则，即必须有一系列固定的电子轨道，可以用围绕原子核的电子波来解释。这些波称为"驻波"，它类似于共鸣时，管风琴琴管中的那种波，或者小提琴琴弦被弓拉动时产生的波。在这些情况下，谐振的出现是由于管中或弦上恰好有整数个波。与此类似，只有某些德布罗意波长可以在原子周围产生出驻波。每一个波长的值对应于一个电子的"轨道"（图 10）。

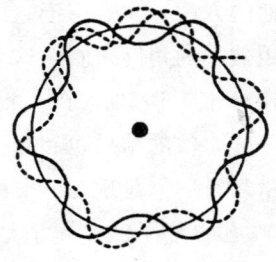

图 10　德布罗意所想象的氢原子中的驻波（实线）。虚线表示非驻波将由于干涉而消失。［录自 W. J. Moore《物理化学》第 595 页］

　　按照这种推理办法，薛定谔得到了一个方程，它描述物质波在微观尺度如何随时间演化。在本质上，这件工作与牛顿和爱因斯坦在他之前已经做过的一样。对牛顿和爱因斯坦来说，动力学的关键问题，是直接地描述像台球那样的物体，其位置如何随时间而变。然而，薛定谔的工作是对于微观尺度，这时候一个粒子也同时是波。这使得分析变得更错综复杂。因此，他的方程里面含有一个全新的数学量——"波函数"，它考虑了微观粒子的波粒双重性质，并描述它们所有可能的表现。为了使波动力学和日常现象相联系，薛定谔在构造波动力学时，使得它对于像台球这样的宏观物体，就化为类似于牛顿力学的方程。于是，"薛定谔方程"就成为理论物理和理论化学中，所有方程中最基本的方程。后来的一位量子论大师狄拉克（Paul A. M. Dirac），把薛定谔的这篇论文形容为：囊括了全部化学和大部分物理学。

为了验证他的方程，薛定谔把它用于氢原子中的电子波。从应用数学的角度来看，这个方程本身并不新奇。薛定谔用标准方法解出了这个方程，他发现，跟波尔的结果一样，他的结果也和光谱实验中氢原子辐射的能量严格相符。但是现在，支配着电子、使其仅仅占据固定轨道的量子法则，清清楚楚地摆在面前。与玻尔不同的还有，薛定谔现在可以分析并成功地解释有两个电子的氦原子。

虽然有这样的成功，薛定谔却搞不清楚波函数在物理上的含义。显然，他开始时是希望能回到旧的经典概念上去，因为经典概念来源于日常生活，图像十分清楚。但是波函数使他的这一梦想破灭了。大约6个月之后，在用薛定谔方程研究像原子或电子这样的微观粒子的碰撞问题时，德国物理学家玻恩作了一个非常大胆的假设。他提出，可以把波函数解释为某种"概率振幅"，用来计算在空间某一区域发现一个粒子的概率。他认为，波函数的平方就给出了在指定地点和时间，发现粒子的概率。

玻恩的这个解释，绝不是马上就被大家接受了。实际上，对他这个解释的争论延续至今。争论的焦点是，量子力学的含义究竟是什么。答案只会有两种可能的选择，一种是薛定谔方程是一个新的基本力学的基础，而且玻恩的解释意味着，我们只可以谈及原子和亚原子层次现象发生的概率，而不能准确地预言这些现象。这对于决定论和因果律具有深刻的意义。另一种是量子力学并不是真正基本的力学，而只不过是对我们还不完全了解的事情，做出统计说明的一种方法——这些事情在某种我们尚不清楚、更深的层次上，是严格决定性和因果性的，正如牛顿物理和爱因斯坦物理那样。

爱因斯坦正是在这一点上与新一代的量子力学分道扬镳。新一代量子力学采用上面第一种选择，而爱因斯坦却固执地坚持第二种："上帝不会把世界当做骰子"，这是他在辩论时常说的一句名言。爱因斯坦认识到，波函数的概率解释虽然得到普遍赞同，但它从根本上破坏了因果律，而因果律是许多世纪以来联系原因和结果的观念。他在为纪念牛顿逝世二百周年而写的一篇文章中说："牛顿理论的精髓可能会给我们提供力量，去恢复物理现实与牛顿教诲中最深奥的特点——严格的因果律——之间的和谐。"一件非常引人注目的事情是，德布罗意和薛定谔两个人，都对新物理学所走的方向持意味深长的保留态度。在一次与玻尔的著名交锋中，薛定谔说道："如果我们仍然不得不去建立这种该诅咒的量子跃迁，那我当初真不该和量子论打交道。"但是玻尔、玻恩、海森伯和他们的弟子们，对此异议置之不顾。他们按照自己的方式，为这一学科的"正统"说法打下基础。今天他们的说法已被广泛接受，尽管实际上，它带来的问题和它给出的答案同样多。

无处不在，同时又无处在

量子论所描述的世界使人感到震惊，它的一幅图像可以用图 11 (b) 所示的一个非常简单的实验来描绘。这是一个用电子来做的杨氏狭缝实验。电子源每次向两条狭缝只发射一个电子，狭缝后面是一只荧光屏 S，它用一次闪光来显示电子到达了屏幕。在这个实验中，荧光屏上会出现一幅干涉图样，上面电子数目的分布与荧光屏上的位置有关。

我们回想一下，电子既不是粒子也不是波，但是具有两者的属性。如果电子是粒子，它只会或者打中障碍屏而被撞回，或者穿过两条狭缝之一，从而引起荧光屏 X 处或 Y 处的闪光 [图 11 (a)]。重复做这个实验，将会在 X 处和 Y 处引起同样多的闪光。另一方面，如果电子是散布在空间中的波，则波状扰动将同时经过两条狭缝 [图 11 (b)]，正像池塘中水的涟漪相互重叠会发生干涉一样，电子波也会在屏幕上产生特有的干涉图样，呈现我们看到的强度的峰和谷。

量子力学到底预示了什么呢？像赌赛马，它仅仅给出了成败的概率，即使只有一个电子时也是如此。实际上，它给出的是电子到达屏幕上每一点的可能性。它能够绝对肯定地告诉我们的，仅仅是在什么地方不会发现电子。在这种情况下，如果把电子想象为点粒子，则量子力学就意味着，电子可以到达屏幕上任何一点，只是要除去按波解释时波的强度为零的那些地方，这些地方电子到达的概率是零。发现电子的概率随着屏幕上的位置的变化，与波的干涉所预示的波强度的变化完全一致。然而，电子最终是到达一个固定位置，而不是扩展到整个屏上。只有足够多的电子经过仪器时才能建立起干涉的图样。

能够更清楚地显示这一点的量子力学的一个优美的表述形式，是美国理论物理学家费曼（Richard Feynman）在 20 世纪 40 年代提出的，当时他是普林斯顿大学的一名研究生。通常把这种方法称为"经历求和法"，它表明对物质世界的量子描述，当从微观领域进入到宏观领域时，是如何逐渐演变为牛顿的描述的。在费曼的描述中，一个量子粒子，比如一个电子或者一个光子，是尝试着通过源点和图 11 所示的屏幕到达位置之间，每一条可能的经典路径或轨道。因为粒子具有一个相应的德布罗意波长，每一个经典的"经历"都与其他的"经历"发生干涉，正如我们看到过的水波之间的干涉一样。这就导致了图 11 所示的微观粒子干涉图样的几率分布特征。但是如果使粒子的质量增加，比如增加到像足球那么大，则这种

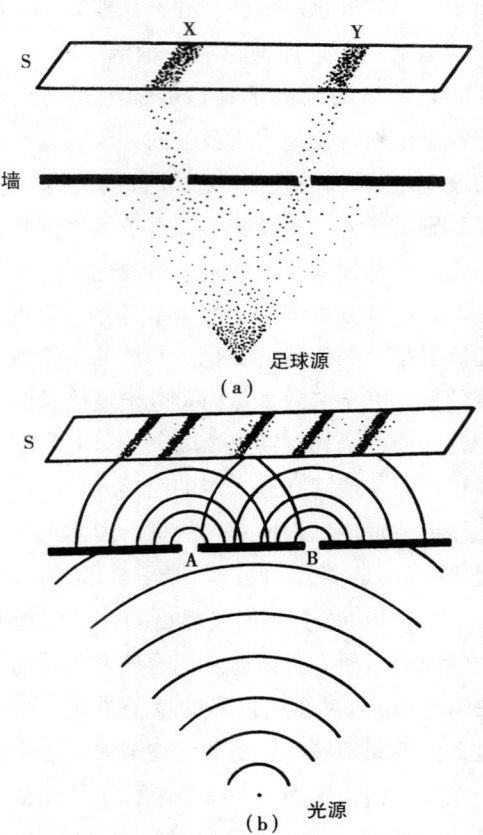

图 11 (a) 用经典粒子——足球——做的双缝实验，足球由源点踢出，穿过开有两条狭缝的墙而落到屏 S 上。球只能够达到 X 和 Y 处。(b) 由一个波源发出的波，穿过开有两条狭缝的屏障，在屏幕 S 上造成的强度分布图样。屏幕上深色的区域相应于高的波强度，浅色的区域相应于低的波强度。缝 A 和缝 B 起着二次光源的作用。〔录自 J・D・巴罗《世界里面的世界》第 134 页〕

方法表明，相互抵消的干涉几乎在粒子所有的路径或"经历"上发生，只是严格地在牛顿力学所预言的路径（轨道）上面，不会发生这样的相消干涉。

如我们已经说过的，量子论不能够预言电子将到达哪里：它只是给出事件在给定地点发生的概率。这样，如果只有一个电子向狭缝发射过去的话，量子力学所能告诉我们的，是这个电子将会在荧光屏某个地方引起闪光，但波强度为零的那些地方除外。这种可能性如何变成现实性呢？闪光可能在屏上多处地方出现。然而，概率转变为确定性是由测量实现的：一旦在某个特定的地点发现电子，在其他地方发现它的概率就完全降到零。只有在实验重复大量次数的情况下，概率分布才变得有意义，也才能得到干涉的图样。

如果认为量子力学给出了最基本的描述，那么询问电子的行踪就没有意义，除非电子已经打到了屏幕上。因此我们只好得出结论说，电子是以某种方式扩散在空间和时间之中，它从两条狭缝中都穿过并且自己与自己发生干涉，直到最后奇迹般地瞬间瓦解在屏幕上某一点处，这地点完全是随机的。因而，我们可以说，电子是无处不在，同时又是无处在。

哥本哈根解释

玻尔大胆地正面处理了测量带来的难题。他的方法被大多数物理学家所采纳，被称为量子力学的"哥本哈根解释"，因为他一直在这个城市生活和工作。这一解释的基本前提是，我们对微观世界的描述受到我们语言贫乏的限制，而语言是建立在经由感觉传递过来的信息的基础上的。世界具有一个经典的部分，它由测量行为所构成；同时又有一个量子部分，这就是我们正在测量的东西。换句话说，我们所观察的世界看来是独立的实在，但它仍然是悬浮在某种"非实在的"微观世界之上。这种限制是避免不了的，因此我们不能希望去给出量子过程的一个真实的描述。玻尔的亲密合作者海森伯认为："希望有新的实验能使我们返回到时间和空间上客观的事件，大概就像希望在没有探测过的南极区域找到世界的尽头一样，完全是梦想。"实际上，我们用以了解世界的观测必然是宏观的，我们也只能用这种宏观观测来讨论。按照玻尔本人提倡的极端说法就是，这种量子力学的解释认为，凡是不能测量的现象就没有客观的存在："不存在量子世界。只存在抽象的量子描述。"

仅仅建议"基本粒子"、原子和分子没有独立的存在，就遭到了大多数物理学家、化学家和分子生物学家的诅咒。在这些确信原子实际存在的化学家和分子生物学家看来，这个建议无异于纯粹的左道邪说。然而，他们的模型所最终依据的量子理论，却不支持这样的原子实在的观念。伯克莱主教有一句名言，他否认牛津大学新学院的一棵树的存在，因为他是背对着这棵树。量子理论其实是伯克莱这种观点的现代版本。

按照哥本哈根解释，每一个观测必须由它的宏观环境所决定。测量过程本身在量子论中明显地具有相当大的重要性，而在经典物理中，它是被完全忽略的。

海森伯不确定性原理

在海森伯对量子力学的发展中，出现了另一个使人惊奇的特点。这就是他 1927 年提出的著名的"不确定性原理"。这一原理断言，自然界中存在一个测量精度的极限。设想一个像电子那样的物体从空间中飞过。按照经典物理学，它具有位置和动量，这两者可以被同时测量。而海森伯的原理简单说来，就是表明在亚原子领域，不可能同时精确地知道电子的位置和动量。如果想测量出某一时刻的准确位置，则它的动量（或者等效地，它的速度）就不能确定，反之亦然。

这个原理反映出波粒二象性佯谬：位置完全是一种粒子的典型性质，而波却没有准确的定位。波的特性知道得越多，可以谈论的粒子属性就越少。为了理解这一点，可以想象，当测量一个电子的位置时，会发生什么情况。例如，我们可以利用一个光子从电子处反射回来而做这个测量。虽然我们可以在某种确定的程度上，从光子最终的轨迹来推断电子的位置，但是在这个过程中，我们已经把数量不明的动量从光子转移到了电子身上。日常生活中也有类似的例子：测量一只轮胎的压力时，必然会使得一些空气逸出，从而使压力发生了改变。

总的说来，不确定性原理意味着，我们对一个量测量得越准，则另一个"共轭"量的不确定性就越大。把这两个不确定性联系起来的常数，又是我们的老朋友普朗克常数。因为它是如此之小，所以对于宏观物体，例如像台球或者牛顿的苹果，它实际上相当于零。因此，对于牛顿（以及相对论）力学所描述的物体，同时测量位置和速度并不受到限制。

海森伯的原理对时间的测量产生了一个后果。正如在任何情况下，我们不可能同时知道一个亚原子粒子的位置和动量一样，当我们在一段给定的时间间隔内测量能量时，这也有一个对测量精度的限制。按照不确定性原理，能量与时间之间的关系，和位置与动量之间的关系是一样的。对一个处在某一特定量子态的原子，能量的精确测量，必然要以原子处在这个量子态的时间——也就是它的寿命——的不确定性作为代价。反之，如果它的寿命已经知道得很准确，则它的能量就很不确定了。能量-时间的不确定性原理，对于宇宙学会有重要影响，我们稍后会看到这一点。有些人认为，这可能就是时间如何能够开始"滴答"的关键。

玻尔-爱因斯坦论战

爱因斯坦不同意不确定性原理是自然界的一个基本事实。如我们已经谈到过的，他宁可相信量子力学是一种数学手段，用以在统计意义上预言大量实验的结果，而不是对单一实验可能结果的最好描述。这导致了爱因斯坦和玻尔之间关于量子力学基本原则的一场著名论战，他们各自对于这一原则的看法，注定了他们此后的一生。有一次，在 1930 年在布鲁塞尔举行的第六次索尔维会议上，爱因斯坦提出了一个不用在实验室中进行的"思维实验"。他设计这个实验，是为了反驳能量和时间之间的测不准关系。但是，经过彻夜未眠的思考之后，玻尔设法借助于爱因斯坦最重要的发现之———相对论，击败了爱因斯坦的挑战。但是故事远远没有结束。在玻尔 1962 年去世的第二天早晨，在他家的黑板上，人们发现画有一幅爱因斯坦 1930 年"思维实验"的图。看起来，玻尔直到生命的结束，还在同爱因斯坦的主张奋斗。

在开始的时候，爱因斯坦只是简单地认为新量子论是不正确的（自相矛盾的）。但是他在与玻尔的论战中屡屡败北，使他改变了他攻击的重点：他转而认为量子论不是不正确的，而是不完备的。他反对的理由，更多的是基于量子论明显地缺乏因果性，以及它与相对论原理的不相容。虽然他们之间的相互尊重并没有因为论战而动摇，但是爱因斯坦从来没有能够说服玻尔。这场较量折磨着他们两个人。有一位同事，也就是前面提到过的派斯，这样形容过玻尔有次在普林斯顿表现出来的苦恼："他（玻尔）处在愤怒的绝望之中，不停地说'我对我自己烦透了'……他们总是陷在关于量子力学意义的争论，并且一直到最后，玻尔也没有能够使爱因斯坦信服他的观点。"

这场大论战——爱因斯坦在其中扮演的是反对改革的角色——充满了讽刺性。我们已经看到，爱因斯坦在 20 世纪初期是如何因为他对自己的物理观念的自信而被孤立，尽管这种观念与当时成立已久的牛顿式传统观念完全冲突。由于他对光电效应的解释，他曾是量子理论的带头人。但是当新的力学在 20 世纪 20 年代中期破土而出时，他便不在带头人之列了。新理论的整个构思，完全和他的见解相对立。实际上一直到最后，由于他的自信，这个在把理论引导到现实方面做过诸多贡献的人物，却始终远离不断有所发现的现代物理的大进军。正像派斯所指出的，爱因斯坦对于量子论的观点"使他的形象从远远走在时代前面，一变而为处在时代潮流之外"。

然而，今天爱因斯坦也许有了雪耻的机会，因为有越来越多的科学家，对量子力学的基本原则提出了质疑。可能是由于时过境迁，离量子力学的奠基人和鼓吹者那个时代已过去超过一代人的时间，所以当今许多一流人才，并不是简单地接受传到他们手的那些卓越非凡的传统教条。在这些置疑中，一部分是围绕着探索对物理过程中时间作用的令人满意的解释。

时间：失而复得

初看上去，量子力学像它以前的理论一样，大大地削弱了时间箭头的基础。与像动量和能量这样的量比较，时间在量子力学中处于二级量的地位。利用称为"算子"的特殊数学工具，可以从波函数中提取可观测的信息。例如，从描写一个电子的波函数中，用这种算子可以得到位置或动量的值。但是并没有关于时间的算子，因为在量子力学中，时间并不被看做是一个"可观测量"（也就是可以测量的量）。由于这个原因，能量-时间不确定性关系的地位就有些含糊。但是，如我们将在第八章中看到的，如果时间之箭可以在一种广义量子力学中产生出来，则定义时间算子就变得可能了。

薛定谔的波动方程是决定性的，正像牛顿和爱因斯坦的运动方程一样。给定波函数在某个时刻的值，就可以严格地推断出任何或早或晚时刻的值。这个方程所描述的行为在时间上是完全可逆的。想象有一个特别的波函数，它在数学上代表一个没有观测到的电子的行为。这个波函数储存了有关这个电子命运的所有信息，一旦我们用某种测量手段去进行观测，例如用一个荧光屏，电子的行为就立刻显现出来。与此相同，这个方程使我们能够预言，如果我们在将来某个时刻进行观测，电子所有可能的行为。更重要的足，它使我们能够推断，假使我们在过去的某个时刻进行观测，电子当时所有可能的表现。只要我们仅仅是谈及概率和可能性——这一理论的看家本领——量子力学就是纯粹时间对称的。

在量子力学中同样也有一种斯多葛学派的永恒循环。量子理论运用于一个孤立系统时，会出现一种很强形式的（第二章中描述过的）庞加莱回归，这看来支持循环时间的观念。给定足够长的时间，一个孤立系统的波函数，例如宇宙的波函数，就可以回到它的初始状态。这样，量子力学并没有提供一个令人满意的基本原则，来解释时间的客观流逝，或者至少能把时间有意义地区分成过去、现在和将来。

当然，我们必须超越波函数——因为它只是包含一个系统的所有的潜在行为，而去发现在实验中实际发生了什么，也就是说，我们必须进行测量。从这一点上说，量子力学需要时间箭头。让我们回到外观上时间对称的波函数上来。当做出一个特定的测量时，会记录到电子已经到达某个地点，而且仅仅是到达这一个地点。这样，波函数——以及系统本身——必定在进行测量时经受了某种瞬时的转换。从一种反映所有可能结果的形式，变成只相应于实验中记录到的单一值，这是一个不连续的收缩。

这种从无数潜在的结果到观测结果的转换，称为波函数的"约化"或"坍缩"。如果我们采用量子力学的哥本哈根解释，可能发生的结果的数目会有无穷多个，但是当我们突然"碰"波函数时，其中只有一种结果变成为现实。想象你坐在一座量子剧院。这有无穷无尽、丰富多彩的剧目可能会上演，从莎士比亚到考沃德（Coward），到易卜生再到威尔德（Wilde）。但是一旦大幕拉开，剧院波函数坍缩，出现在舞台上的却是克里斯蒂（Agatha Christie）的"捕鼠夹"。

这样看来，如果我们背过脸去而且不偷看，波函数将以可逆的并且决定性的方式演化。然而对电子在屏幕上位置的一次测量，就会把波函数的行为改变成不可逆。当波函数发生坍缩时，所有这许多的可能性就收缩为单一的现实结果。在系统过去状态（潜在性）和现在状态（现实性）之间的对称性，因而就被取消了。的确，如果试图从一个给定的测量结果去反推过去，就会得出不正确的结论。这样，测量操作本身，就把时间箭头引入到量子力学描述的现象中去了。

然而，无论是坍缩了的波函数，还是原来的波函数，都没有给出时间的方向。大多数物理学家，只是简单地采用数学家纽曼（John von Neumann，出生于匈牙利）所提出的一个补充假定，即波函数一观测就坍缩。坍缩的机制并没有给出来。确实，薛定谔方程本身显然并不能描述这样的坍缩，因为方程是可逆的而且是决定性的，而坍缩是不可逆而且是随机的。这就是测量问题的要害，它对于时间箭头具有极大的意义，并且引起了许多佯谬。

量子猫佯谬

这些佯谬中最著名的是薛定谔的"猫佯谬"。许多物理学家以恼怒的心情看待这个佯谬,因为他们认为这个佯谬并不具有任何"真实的"后果。例如,霍金有一次说过:"当我听说薛定谔的猫时,我就跑去拿枪。"所讨论的问题如果太深奥,这种不屑一顾的态度往往很普遍:很多人在一层薄冰上仍然轻松愉快地滑行,完全漠视脚下潜伏的危险。这样,猫佯谬就被认为是从量子餐桌上掉下来的碎屑,解决它是哲学家的事,而哲学家们也确实为此大动起脑筋。然而,也许有可能设计出实验来验证这个佯谬。

薛定谔所设想的"思维实验"如图 12 所示。一猫蜷伏在一箱子里面,而箱子中放有某种放射性物质,以及一个盛有致命的氰化物的小玻璃瓶。放射性衰变本身是一种量子过程,因此它的发生只能在概率的意义上加以预测。一种设计巧妙的连锁装置,使得当放射性样品中的某个原子发生衰变时,它触发的信号能使一把预先定好位置的榔头落下,打破小瓶使有毒气体逸出,从而把猫杀死。按照常识,猫是非死即活;但是按照量子力学原则,由箱子和其中一切物体所组成的系统,是由一个波函数来描述的。为使问题简化,让我们假设这猫只能存在于两个量子力学态——活或者死,系统的波函数中,就包含着这两种可能的、但相互排斥的观测结果的组合。因而这猫在同一个时刻是既活又死。如果我们这位老好人薛定谔教授不去打开箱盖看这猫，他自己的方程就表示，这猫的时间演化在数学上，可以用这两种状态的组合来描写，而这种组合在物理上（以及生理学上）是说不通的。正像在测量做出之前电子既不是波也不是粒子一样，这猫在教授最终决定去窥视它以前，既不是活着也不是死了。

图 12　薛定谔的猫和放置它的那个恶魔般的装置。箱壁假设是不透明的。如果箱壁是透明的，则按照量子基诺佯谬，放射性物质就永远不会衰变，因而猫也永远不会死去。［录自《量子力学中的多世界论》（B. S. deWitt, N. Graham 编辑）第 156 页］

薛定谔就是用他发明的这套"地狱般的装置"去抨击量子力学的非决定性，他把这非决定性从放射性衰变的微观尺度，转移到了死猫的宏观尺度。观测的作用不仅明显地在现象中注入了一种主观因素——某个人必须打开箱子去看这只猫，而且它也迫使猫不可逆地接受这两种可能性之一——要么玻璃瓶完好无损、猫也安然无恙，要么瓶子被打碎从而猫死去。

薛定谔的猫生动地把测量问题摆到我们的面前。看来我们得要相信，系统的状态被观测本身改变了。然而这显然又太离奇。如爱因斯坦所说："我不可能想象，只是由于看了它一下，一只老鼠就会使宇宙发生剧烈的改变。"然而，即使是量子力学的先驱们，也没有把这当做必定是一件坏事。正像玻尔在与瑞士理论物理学家泡利（Wolfgang Pauli）的一次交谈中，对泡利说道，泡利的一个想法"是狂想，但狂得还不够"。

魏格纳的朋友

有两种简单通俗的办法，试图去对付爱因斯坦的异议。其中之一根据的是这样一种观念，即对量子系统进行测量的，不是猫或者老鼠，而是富于意识的人。这种想法的提出者中间，包括纽曼和魏格纳（Eugene Wigner），他们认为需要具有意识的观测者去"看"，从而影响波函数的坍缩；根据他们的看法，猫不具备观测者的资格以使波函数坍缩到生和死的真实情况，因为它并没有足够聪颖可以区分出这两种状态。按照这种观点，精神和物质是完全不同的观念，而且量子论只对后者有用。只有具有意识能力的精神才可以触动波函数。

这样就产生了一个推断，薛定谔的那可怜的猫，并不知道它自己是活着还是死了（纵然大多数宠爱猫的主人都声言，他们的宠物有和人类相近的智慧）。然而，动物是不是具有意识，这是一个极有争论的问题，起码这也是因为意识这个词本身就很难科学地下定义。它通常用来指人类那样的智慧，虽然这样一个泾渭分明的概念在这里很可能无助于事。

现在我们再来看"魏格纳的朋友"，他是这位诺贝尔奖获得者想象中的熟人。他的这位朋友戴着防毒面具，吃力不讨好地和猫一起关在箱子里。当他睁开眼睛时，猫的波函数就坍缩了。在薛定谔往里面窥视之前，这位朋友可以回答在箱子里面的感受。他可以用习惯的语言来报告发生了什么事——在箱盖未打开之前，他根本没有被卷入所有可能的实验结果的量子叠加状态。这样，按照魏格纳的说法，当人类的智能也包括到所研究的系统之中时，通常的那种量子描述就不能再用了。根据这种基于意识的量子理论解释，时间的流逝只不过是一种心理效果，它相应于不断地触动波函数。

人们可能会问道，魏格纳的朋友要喝多少升啤酒以后才失去知觉，从而失去触动波函数的能力。看来，我们现在很有回到一个极其主观的世界观的危险。正像雷（Alastair Rae）在他的《量子物理学：幻觉还是现实？》一书中所写到的："自从现代科学四五百年前开创以来，科学思想似乎已经把人类和意识从世界中心远远移开了。宇宙中越来越多的事物，变得

163

可以用力学和客观的术语来解释，即使人类本身，生物学家和行为科学家正在用科学的方法加以了解。而现在我们却发现，物理学——以前被认为是所有科学中最客观的科学，正在重新需要人的灵魂，并把它放置在我们对于宇宙理解的中心！"科学所积累的证据是如此之多，有利于一个独立于意识之外的现实存在，这使我们很难重视一个基于意识的处理量子理论的办法。确实，也许有一天，意识本身都会用物理学术语加以解释。

平行的宇宙

为了"解决"量子力学中的测量问题，埃弗雪特（Hugh EverettⅢ）1957 年提出了另一个大胆的办法。他这个后来被科学幻想作家经常采用的想法，萌生于他在普林斯顿大学做博士研究期间，当时热心指导他的是惠勒教授。让我们回到杨氏狭缝实验并来考虑这两难推理，即光子到底是从两条狭缝中哪一条中经过。波函数中包含了光子从两条狭缝中经过的所有可能的结果，然而在最基本的层次上，对光子所经过的狭缝是要有一个选择。哥本哈根解释说，这就是按照概率法则对不可逆坍缩的选择。

然而，埃弗雪特的解释说，电子不是选择狭缝，而是选择宇宙。在选择其中一条狭缝而不是另一条时，宇宙就一分为二。这条被选择的狭缝决定于我们处在哪个宇宙。此后这两个宇宙就完全分开了，并且越分越多，每做一次测量，宇宙就分裂一次。埃弗雪特的想法关键是，宇宙自身是由一个波函数描述的，这个波函数中包含任何实验结果的组成部分。他的解释中有一个异乎寻常的含义——独立存在着无数"平行的"宇宙，每一个宇宙都像我们的宇宙那样真实。你做的最荒唐的梦，也许就发生在另一个世界。一个被定义在某个宇宙中的观测者，他所做的每次测量，都使这整个宇宙萌发出无数多个新宇宙（即"多重世界"），每一个新宇宙代表一个不同的、可能的观测结果（例如一活着的或死了的猫）。没有波函数的坍缩发生，只有新分支出的宇宙的无穷尽的增殖和萌发：不需要有一个宇宙之外的观测者。埃弗雪特的论文，与9世纪伊斯兰经院神学卡拉姆派的教义很有些相似：按照这个教义，随着每一个事件的出现，世界得以再生。

宇宙学家德威特（Bryce DeWitt）这样描述过他第一次听到埃弗雪特主张时所受到的震惊："我仍然清晰地记得，当我第一次遇到多重世界概念时所受到的震动。100个略有缺陷的自我拷贝，都在不停地分裂成进一步的拷贝，而最后面目全非。这个想法是很难符合常识的。这是一种彻头彻尾的精神分裂症……"

许多宇宙学家偏爱埃弗雪特的多重世界量子力学解释，因为它不再明显地需要有一个外部观测者。这一点是重要的，因为如果采用魏格纳的解释，能够使传统的宇宙波函数坍缩的唯一观测者，必定是上帝。相比之下，埃弗雪特的主张看来是"在假设方面代价低廉，而在宇宙方面代价高昂"。有意思的是牛津大学的道奇（David Deutsch），他认为他所提出的量子计算机，一旦建造完毕，将可以从实验上验证埃弗雪特猜想的正确性。这种计算机具有许多新奇的性质，包括一种量子并行机制，使许多计算可以同时进行，而且计算速度也比通常的计算机快得多。道奇声称，这种奇迹般的快速计算，将需要把不同的计算部分放在一些平行的宇宙中进行。他的说法引起了很多争论，因为没有科学证据支持埃弗雪特的猜想，并且即使这样一种计算机造出来，也未必能证明多重世界一定就比其他解释优越。除此以外，多重世界的解释具有很多技术性的困难，特别是，它没有说明究竟是什么特殊原因，使得测量过程会导致宇宙的分裂。总而言之，它给人的印象是：杀鸡用牛刀。

读者存照

量子力学基于意识的解释和多重世界的解释，它们的牵强附会，反映着在现有的量子论的框架中，测量问题所引起的困难。基本问题被搞得含混不清，原因是人们广泛地、但错误地认为，传统的哥本哈根解释需要"观测者"的存在——这"观测者"被假定为人类，从而使主观因素乘虚而入。但是，其实并不需要有"意识"的生物参与：只要放上一套测量仪器，记录实验的结果就足够了。例如，这套仪器可以是由一台计算机，一个荧光屏，一张摄影感光乳胶片或是一个气泡室组成。人的意识与之无关。波函数的坍缩是不可逆的并且是完全客观的。

EPR 佯谬

如果否定基于意识的解释和平行宇宙的解释，我们仍然面临着一个主要困难，即如何说明波函数的坍缩。这种坍缩看来违背了因果律常识——即果起于因，因果事件在空间上必须足够接近，以使得它们之间发生因果性联系。

考虑一个量子法则支配的系统，比如一个朝着荧光屏飞去的电子。它随时间的演化由一个量子力学波函数来描述，其演化规律遵从薛定谔方程。当在屏幕上做测量，以确定电子的位置时，波函数就坍缩了。虽然测量是在局部地点进行的，但是波函数的坍缩却改变了电子在此瞬间在空间所有地方的物理状态——要记得，波函数中包含了电子在空间和时间中的每一种可能性，并不只是波函数坍缩时的那一种可能性。

这种非局部的坍缩意味着违背了因果律。有一些时空区域，它们不能与屏上观测到电子的那个点有因果联系，即使信号以光速传播也不行。然而它们却可以在瞬间，和在这个地点所做的测量发生关联！电子发出的作用瞬时间达到宇宙的尽头，这听起来就像一位巫术师，能用针刺蜡像而伤害几千米以外的人一样，纯属天方夜谭。这一独特性质出现的原因，是由于波函数实际上是一种弥漫于整个空间的抽象场。一个在任何一个给定地点所做的观测，会引起一个潜在的状态（所有可能的结果）坍缩到一个现实的状态（观测到的结果），这个现实状态在宇宙中所有各处，并在同一时刻被固定下来。

这种离奇的非因果性的相关性，是 1935 年首次由爱因斯坦和俄国的波多尔斯基（Boris Podolsky），以及罗森（Nathan Rosen）在一篇论文中强调指出的，后面这两个人后来都成了普林斯顿高级研究所的成员。爱因斯坦本人是在 1932 年获得这个研究所的一个终生职位的，这使他逃脱了战前德国日益高涨的反犹太浪潮。这篇文章发表的时候他已经在普林斯顿定居，他的狭义相对论问世也差不多 30 年了。但是量子论仍然使他苦恼不安，一是量子论中的内禀随机性，二是现实看来是由观测者而"创生"的。对爱因斯坦来说，这种说法像是把人又推回到 500 年前宇宙中心的地位，而哥白尼当时就是把人从这个地位拉下来的。因而，爱因斯坦极力要把量子力学的这种观念推翻。

爱因斯坦和他的同事所构想的"思维实验"——取他们三个人名字的第一个字母，因而叫做 EPR 佯谬，是设想两个有旋转的粒子，它们相互作用并分离到无限远的距离。我们从它们相互作用的方式知道，每一个粒子具有一个等量但符号相反的"自旋"值：如果一个的自旋是"向上"，则另一个的就"向下"。这样，粒子 A 的自旋，就可以从粒子 B 的自旋推断出来。但是在量子力学中，两个粒子的自旋都处在一种不定的状态——"向上并且向下"——直到测量做出为止。测量使得粒子 A 的自旋在测量时刻成为"向上"或者"向下"，但是由于量子相关性，粒子 B 必须也立刻被迫接受一个确定的自旋，即与 A 的自旋相反。这一结果确保成立，不论粒子 B 与 A 的距离已经是多少个光年。我们不需要去测量 B 的自旋，因为一旦 A 的自旋测出，B 的自旋也就知道了。这种遥远距离上鬼使神差般的作用看上去意味着两个粒子之间的联系，是由一种传播得比光还快的物理作用来进行的。

由这一分析可以看到，EPR 佯谬的论点是，量子论不能给出一个现实存在的客观描述，并且量子论也是不完备的，因为它包含了如此非物理的、"非局部的"相关性。从那以后，很多研究都在探寻量子描述的某种更深一层的基础——即一种"隐变量理论"，它或许会以一种决定性方式说明这种相关性，并且可能进一步接受最后仲裁——即实验验证。这样的验证已经按照一个实际的 EPR 实验的路子搞了起来，它的结果会由于隐变量所支配或者是量子论所支配而有所不同。

对爱因斯坦和他的追随者来说不幸的是，量子论还是赢了。1982 年，阿斯佩克特（Alain Aspect）和他的同事在巴黎理论和应用光学研究所证实，看来确实有一种超光速的联系存在于遥远的时空区域之间。两个在宇宙中远远分离的粒子，可以以某种方式组成一个单一的物理整体。这样看来，量子不确定性所暗示的那种疯癫独特的宇宙确是存在着：上帝的确是在把宇宙当做骰子玩耍。并且我们必须得出结论说，爱因斯坦所想象的、一个完全用科学描述的决定性实在，只是一个无法捉摸的幻想，它来自我们对世界的"常识"看法。

当时间停滞了

波函数坍缩的不可逆性，为时间之箭的客观存在提供了强有力的证据。然而，客观的波函数坍缩是以其特殊形式出现的，因而它不能对瞬息即逝的坍缩给出我们想要的完满解释。这一点可以从这个理论的一个显著特点看到，它表明，当一个量子系统被连续地观测的时候，时间实际上停滞了。让我们来考虑一个不稳定的原子核经历放射性衰变的情况，就像在猫佯谬中发生的那样。在量子论中，测量往往被理想化，是在某个固定的时刻进行的。但现在我们设想，原子核是在被连续地测量，目的是确定它究竟在哪个时刻发生衰变。

20 世纪 70 年代，奥斯汀得克萨斯大学的米斯拉（Baidyanath Misra）和苏达山（George Sudarshan）

发现，在这样的条件下，原子核就不会发生衰变。这就像是把"盯着的水壶总是不开"这句谚语用到量子力学中来。连续的测量迫使原子待在不衰变的状态，使它不能转换成衰变生成物。为了引起人们对他们的发现的注意，米斯拉和苏达山把这种现象称为"量子基诺佯谬"，因为它与基诺佯谬具有某些相似性。基诺佯谬是讲在空中飞的一支箭，但是根据他的分析，这支箭不可能在运动。然而，这量子力学中的比拟，并不能算是一个佯谬，它只是正统量子理论的一个推论罢了。

1989 年在美国科罗拉多州波尔德的国家标准和技术研究所，有一个研究小组做了一次非常精妙的实验，实验结果支持了量子基诺效应。研究人员对放置在磁场中的 5000 个荷电铍原子进行了观测。这些原子开始时处于同一能级，由于一个射电频率的电磁场的照射，它们可以在 0.256 秒内"煮开"，即激发到高能级。只要在这当中不进行任何测量，所有的原子在照射之后都会位于高能级。然而，当用激光在这期间的某个瞬间进行探测时，研究人员发现，他们探测的次数越多，能达到高能级的原子数目就越少：当每隔千分之四秒进行一次探测时，就没有一个原子能够被激发。这样看来，一个被盯着的量子水壶是不会煮开的。

连续测量的概念，和分立测量一样，都是理想化的。任何实际的测量都只是持续一段有限的时间，这样，量子跃迁最终总会发生。这两种极端情况的结果显然都有些过于绝对：或者是某件事发生了，或者是什么事都没有发生。让我们再研究一下猫佯谬中那个凶神恶煞般的装置，但是把箱壁从不透明的换成透明的。这样我们就可以在所有时间中观察，到底箱子里面是怎么一回事。这时候量子基诺佯谬会说，只要我们保持观察（当然"我们"也可以换成为无生命的测量装置），猫就一定是活着的。看来，我们所谓的"伟大理论"确实是有问题。

薛定谔的猫、魏格纳的朋友以及其他佯谬，都突出地表明波函数的坍缩需要某种解释。在我们看来，出现这些困难的原因，是由于现有的量子理论是时间可逆的，而测量过程是内禀不可逆的。基于意识的解释和多重世界的解释，显然都是由来已久的削足适履之术。这表明，今天的量子理论还是不完备的。测量所造成的问题，只有借助于结合时间箭头的理论才能解决。我们将在第八章中讨论这一点。

物质和反物质

现在，我们还是继续对时间之箭的探索。一个对寻找时间之箭具有魅力的地方，是在亚原子粒子的奇异世界。我们所依据的基本原理，出自英国数学物理学家狄拉克（Paul Adrien Maurice Dirac），他在 20 世纪 30 年代量子论和狭义相对论相结合的过程中，起了关键性作用。开始的时候，狄拉克学的是电气工程专业，但是他很快发现，他的爱好偏向于物理学。他有善做智力体操的令人敬畏的名声，以及怕羞、孤独的禀性。有一次，当他在多伦多大学做完演讲之后，听众中有一位加拿大教授问道："狄拉克博士，我还没有搞懂，你是怎么样推出黑板左上角的那个公式的。"在一阵长时间沉默之后，并且也是在会议主持者的提醒之下，狄拉克这才回答说："他说的不是一个疑问句，而是一个陈述句。"

薛定谔从一开始就认识到，他自己的方程有局限性——不满足爱因斯坦狭义相对论的要求（特别是，它不是洛伦兹不变的），而且它也不能说明原子光谱的精细结构。狄拉克针对这一问题，在 1928 年得出了一个相对论性的方程，它表明电子必须绕自己的轴自旋。除此之外，狄拉克方程的数学特点使他提出，应当存在正电子，这是"反物质"的一个基元。正电子的质量和电子的一样，但是电性相反。正负电子的碰撞会使得两者同时湮灭，而产生辐射爆发。安德森（Carl Anderson）1932 年所做的一个实验，证实了正电子的存在，因而使反物质成为现实。这个发现从根本上改变了基本粒子物理的基础概念。在此之前，物理学家们对古希腊物质不变的观念深信不疑。这个实验之后，人们认识到物质可以任意产生和消灭。

根据狄拉克的数学描述，正电子被解释为如同它的反粒子——电子——在时间上向后退行。费曼甚至于提出整个宇宙中只有一个电子，它在时间上时而向前时而向后，轨道运动是如此复杂，使我们以为在任何瞬间都看到了大量单独的电子。像我们在第三章谈过的戈德尔的时间旅行一样，费曼的"一个电子"理论需要不同的时间方向同时存在，这导致与因果性观念的直接冲突，并且不可避免地，它产生的问题比它解决的要多。

在物质、反物质、空间对称性和时间的两个方向之间，存在着一个错综复杂的关系。它出现在一个奇特的 CPT 定理之中，这个定理是物理学微观定律数学形式的一个结果。CPT 定理来源于一些定律的对称性，把任何过程中的粒子换成反粒子、把该过程换成它的镜像（即如同在一面镜子里看到的该过程）以及把时间倒转这三个变换同时操作的情况下，这些定律保持不变。这个定理是吕德斯（G. Lüders）于1954 年，泡利于 1955 年分别得出的。它的名字起因于三种抽象操作，它们的共同结果使得对称性得以保持：

◆ C　电荷共轭，它把物质转换成反物质；

◆ P　空间反演，它把空间坐标转换成它的镜像；

◆ T　时间反演，它把时间方向倒转。

CPT 三重操作对于一个过程作用的结果，产生了另一个同样容许的过程，它也由同一理论框架所描述。不太严格地说，CPT 定理断言，物理规律预言了在一种"泛镜像"世界中的等量但相反的事件。它同时可以告诉我们，时间对称性是如何可能被破坏从而产生出时间箭头。

CPT 形式下的对称性可以用来演绎物理学。这样我们会发现，量子定律对于一个飞过球场的板球的描述，与对于这个板球的反物质的镜像在时间上倒退，最后飞回到投球手手里的描述是一样的。CPT 定理最重要的一点是，如果所讨论的过程是 CP 对称的，则它必须也具有时间可逆的对称性（T）。这在本质上类似于，我们可以从一套餐具中的餐叉数目，推断出餐刀的数目。CP 对称性还意味着，如果有一只反物质的左手戴着一块反物质的表，则一定会有一只正常物质的右手戴着一块正常物质的表；这样 T 对称性就表明，每一只表在时间上既可以向前走也可以向后走。相反的，如果 CP 对称性受到破坏——也就是反物质的左手不再有相应的正常物质的右手——则 T 对称性也要受到破坏：左手上戴的表在时间上就只能向前而不能向后。这看来就按归并派的想法，对于时间之箭在理论上给出了一个基本原理，它显然与前面谈到的测量问题完全无关。然而，几乎所有已知的"基本粒子"的相互作用都满足严格的 CP 对称性，因此它们对时间进行的方向并没有特别的要求，因为它们是时间对称的。

长寿 K 介子奇案

在微观"基本"粒了物理世界中，仅仅有一个奇特的现象，被认为是破坏了时间两个方向之间的对称性。这出现在一种不稳定的长寿 K 介子（K°）的某些衰变过程中。K 介子是在美国的布鲁克哈文实验室，由克里斯坦森（J. H. Christenson）、克罗宁（J. W. Cronin）、菲奇（V. L. Fitch）和特雷（R. Turlay）发现的。这一发现使克罗宁和菲奇获得了1980 年的诺贝尔物理学奖。在大多数衰变中，K 介子生成一个负的 π 介子、一个正电子和一个中微子，这一个过程的 CP 对称性被证明是保持不变的。然而K 介子同样也可以衰变为（大约在 10 亿次衰变中有一次）一个正的 π 介子、一个电子和一个反中微子，这时候 CP 对称性就会受到破坏。按照 CPT 定理，T 对称性在这罕见的过程中也就同样受到破坏：时间可逆的事件被禁止，过程成为不可逆的，时间箭头便显现出来。

在我们接受有时间意识的微观现象之前，哪怕这样的事例只有一个，我们首先应当探究 CPT 定理本身的正确性。CPT 定理的证明是根据一些假定，但如果引力也包括在内的话，这些假定便不能满足了。然而，如果在这种罕见的过程中发生 CPT 对称性的整体性破坏（还没有观测到这种情况），这种破坏要比观测到的 CP 破坏还要小；因此 T 破坏一定发生了，虽然是间接发生。彭罗斯评论说："这几乎是完全隐藏着的时间不对称，它微小的作用看来在 K 介子衰变中是真实地存在着。很难相信，大自然不是在通过这一精美漂亮的实验结果，来试图给我们'指点迷津'。"

但是，对这些内禀的时间不对称的相互作用，目前还没有令人满意的基本解释。因而还不能确定，是否长寿 K 介子的奇怪衰变将使我们对时间之箭的搜寻转向，或者如彭罗斯认为的那样，它将成为解释时间之箭的关键。这是因为，在本书以后要描述的一些熟悉的不可逆过程中，它并没有起到什么作用。

沸腾的真空

如我们已经看到的，海森伯不确定性原理影响到时间的测量。在一个给定的时间间隔之内，我们所能够测量的能量的精度有一个限制。精确测定一个原子处在一个特定量子态时的能量，是要以处于这个态上的时间之相当大的不确定性作为代价。

下一节中我们会看到，一些宇宙学家相信，可以从这种不确定性中生出一个完整的宇宙。不确定性关系使得能量不能无中生有这个观念可以被违反。在经典物理学中，能量既不能创生也不能消灭，而是严格守恒的，只是从一种形式转换到另一种形式。例如，汽油中的化学能转变为热和汽车的运动。对于所有的初始能量，可以按这种方式做出一份能量平衡表。但是，如果时间间隔取得过小，能量守恒就会由于海森伯不确定性原理而受到破坏。

海森伯原理中的能量和时间的关系表明，所考虑的时间间隔越短，则能量的不确定性就越大。这使得能量守恒在非常短的时间间隔内不再成立：由于随机的量子涨落，能量可以从虚无中得到。这样的事件甚至可以在真空中发生，而按照经典的看法，真空是一无所有的。这样，量子论就给出了一个完全不同的真空概念。由于不确定性原理，真空实际上沸腾着活力。

现代的真空概念主要是狄拉克建立起来的。他认识到，如果要正确地描述物质吸收和发射光子的方式，麦克斯韦电磁场就必须用量子术语来描述。他推广了麦克斯韦的数学模式，把电磁场描述为数目巨大的振子的集合，每一个振子的能级都是量子化的，像原子中电子的能级那样。但是现在，由于不确定性原理，每一个振子的能量不能低于一个固定的最小值——即零点能，这就使得即使是真空也总是沸腾着活力：在空间所有各处，真空场的能量永无终止地在发生涨落。足够大的能量涨落可以使得粒子——反粒子对——例如电子——正电子对——在瞬息间生成，而且能量涨落越大，粒子对生成得就越迅速。

这些真空量子场涨落具有相当重要的物理意义。例如，光子不断地产生和湮灭，可以触发吸收了能量的原子，使其自发地发出像光，即辐射。事实上，真空的涨落在某种程度上使虚无缥缈的以太重新受到注意，以太当时是被爱因斯坦当做一个多余的累赘，在1905年丢弃了。如牛津大学的史密斯（Christopher Llewellyn Smith）所说："今天，我们对于真空一点都不懂。"

狄拉克把电磁场量子化以后解决了一些问题，然而却引起了更多的问题。简言之，困难的出现是由于场所能够携带的能量没有限制，这就导致理论中常常出现无穷大。正像广义相对论中奇点的情况一样，这种失控的行为在数学上是很讨厌的，并且它暗示着理论框架中什么地方有了问题。但是，在量子场论中，一些处理问题单刀直入的理论家，例如戴森（Freeman Dyson）、费曼、史温格（Julian Schwinger）和朝永振一郎（Sinitiro Tomonaga）发现了一种称为"重整化"的办法，可以用来克服这种发散困难。这种办法使得无穷大与另外的无穷大相抵消，因而被巧妙地吸收掉了。结果的形式给出了富于意义并且常常是非常成功的预言。但是，围绕重整化方法合理性的争论一直在继续。狄拉克本人就认为，无穷大问题是理论本身确实具有基本缺陷的征兆。甚至霍金都承认，重整化"在数学上是值得怀疑的"。

量子场论的主要缺点之一，是它不能处理引力。这时候产生的无穷大，即使借助于重整化技巧也无法消除。然而，宇宙学家们普遍认为，一个成功的量子引力理论，会解决我们在第三章中遇到的广义相对论的奇点问题。最近，出现了一种解决这个困难的新办法，即所谓弦理论。可以把弦理论看做是某种"高维"的场论，它的最小单元不再被看成是点，而是某种具有有限尺度的东西，即开放的或闭合的弦。这一理论的主要倡导者中间，有伦敦大学玛丽皇后学院的格林（Michael Green）和美国加州理工学院的施瓦兹（John Schwartz）。自从弦理论一问世，很多人都对它抱有乐观的希望，认为它将能够处理并统一包括引力在内的粒子间的基本相互作用，不会出现棘手的无法控制的无穷大。正因为如此，一些持高度乐观态度的物理学家，其中包括霍金，认为随着弦理论的出现，理论物理学的终点已经在望。

虽然从数学上讲，弦理论具有无可否认的美学上的吸引力，但在科学上还没有使人非相信不可的理由，能把它作为一种万能的灵丹妙药。用巴罗的话来说，"还没有实验上的事实证明它正确与否。在今后一些年里……一定会有这样的事实出现。只有在那以后我们才会知道，这一独特的处方是一种包罗万象的理论，还是一文不值。"尽管弦理论自己宣称可以解决许多问题，但是由于它的时间对称结构，它看来不大可能对时间的本质给出任何新的见解，特别是关于时间的方向，或者是与此有关的、然而常常被忽略的测量问题。

宇宙免费午餐

我们回忆一下，由于存在无法避免的、棘手的奇点问题，用西亚玛的话来说，广义相对论"本身包含了自我毁灭的种子"。虽然如我们刚刚提到过的，至今还没有一个可以令人满意的量子引力理论，但是在过去的10年左右的时间里，现代宇宙学家们已经开始思索，量子论如何可以使爱因斯坦相对论中令人不快之处得以改善。

量子论和相对论的特殊融合所产生的量子引力理论，导致了一些关于宇宙和时间本身创生的极有趣的想法。例如，沸腾的真空就启发出一个宇宙如何诞生的模型。如果引力是量子化的，则必然有引力场的随机涨落，这就给出了一个"无中生有"的"机制"。美国麻省理工学院的盖斯（Alan Guth）是当代宇宙学家中一位主要人物，他说道："我常听人讲，没有免费午餐一类的好事让你遇到。但是现在看来，宇宙本身就是一份免费午餐。"这个想法根据的是真空沸腾的概念，即由于海森伯不确定性原理，真空的能量发生无规则的涨落，如此就产生出宇宙——这是美国物理学家特雷恩（Edward Tryon）于 1973 年首次提出的，但是在开头 5 年里他的想法并没有引起响应。

从 1978 年开始，比利时布鲁塞尔自由大学的一个宇宙学小组，提出了一系列引人入胜的建议。按照他们的"圣经"，宇宙在原初时刻是"虚无"的真空，时空也是平直的。这和令人不快的大爆炸奇点完全不同，在大爆炸奇点，宇宙中的一切在初始时刻是被压缩到一个点的。从爱因斯坦著名的质量和能量之间的关系，能量中的量子涨落将会产生出等量的粒子质量。这样一来，经过粒子间的相互吸引，就会使初始平直的时空变成弯曲的，如我们在第三章中已经看到的那样。这一过程并不破坏能量守恒，因为粒子质量吸收的正能量，被引力吸引的负能量所补偿了。这个小组的宇宙学家们认为，虚无的真空状态相对于物质创生来说是不稳定的：像是一个连锁过程，一旦开始，就会导致宇宙中所有的物质和能量自发地创生。

另一些宇宙学家随之也提出了其他的模型，但每一个都只是对上述模型作某种修正或改进。威廉金（Alex Vilenkin）以及稍后的霍金和哈特勒（Jim Hartle），试图给出空间和时间从绝对一无所有中创生——这种状态，甚至于不是沸腾着物质的量子力学产生和湮灭的"虚无"真空。霍金和哈特勒想把时间开始的奇点即大爆炸敷衍过去，他们对整个宇宙给出了一个波函数，然后计算从确确实实的一无所有中产生出某种东西的概率。

霍金的方法中，部分地采用了费曼的"经历求和法"和所谓的"虚时间"。按照霍金的说法，虚时间"听上去像是科学幻想，但实际上是一个有确切定义的数学概念"。虚数自乘得到的结果是负数。而对于大多数人熟悉的实数来说，+2和-2的平方一定都是+4。虚时间像爱因斯坦相对论中的普通时间一样，是没有方向的，采用虚时间以后，空间和时间的数学形式之间就完全没有区别了。在闭合的宇宙的情况下（换句话说，也就是有大坍缩点的宇宙），这种混在一起的时空可以存在于非常早期的阶段，它在尺度上是有限的，然而没有边界或令人不安的奇点。时间在宇宙的极早期会没有定义，而宇宙本身看上去很像地球的表面，但是要多出两个维度。这种自我封闭的宇宙被认为是不需要初始条件的，因而爱因斯坦理论的奇点困难也就得以克服。

虚时间其实只不过是一种数学技巧，它并没有告诉我们关于实在世界的任何新东西。然而，霍金的看法是，"如果你也像我一样采取实证主义的立场，那么任何有关现实实在的问题都没有意义。我们所能问的只是，在描述我们观测到的东西的数学模式中，虚时间是否有用。答案是肯定的。的确，我们甚至可以采取极端的立场，认为虚时间其实是基本的概念，而数学模型必须用它来表述。普通的时间反而是一种派生的概念，我们发明了它，是把它作为数学模型的一部分，用以描述我们对宇宙的主观印象。"

对于这些讨论"无中生有"的纯理论模型，保留一定的怀疑态度还是有益的。对于它们，有许多技术上的反对理由，也有许多原则性问题。作为后者的一个例子，如果"无"确实意味着"一无所有"，则看来我们并无任何权利，把我们的科学定律运用到创生行为之前。这样我们就会仍然疑惑不解，是什么把宇宙带到现实存在中来。

但是，关于时间之箭又是如何呢？对于这个基本问题，所有这些模型都保持沉默。因为量子力学（除去令人棘手的测量问题）和相对论，两者都是时间上严格可逆的。在第三章中已经提到过一个非常令人兴奋的可能性，这就是彭罗斯的建议，即迄今为止还不了解的"真正的"量子引力，应当是时间不对称的。也就是说，它应当明显地含有时间箭头。我们将在第五章谈宇宙学和热力学的关系时，再讨论彭罗斯的理由。这样的一个根本性建议，可能会最终导致物理学的一场新革命，而我们现有的视野还不足以使我们对此做好准备。

在这一章中，我们概括地评述了量子论令人困惑的课题。我们的结论是，它充其量也只是一个不完备的理论。主要的困难是围绕着测量行为，因为在测量过程中，包括所有可能结果的波函数坍缩到单一的现实结果——例如著名的薛定谔思维实验中那只猫的死亡。由于测量过程内在的不可逆性，它不可能在现有的可逆性的理论框架中得到体现。

下一章我们要讨论热力学，它是一种包含时间之箭的不可逆过程的科学理论，以及统计力学，它试图在微观量子世界和宏观热力学世界之间架起一座桥梁。这样，我们也许会对现有的量子描述中的缺陷有更多的见解。

第五章 时间之箭：热力学

对物理现实的图像，尤其是对时间的属性，我们来一次大变革的时候到了。这变革也许甚过令日的相对论和量子论。

——彭罗斯
《皇帝新脑》

当我们从量子力学的微观世界转移到日常生活的宏观世界来，时间之箭就变得比较清楚了。这就是热力学的领域，它是一个威力巨大的理论，其中时间的流逝方式与萦绕在诗人和小说家脑际的想象是一样的。格雷夫斯（Robert Grayes）有一次生动地描写道，时间就是"计数脉搏，计数缓慢的心脏跳动，在缓慢的心脏跳动中流血，从而走向时间的死亡"。热力学所做的与此相同。它揭示了同样不可逆的过程中瞬息即逝的现实，从我们的青春逝去到眼泪风干。这些不可逆过程使人类的存在既富于深刻哲理又富于情趣。当然，并不是它的所有应用都是这么富有象征性。热力学还解释蒸汽机如何工作以及为什么茶会变凉这一类问题。

热力学把时间与有序性和无序性（随机性）这样

的概念联系起来。时间的流动变得显而易见，这是因为在任何孤立系统中都有一种毫不留情的倾向，使得有序程度降低而无序程度增加。如果往红茶里面加一点牛奶，奶分子就会与茶分子混合在一起并且扩散。最后，奶和茶的分布会完全一样，茶显出特有的浓褐色；当混合过程完成以后，不会再有进一步的变化发生。在茶所达到的最后状态中，分子的无序性——或者用热力学术语准确地说，熵——达到了一个极大值。这是一种平衡状态，奶分子和茶分子在混合物中所有各处都是均匀的，不再具有任何进一步混合的能力。我们从来没有见过相反的过程，即均匀的褐色液体自发地分开成为白色的奶和红色的茶。因为要使这样的过程发生，我们就必须让时间开倒车。

时间之箭在所谓的"热力学第二定律"中明显地表现出来。这个定律说，所有的物理过程都是不可逆的，因为一部分能量总是要作为热而散失掉。作家斯诺（C. P. Snow）认为，对于任何受到过良好教育的人，热力学第二定律都应该成为他所应具备知识的一部分。他描写过一些受过高等教育的人，"他们津津乐道地形容科学家们对文学的无知。有一两次我被激怒了就问他们，你们中有多少人可以讲一讲热力学第二定律。反应是漠然的，而且答案也是否定的。然而我的问题实际上等价于问一个科学家：你读过一篇莎士比亚的作品吗？"

不幸的是，正像文学批评家们为莎士比亚的戏剧争论不休一样，科学家们也为第二定律的意义发生激烈的争执。热力学的基本命题相当含糊，从而导致了多种多样的观点。这种情况也反映了通常对科学家的印象之荒唐：一般人总认为科学家是一伙穿着白外套、冷面孔、思想一致的人。事实上，科学家之间观点上的差别之大，常常可以表现为个人之间的冷嘲热讽和激烈的争吵。美国哲学家赫尔（David Hull）最近指出，物理学家们可以轻而易举地罗列出 20 种或者更多的第二定律的不同表述形式。赫尔写道，给局外人强烈印象的主要是，每一个科学家都坚持说他自己的观点是正确的。同时，像热力学本身一样，使人伤脑筋的时间问题，经常产生的更多的是争论的热度，而不是希望之光。

当我们讨论热力学的不同处理方法时，一些观点的相互冲突会变得很明显。我们会看到一种根据热力学平衡的描述，它是一种特殊情形，此时作为热力学理论核心的一切变化和流动都被抑制，而这种情形又是大多数科学家在热力学课题中唯一了解的部分。我们将要表明，平衡态热力学是一条死胡同。某些人错误地认为，热力学排除了有序结构的自然出现，而且意味着宇宙的整个进程是直接走向无序的混沌。我们会看到这也是不正确的，实际上热力学理论正把握着有序生命产生的关键。但是对我们眼前的目的来说，最基本的问题还是，如何使热力学和分子力学的微观理论相和谐，因为上面我们已看到，这种微观理论是时间对称的。科学思想的这两个至关重要部分之间表面上的抵触，一些人称为不可逆性佯谬（另一些人称为可逆性佯谬）。它已经使得一些科学家认为时间的热力学箭头在我们的精神之外，不具有现实性，是一种纯主观的概念。

热力学的诞生

热力学理论是随着 19 世纪早期，英国工业革命中蒸汽动力的出现而形成的。第一台实用的蒸汽发动机是 1782 年瓦特（James Watt）建造的，他以前在格拉斯哥大学从事科学仪器制造工作。蒸汽机烧煤把水加热，因而产生蒸汽压力推动活塞或转动涡轮桨叶。但是为了计算一台发动机的最大效率，就必须了解这台机械幕后的全部理论。这一学科就是热力学，它来源于希腊语，意思是热的运动。

当蒸汽机运转时，能量转化为所有组成部分的分子运动，这一过程是极端复杂的。但是热力学并不涉及原子和分子（我们回忆一下，当时原子的概念还没有得到普遍认可），它把注意力直接集中在一些与感觉有关的"宏观"量上面，像体积、温度和压力。在早期热力学家中一个杰出的人物是法国工程师卡诺（Sadi Carnot）。他是法兰西第一共和国一位领导人的长子，后来在一场流行性霍乱中去世，终年只有36 岁。然而在去世前 10 年，他就已经对理想热机如何工作给出了一个透彻的热力学分析。他的这种理想热机是完全可逆的，没有不可逆的热损失。他说明了热机的效率如何决定于热量从热物体流到冷物体这一事实。在一台蒸汽机里，这就是说，热量从蒸汽形成的热气室，流到蒸汽凝结的冷气室。卡诺说，冷热物体之间的温度差异，就决定了热机工作的好坏。有重要意义的是，即使这样一种完美的热机，它的效率也绝不可能达到百分之百。

用实际用语来说，蒸汽机的工作就是把热转化为功，这里功的意义就是一种更有用、更有组织的能量。热和功的等价，是曼彻斯特一个酿酒世家的儿子焦耳证明的。他把一台蒸汽机的工作倒过来观察，也就是用功来产生热（用桨来搅动水，或者把空气压缩进一个容器里）。结果表明一定数量的不论什么形式的功，都产生出相同的热量。这一发现得到了公认，现在能量的最基本单位就是以焦耳的名字命名的〔1 焦耳大约等于在地球表面附近，把一只苹果垂直举起 1 码（0.9144 米）所需要的功〕。

能量的不同形式热和功之间的等价是热力学第一定律的基础。这一定律说，在一个物理过程中，能量总是守恒的，尽管它可以从一种形式转化为另外一种形式。换句话说，如果你对任何一个物理事件拟出一份能量清单，则事件前后的总能量是相等的。唯一的区别是，开始时的能量的一部分或全部，必定会在事件后作为热量出现。这是因为总有某些能量在某种物理过程中被"烧掉"了——例如，克服摩擦和空气阻力。这些"烧掉"的能量不会真的从清单上消失，只是由于表现为废热的能量耗散，使得能量换了一种形式。

在每一个能量转化的过程中，都有因为产生热而出现的能量耗散。例如一位运动员在跑 100 米赛跑时消耗的化学能，一只白炽灯泡发光（电磁能）时消耗的电能，等等。对耗散问题更进一层的认识，主要是由德国物理学家克劳修斯（Rudolf Clausius）完成的。他生于 1822 年，父亲是一位牧师兼教员。克劳修斯了解到，虽然热和功在焦耳所表明的意义上是等价的，但是耗散使得它们之间产生了一个十分重要的不对称性。原则上，任何形式的功都可以被完全转化为热。但是耗散意味着相反的说法不能成立，在热转化为功时，总有一部分热白白浪费掉了。例如，并不是蒸汽机中所有的热都可以用来推动活塞。一部分热量浪费到加热机器、周围大气以及操作者的手。一部分热量在机器关掉之后仍然保留在小水滴中。克劳修斯认识到（虽然最初这一认识还是朦胧的），这意味着热量损失是不可逆的，一旦发生热量损失，这种废能绝不可以再次变成为功。他的这个突破性发现在 1850 年得到完全证实，克劳修斯也因此被称为"时间之箭"之父。但是在那个阶段他的学说还是有毛病的。出生在北爱尔兰贝尔法斯特的数学家汤姆孙（即后来的开尔文勋爵），把克劳修斯这种笨拙的处理方式改成一种普适的表述，即热力学第二定律。按照这个定律，总是存在着机械功退化成热的无情倾向，而相反的倾向却不存在。

第二定律的含义是，所有的能量转化都是不可逆的。当发动机的曲轴正好转过一个循环时，这台机器回到这样的状态，也许连最能干的机械工也看不出它与原来的初始状态有何不同。但是由于热而产生的能量损耗，却已经使得一些无法再被消除的变化发生了。曲轴规律性的机械运动（功）受到了摩擦力。一部分机械能变成了热，这热我们可以想象为轴上分子无规则的随机运动。这种无规则运动的能量又有一部分会被空气分子带走。最后的结果是作为热而出现的不可逆的能量耗散。

这里我们要记住的一个关键因素是卡诺提出的一个观点，即热只能由较热的地方流向较冷的地方。这就使我们得到了第二定律的另一种表述形式，即不可能通过把热量从较冷的地方转移到较热的地方而做功。为了更幽默地描写一下这个在实际行为中不可避免的原则，我们想引用喜剧大师弗兰德斯（Michael Flanders）和斯旺（Donaid Swann）在他们的歌"第一和第二定律"中的一段歌词：

你不能让热从冷处传到热处，

你想试一试吗？结果只会一无所获。

"不见得吧，让冷的再变冷，

会让热的再变热——这合乎规矩，

就像热量从热的东西传出，

一定会使冷的东西变热。"

不，你不能让热从冷处传到热处，

你如果要试试，你就会像是一个蠢货。

冷的东西变热，这才合乎道理——

因为这是一条物理法则！

    克劳修斯在 1865 年引入"熵"的概念，从而把可逆过程与不可逆过程加以区别。这就使得第二定律更加具有锋芒。熵是这样一个量，它在有耗散的情况下不停地增长，当所有进一步做功的潜力都已耗尽，它就达到了极大值。按照克劳修斯对第二定律的说法，在可逆过程中熵的改变是零，而在不可逆过程中熵总是增加的。熵这个名称是克劳修斯根据两个希腊字发明出来的，意义是"转移的量"或者"发生变化的能力"。它无疑是热力学中最重要的概念，并且给出了一个明显的时间箭头：熵的增加正好与时间的前进一致。熵的概念给了爱丁顿极深刻的印象，他写道："我希望能把熵这个概念在科学研究中令人惊奇的威力，原原本本地告诉你。"他把熵比作美和旋律，因为这三者都是与排列和有序联系在一起的。

    为了更深入地理解熵的意义，把一些杂乱的容易引起混淆的因素去掉是非常有帮助的。科学家们为此常用一种理想化的情况，即把所感兴趣的过程定义为系统，过程以外的世界构成系统的外界。例如，热力学家常喜欢考虑"孤立系统"这样的特殊情况，这种系统与外界完全无关［图 13（a）］，像一只有刚性绝缘壁的盒子，物质或者能量无论从哪个方向都不能通过。一只理想的咖啡暖瓶可以作为这样的例子，它不会散失水蒸气或者热能。虽然在实际上没有一个系统是完全孤立的（宇宙本身可能除外），但是这还是一种非常有帮助的理想化假设。另外还有两种普遍形式的系统在热力学中常被应用："封闭系统"［图13（b）］，它可以与外界交换能量以及"开放系统"，它与外界既可以交换能量也可以交换质量［图13（c）］。利用这样的专门术语，像人这样的有生命的物体就是一种开放系统，因为人要和外界发生能量和物质的交换，例如喝酒、吃肉以及呼出热气和产生排泄物。

按照第二定律，在一个孤立系统中自然发生的任何过程，都一定伴随着系统的熵增加。因而熵给所有孤立系统提供了一个时间箭头。当熵达到它的极大值时，孤立系统的时间演化就停止了，该系统就处于它最无序的状态。这时系统已耗尽了它所有发生变化的能力——它已经达到了热力学平衡。

克劳修斯认识到宇宙本身是一个完全孤立的系统（否则在它外边是什么呢？），并且在 1865 年把热力学的前两条定律写成宇宙学的形式。第一条定律说，宇宙的总能量是守恒的；第二条定律说，如我们已看到的，宇宙的总熵是在无情地朝着它的极大值增长。德国物理学家霍姆霍兹（Hermann von Helmholtz）第一个从第二定律推断说，整个宇宙的演化就是逐渐地退化，最后停止于热力学平衡，此时不会再有任何变化发生。一个处于平衡的宇宙，熵和无序性都达到最大，所有的生命也就随之而死亡。宇宙的这种"热死"或"热寂"，又引出了弗兰德斯和斯旺的

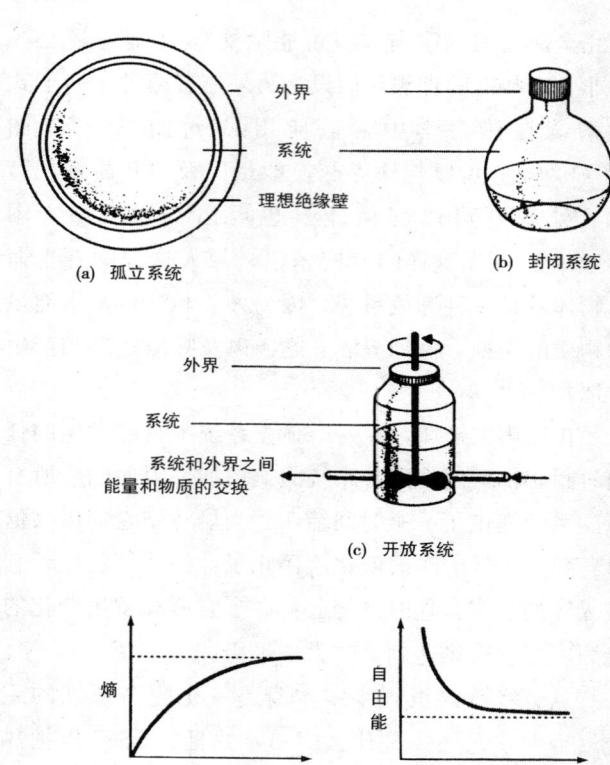

图 13 热力学中的三种系统：(a) 孤立系统，(b) 封闭系统，(c) 开放系统，图 (d) 表示熵的增加，图 (e) 表示自由能的减少。[录自柯文尼，法文杂志《研究》第 20 卷，190 页 (1989)]

妙句：

　　热就是工作（功），而工作是该死的东西。

宇宙中所有的热，

因为不能再增加，

都在逐渐冷下去。

此后，不会再有任何工作了，

将是天下太平、永远的休息。

真的吗？

真的！老兄，这就是熵，

所有这些都是因为

热力学第二定律！

　　这是一个科学理论从一团蒸汽得到的一幅非常可怕的图像。然而，正如马克·吐温（Mark Twain）所说："先抓住事实，然后你才可以大做文章。"实际上，热寂的说法是有问题的，因为它忽视了引力（和黑洞）的作用：如果包括引力，宇宙必定越来越远地偏离热寂所想象的物质均匀分布。即使不考虑这一点，宇宙这样一幅惨淡的远景也和它的中短期行为没有多大关系。我们从天文事实中（第三、第四章）知道，宇宙作为一个整体是在膨胀着的，所以在任何地方它都不会接近热平衡。热力学的知识也告诉我们，当一个体系远离平衡时，会由于像天空上星星那样的局部热点，而发生一些非常有兴趣的事情，例如生命的出现。

　　这里我们看到，热力学和达尔文生物进化论之间有一种明显的冲突。达尔文在他的自然选择理论中，表明了大自然何以能够优先选择一些罕见的事件（变

195

种），因而逐渐演化出越来越复杂的生命形式。在他的理论中，变化的推动力是一些随机发生的事件。然而，玻尔兹曼（他是我们这一章的主角）却表明，在充满分子的气体中，正像克劳修斯的第二定律所说的那样，高度有序的结构将随着时间随机地消失。有些人说，"克劳修斯和达尔文不可能都是对的。"我们将在第六章和第七章再谈到，达尔文的学说如何与热力学取得一致，这里我们只想指出，玻尔兹曼对于达尔文，这个比他年长的同时代人，是十分尊重的。在19世纪将近结束的时候，玻尔兹曼写道："如果你问我内心深处的信仰，关于是否有一天本世纪会被称为铁的世纪，抑或蒸汽的世纪或是电的世纪，我会毫无疑问地回答说，它将被称为自然机械观的世纪，达尔文的世纪。"1886年在奥地利科学院的一次会议期间，他在关于第二定律的讲演中谈到了同样的观点。

如果科学家们认定达尔文和热力学之间确有无法沟通的分歧，则大多数物理学家一定会说是达尔文错了，因为第二定律已经被证明是普遍适用的。用爱丁顿的话来说，"我认为，熵增原则——即热力学第二定律——是自然界所有定律中至高无上的。如果有人指出你所钟爱的宇宙理论与麦克斯韦方程不符——那么麦克斯韦方程就算倒霉。如果发现它与观测相矛盾——那一定是观测的人把事情搞糟了。但是如果发现你的理论违背了热力学第二定律，我就敢说你没有指望了，你的理论只有丢尽脸、垮台。"

平衡态热力学

如果你对蒸汽机感兴趣，第二定律所预言的、耗散引起的热损失就显然是一件讨厌的事。因此，早期热力学家们致力于寻求避免不可逆性的途径。在"思维实验"的理想情况下，这看起来是一件容易的事：可以简单地让蒸汽机无限缓慢地工作，这样在每一个瞬时，系统和外界之间就会处于热平衡。在这种"准静态"情况下，系统的整体性质不会随着时间而改变。熵会在任何时候都处于它的极大值，并且没有不可逆的热量损失发生。这样的系统相应于一个完全可逆的热机。即使如此，如我们已看到的，热转换为功的效率也不可能达到百分之百——第二定律是不可能违反的。同时，这样的理想情况还是有美中不足，因为在上述条件可以实现的情况下，这台机器要用无穷长的时间才能完成这一最简单的操作。

这些问题也许说明，平衡态的处理是颇有缺陷的。它相当于抑制时间在过程中的基本作用。因为所有的过程都发生在一段有限的时间内，因而在这一过程中不可能包含有无限多个平衡态进程。然而，许多科学家仍然试图按这种有点自相矛盾的方式思考热力学过程。这其中的一个原因是，只讲平衡态过程，可以避免描述不可逆过程的不便和困难，尽管在使一个系统达到平衡之前是要经过不可逆过程的。但事实上，克劳修斯关于熵的定义是仅仅对平衡态而言的，而且，熵是否可以在平衡态之外的一般情况下定义，这个问题现在仍然没有解决。

美国物理学家吉布斯（Josiah Willard Gibbs），无可非议地被认为是现代平衡态热力学的奠基人之一。在把热力学从局限于研究热和功之间的关系，拓展到研究所有形式的能量之间的转化方面，吉布斯做出了主要的贡献。他的 3 篇关键性的论文发表于 1873 年到 1878 年之间，当时他还只有三十多岁。这些论文是由康涅狄格州科学院发表的，后来它的出版委员会承认说，当时他们之中没有一个人懂得吉布斯说的是些什么。有一个人这样说："我们认识吉布斯，信任他投来的稿件。"吉布斯和他的许多后继者，都谨慎地避免提及非平衡态现象。虽然他们的研究对于已经达到平衡态的系统有至关重要的意义，然而还是有点像把医学限制为给死人看病。

大家都说，吉布斯是一个为人死板、极不活跃的人。即使是一些高级学者，也常常把他和当时美国杰出的化学家沃尔考特·吉布斯（Wolcott Gibbs）相混淆。很长时间以后他的学说才在学术界得到广泛认可。今天，他的学说使我们感兴趣的主要是，能帮助我们洞察究竟是什么使得系统停止随时间的演化。当一个孤立系统［图 13（a）］，例如盛在一个充分绝热容器中的气体，处在它最无序的状态时，它就已经达到了热力学平衡。此时，为了描述平衡的宏观状态以及演化的终点，所需要的只有唯一的一个量，即熵可能达到的最大值。但是对于封闭系统和开放系统［图13（b）和图13（c）］来说，它们与外界的交流越来越重要，因而熵最大的状态也必须同时把外界的熵计算在内。这样，对于厨房里一杯正在凉下来的咖啡，我们必须考虑咖啡和厨房之间的能量交换对厨房产生的微小加热。如果我们想单独研究咖啡的平衡性质，这就麻烦了。因而为了简单起见，我们总是希望避免把厨房的行为明显地带到讨论中来。

为了排除厨房的影响，我们可以引入一个叫做自由能的新的量，它在平衡态时具有最小值。一个系统的自由能代表能从该系统得到的最大有用功。虽然自由能只是总熵换了一种形式，但是它的好处在于，它可以被看做是咖啡的某种内禀性质，而无须涉及厨房里其他地方发生了什么情况。在整个物理学和化学对系统平衡性质的描述中，自由能都起着中心作用，不管该系统是磁性物质、电冰箱还是化学反应的混合物。

熵和自由能是所谓热力学势的例子。这指的是，它们各自的极值——熵的极大值和自由能的极小值——显示着热力学平衡的状态。可以用钟摆的摆动作为一个比拟。在每一次摆动开始的时候，摆锤在引力的作用下具有一个势能，当它沿着弧线往下摆动时，势能就转化为运动的动能。空气的阻力使每次摆动开始时的势能逐渐消耗掉，因而摆动的弧线越来越小，最终使摆锤停止在垂直的位置上。这就是它势能量小时的位置。在一个密闭的容器中发生的化学反应，情况也与此十分相似。它最终会达到自由能最小的状态，此后不会再发生进一步的变化。

一个更时髦的描述热力学势极值的方式，是说它们是系统在时间上演化的"吸引子"。当一个球向山谷滚下去的时候，无论滚动开始的位置如何，球最后停下来的地方总是不变（图 14）。与此相同，一个化学反应的平衡态决定于熵最大或自由能最小的点，与反应开始的条件无关。

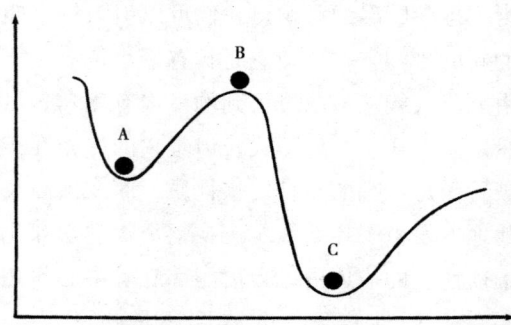

图 14　热力学势（熵和自由能）的力学类比。一个力学系统在势能最小时达到平衡。位置 A 和位置 C 相应于局部势能极小值。球在 B 点是不稳定的——哪怕是最小的扰动也会使它滑到 A 或者 C，这个过程中就会有能量的耗散。

平衡吸引子标记着一个重要的停止点，就像一块路标那样，"一切变化终止于此！"也像死亡对我们大家一视同仁，不管生前富贵荣华还是穷困潦倒，死亡都会把每一个人同样带到坟墓，这些吸引子也把它们的系统无情地拖向平衡。吸引子有各种各样，我们以后会常遇到。一个化学反应的平衡吸引子可以比作一个漏斗形物的底部：无论一个球开始时的位置如何，球将总是滚到最底部的一点。但是并不是所有的系统都有像这样的一个简单的吸引子——打个比方说，其他的（非平衡态）吸引子可以使这个球沿着一个一维的环滚动，像沿着宽边帽的帽檐滚动一样；或者使这个球在更高维的空间中更大的范围内滚动，像沿着一个油炸面圈的环形表面滚动一样。我们以后会看到，还可能有更稀奇古怪的吸引子。

砸碎平衡

平衡态热力学对于研究宏观系统不随时间而变的性质非常有用——例如像对一个所有化学反应已经停止了的试管，灰烬，或一杯已经凉了的茶。吸引子的概念同样可以给我们提供一个"时间之箭"的"箭靶"。然而，在非常实际的意义上，平衡态同样是一条死胡同。因为它涉及的只是热力学演化的终态，因而也就是时间的终点，它不可以用来描述能使时间明显表现的过程。如兰兹堡（Peter Landsberg）所说："……热力学中既然不出现时间坐标，因此就不会有任何事情发生。"真实的世界中很少有这种令人窒息的平衡态。文学家贝凯特（Samuel Beckett）写道："我们在呼吸，我们在变老！头发脱落，齿牙动摇！青春一去不回，往事云散烟消！"对于有生命的物体，热力学平衡只是随着死亡而出现，那时腐烂的尸体最终化成腐土。生命是由许多过程所组成的，从细胞分裂、心脏跳动到消化和思维，所有这些过程的发生都是因为它们不是平衡态。一个更有意思的说法是，平衡态热力学所做的预言，就像一个算命先生对你说你将来会死，但是他根本不知道你马上要和你的情人约会。对于一个基于第二定律及其对变化的解释的理论，这样一个结论看来是非常令人失望的。为了使我们对时间的研究有进一步的进展，我们必须再调查，对于不是平衡态的不可逆过程，热力学可以告诉我们些什么。

非平衡态热力学自然分成两个分支："线性"分支描述接近平衡的系统的行为，"非线性"分支处理系统远离平衡时的情况。"线性"是一个数学词汇，它说的是在任何一种现象中，只要两个量之间有正比关系，这种关系就可以在图上用一条直线来表示。一个线性系统的作用，是组成该系统的各个部分的作用之叠加；但是一个非线性系统的作用，就不是简单地把各个部分的作用加在一起了。这之间的差别，可以用通常的家用电炉和切尔诺贝利核电站四号反应堆来比较，这后者是迄今世界上最严重的核事故的源地。如果某人有 2 台电炉，则他会得到双倍的热量；如果他有 3 台，则热量会是 3 倍；依此类推。这种情形表示，在产生的热量和电炉数目之间有一种线性关系。但是在切尔诺贝核电站的情况下，反应堆芯的过热增加了链式核反应，这反过来又产生了更多的热。结果形成的汹涌澎湃的热流，完全与最初的温度升高失去比例，这就叫做非线性正反馈。草率的操作规程加之苏联式设计中的致命弱点，最终导致了能量爆炸性的释放。1986年4月26日核电站变成废墟，并产生了全球性的严重后果。

混沌中现出有序

宏观系统的自然倾向是循着时间箭头走向平衡态。但是，如果系统的这一过程在它到达目的地之前就停止了，情况又会是怎么样呢？

图15所示的盛有氢气和硫化氢气体混合物的容器，可以用来说明，只要使一个系统保持在非平衡的状态，就可以推翻"熵就是无序"这样一个肤浅的教条。本来我们会以为，当混合物被加热时，它会变得更加无序：热量加得越多，气体分子就会越起劲地在容器里到处乱跑。但是现在让我们来防止它达到平衡态，这只要使容器的两端保持一个很小的温度差就行了。实验显示，在容器中的两种气体将逐渐发生分离：容器中较热的一端聚集较轻的氢气，而较冷的一端高度集中着质量较大的硫化氢。这个效应称为热扩散，这同一效应也使得储油罐中的油物质出现类似的浓度分布轮廓。

初看上去这个现象是与直觉相反的——加热容器使得熵增加，然而却使分子分布的随机性减小了，显

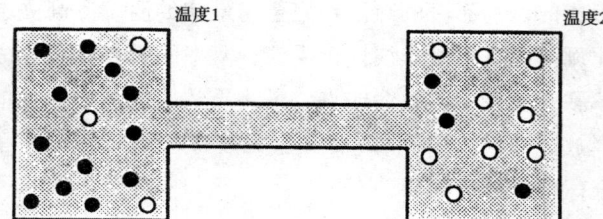

图 15　热扩散装置。如果两个容器之间保持温度差，在其中一个容器中会发现更多的某种分子，而另一种分子则较少。浓度梯度正比于温度差（$T_1 - T_2$）。[根据普里高津等所著《在时间与无穷无尽之间》第 50 页。]

现出一个所谓的气体浓度梯度。尽管热力学第二定律的通俗解释，是熵直接联系"无序"，而热扩散却表明，有序的组织可以自发地从无序状态中形成。在上面这个简单的例子中，这种有序组织就是沿着温度梯度方向，氢气浓度的逐渐增大，硫化氢浓度的随之减小。诚然，在气体分子的激烈运动中还是存在有随机性，但是总的说来这显然不是处于热平衡。热扩散给出了第一个例证，说明在不可逆的、非平衡态过程中，可以产生出有序性。这样，时间箭头就和可能出现的结构联系了起来。

　　平衡势使我们能够预测一个热力学系统的最终状态。它表明系统就像一个在路上滚动的球，无论它从凸起的什么地方开始滚动，最后总是停止在低洼之处。当一个系统由于其周围环境的限制而不能达到平衡时，是否对非平衡态行为也有一个类似的说法？总的说来答案是肯定的，只要系统不是偏离热力学平衡太远：还是用球来作比喻，球总是会滚到低洼处的。但是它也许会滚到另外什么地方——例如，如果它跑得离低洼处太远的话，它会落到另一个坑穴里面，这就使得预测变得困难得多。为了对热扩散确定一个热力学势，容器两端的温度差，也就是温度梯度，必须充分小。

温度梯度给了该系统一个"推动"，因而可以被描述为如同一种热力学力。这样的力造成了热量流和质量流，就像踢球使球运动一样。在接近平衡的时候，热流和质量流表现得很简单——如果力增加一倍，则流也增加一倍。热流和质量流与造成它们的力直接成正比，因而我们把这种情况下的热力学叫做线性热力学。

线性热力学主要是由耶鲁大学的昂萨格（Lars Onsager）的努力，才在 20 世纪 30 年代打下了坚实的基础，昂萨格为此获得了 1963 年的诺贝尔化学奖。他的"倒易关系"表明，在线性系统中有一种美学上很漂亮的对称关系：力产生流，流也产生力。在热扩散的情况下，物质的流动是由一个力引起的（用热梯度来表示）。昂萨格倒易关系接着说，物质的浓度梯度将产生热流，这个效应已经在实验上得到了证实。

1945 年，一个新的角色登上热力学舞台——这就是普里高津（Ilya Prigogine）。他在 1917 年即俄国十月革命那年出生于莫斯科，十年以后，小普里高津随同家人迁往西欧，在布鲁塞尔定居下来。在由比利时物理化学家顿德尔（Thophile de Donder）创立的布鲁塞尔热力学派里，他以一个小学徒的身份开始，一步步成长起来。他的大部分大学生涯是在布鲁塞尔自由大学度过的，这所学府当初是由互济会建立的，为的是对抗天主教会对纯世俗事务的横加干涉。至今这仍然是这所大学的宗旨。

28 岁的普里高津发现，在线性表现良好的区域，热力学耗散降到它可能的最低点。这样，系统熵的变化率，也就是内禀的熵产生将会减小：一般而言，系统将会演化到一个稳定的或不变的状态，此时耗散处于一个极小值。在热扩散的情况下，总的熵可能是增加的，但是当气体最终的浓度梯度已经建立以后，内禀熵的产生率就处在它的最低值。

普里高津的博士论文在 1947 年发表，题目是"不可逆现象的热力学研究"。它包括有最小熵产生定理，并且也为他今后一生的研究打下了基础。普里高津像一颗新星那样升起，最后成为布鲁塞尔学派的领导人物。他和他的老同事格兰斯多夫（Paul Glansdorff）一起探索把热力学分析扩展到新的领域。

普里高津的最小耗散的图像，比起最大熵的平衡态概念来对我们更为有用，因为它与实际世界的关系更为密切——在实际世界中，没有东西是真正处于平衡态的。进一步演化的趋向总是有的：液体会混合，建筑物会风化，物体会冷却。但只要有一个很小的外部影响，使得系统保持在偏离热平衡的状态（例如在发生扩散的容器中的温度梯度），则将持续出现的是一种"稳恒态",而不是坍缩到完全无序的状态。大多数房主是熟悉这种稳恒态的。风吹雨打和风化作用早晚会使得房屋变成一堆瓦砾，这就是它的平衡态。但是房屋通常可以在许多年里保持在稳恒态，因为维修的速率等于损坏的速率。只有当房屋停止维修时，房屋才开始风化瓦解（虽然最后的坍塌是很多年以后的事，但无论如何早晚一定会发生）。

在平衡态热力学的情况下，时间之箭的"箭靶"可以用一个具有像最小自由能或最大熵这样一些量的固定点吸引子来描述，它把系统拉向平衡态。对于偏离平衡，但是由于外部影响相对很小，而使得系统能够保持接近平衡态的情况，我们可以看到，许多平衡态情况下发生的事情仍然成立。最终的状态——例如像浓度梯度——仍然不随时间而变，仍然是恒定的。普里高津把分析推广到略微偏离平衡的情况，他发现系统通常会演化到熵产生为极小值的点。此时他希望大胆地跨进一步，把这样的分析用于更复杂的情况——特别是远离平衡态的非线性系统——以完成一幅更大范围的系统随时间演化的图像。然而，与平衡态行为的类似性此时不复存在。这个新的领域也许很难懂，但是却非常令人兴奋，因为它和我们所看到的周围世界有非常密切的联系，并且提供了关于时间和变化的一幅更深奥微妙的图景。

极度远离平衡态

普里高津的最小熵产生定理是一个重要的结果。然而，它的证明决定于昂萨格所描述的流和力之间的良好线性关系（以及别的一些因素）。普里高津和他的布鲁塞尔同事一起，决心探究远离平衡态、线性规律已遭破坏的系统，目的是发现是否可能把他的定理推广为一个演化判据，对流和力之间的简单关系不再成立的非线性系统也能适用。这一努力导致了一些非常具有魅力的结果，也引起了不少激烈的争论。

我们前面已经提到过，科学家像其他人一样，他们之间会发生激烈的争吵甚至敌对。围绕着布鲁塞尔学派的争论一直没有平息，不幸的是，这个小组向外界报告他们的发现时，偶尔也做过一些夸张的言论，这使得争论如同火上浇油。其实根本的问题主要是介绍的方式，但却导致了非常令人不快的结局：差不多像政界的观点两极分化。可悲的是，这种宗派之争逐渐破坏了对布鲁塞尔学派做的贡献的理性辩论的基础。

经过长达 20 多年的煞费苦心，布鲁塞尔学派精心研究出一种称作"广义热力学"的理论，它的目的是把热力学原理运用于远离平衡态的情况。本质上，格兰斯多夫和普里高津用的是一种近似，它使得一个远离平衡态的系统，在局部上表现为平衡态。整个系统好像由许许多多这样的局部拼缀而成。从概念上讲，它颇为类似广义相对论中，把弯曲时空想象为许多局部平直时空拼缀在一起。

格兰斯多夫和普里高津用这种"局部平衡"近似，来研究平衡态热力学远不能够处理的情况。他们系统地阐述了所谓的"普适演化判据"，而且认为这一判据会对事物随时间演化的方式，给出一个更加精深奥妙的见解。这一研究在他们于 1971 年出版的一本书里登峰造极，这本书名叫《结构的热力学理论，稳定性和涨落》。不幸的是，他们用以表达这个判据的措辞——特别是他们选择的"普适"这个词——又成为后来争论的中心。作者们的原意是，他们得到的是一个纯热力学的演化判据，但是由于他们所声称的看上去比实际成立的要多，因而使得他们自己成为一场辱骂性论战攻击的目标，对手是那些仅仅是急于对布鲁塞尔学派发难的人。

格兰斯多夫-普里高津判据处理的是我们可能遇到的最普遍的情形——远离平衡的开放系统，其中能量和质量都可以流动，系统的行为由非常复杂的非线性关系所支配。对于远离平衡的稳恒态的稳定性，他们的判据给出了一个总的说明。这判据说，当平衡偏离得太远时，这种稳恒状态就变得不稳定了。此时可能会出现一个"转折点"，或者称作"分叉点"，系统在此处会偏离稳恒态，而演化到某种其他状态（图 16）。

一个重要的新的可能性是，在第一个转折点之后，系统在时间和空间上的行为会具有高度的组织性。例如，在某些远离平衡的化学反应中，我们可以看到出现规则的颜色变化或者漂亮的彩色涡漩。这是系统随时间演化过程中达到的稳定状态，但是已经不再和最小内禀熵产生有任何关系了。

为了更清楚地说明熵和有序行为之间的关系，也许我们可以用一位打算省钱的先生（当然一位女士会做得同样好）可取的选择作比方。如果他是一文不名，那么他在消费上的改变——相当于平衡态时熵的变化——是零。然而，真实的世界不是处于平衡态。所以，我们这位希望省钱的先生，至少有少量的钱，而且必须花费一些在饮食上。在这种情况下，他能够期望做到的是，把他的开销降低到能使他活下来的最低水平。与此相似，许多处在少许偏离平衡但还是稳定状态的热力学系统，将把熵产生降到最低点。现在让我们来看远离平衡时会发生什么情况。这相当于这位先生是一个已经有钱而想要更多钱的人。在这种情况下，把他的日常开销降到最低是远远不够了。现在对他来说有许多其他的选择，而不仅仅是选择最便宜的食品和住宿。他可以把钱投资到利息高的银行里。他也可以斥巨资去进行利润丰厚的投机冒险事业。所有这些短期花费都完全可以使他达到他的目的。此时对省钱来说（而不是对花钱来说）不再有一个普适的判据，而如果他是一个过着粗茶淡饭日子的穷汉，就会有这样一个判据。这就是说，对远离平衡的情况，呈现出许许多多有序行为的可能性。

值得注意的事实是，当系统远离平衡时，整体熵产生以极快的速率增长，这是与第二定律一致的，然而我们却同时观察到极其有序的行为的出现。这样，我们必须修改前人留给我们的信条，即时间箭头总是联系着向无序状态的退化。确实，当时间走到"终点"，再不会发生任何变化的时候，可能出现的就是无序状态。但是在较短的时间尺度上，我们可以看到短暂的结构的出现，只要物质和能量的流动可以继续，这种结构就可以维持存在。下面这一点确很重要，这就是只有当系统对外界是开放的，它才可以保持在偏离平衡的状态：因为这才使得系统所产生的熵可以输送到外界，从而系统可以维持在有序状态，同时容许系统和外界所构成的整体熵增加。

　　格兰斯多夫和普里高津所给出的是一个"弱"判据，因为它只是说了热力学转折点的可能性，而没有给出它的必然性。它没有像热力学第二定律那样，对宇宙万物随时间的演化方式给出一个铁的法则。它依赖于第二定律以及其他一些附加假设。远离平衡的时候一般地不再有热力学势——不再有作为时间之箭箭靶的单一吸引子。这个判据缺乏普遍性这一点，是美国加州大学戴维斯分校的凯瑟（Joel Keizer）和亚特兰大乔治技术研究所的福克斯（Ronald Fox）指出的。

生机在远离平衡态时萌动

像《银光先生历险记》中那只不叫的狗，给福尔摩斯提供了破案的极其重要的证据一样，格兰斯多夫和普里高津判据的短处，可以转化为值得重视的长处。这个判据之所以不能成为一个普适法则的原因，是由于对远离平衡态的情况，有多种多样的可能性可供选择。这种彻底的复杂性，使得直接因果联系的描述变为不可能，同时可以帮助理解，为什么在许多可能性中采取一种，就赋予系统在时间上演化的实际途径一个特殊的地位。这可以借助于所谓分叉图来说明，它是一种简单的形象化表示，描述了可供选择的多种多样的可能性（分叉的意思是在转折点有叉状分支）。对于我们这位节俭的先生所处的情况，图16上表明在接近平衡的时候只有一种可能性，这相当于他处在捉襟见肘的贫困线上（相应于热力学主支）。远离平衡的时候，会出现多得多的可能性或"分支"。图16（a）中，分叉表示当系统达到它的热力学转折点时，该系统面临的难题。

让我们把这种处理用于化学反应，这是不可逆过程的一个极好的例子。随着时间的演化，化学物质相结合，并且从而转变成化学性质上截然不同的产物。例如，氧和氢结合在一起生成水，而铁和大气中的氧相作用形成铁锈（铁的氧化物）。分叉图上显示了，当一个特别的化学反应远远偏离平衡时，可能出现的情况。图 16 中的纵轴代表反应混合物中某种化学成分 A 的浓度。横轴代表与化学反应停止时热力学平衡态的"距离"（用希腊字母 λ 来表示）。点 A_{eq}（A 的平衡态浓度，此时 λ 等于零）是系统中 A 在平衡时的浓度。当一个系统由于某种限制而不能达到平衡时（例如一个开放系统，其中生成物的排出可以不断地由外界物质的输入加以补充），A 的浓度将与 A_{eq} 不同。在这种情况下，反应剂 A 的补充速度与被反应消耗的速度相同，因而使得 A 的浓度保持不变。这时的浓度与 A_{eq} 的差别，就可以作为系统保持偏离平衡时，与热力学平衡态的"距离"的量度。

分叉图给了我们一些什么启示呢？在平衡态以及平衡态附近，λ 处于线性良好的区域（即在热力学主支上），并且系统遵循普里高津的最小熵产生定理，反应混合物也处于稳定的稳恒态。但是当与平衡态的距离超过一个临界的阈值时，就会出现选择，也就是在热力学转折点，即分叉点 λ_c，突然出现两条线。图 16 上的虚线表示热力学主支，现在它变成为不稳定的了。

这种转折点具有特殊意义，因为越过它以后（它的位置决定于所研究的化学反应的细节），我们在有些情况下可以看到有序行为的出现。这个区域的另一个特点是，此时化学反应可以具有选择。在这种特例中，化学反应有两个新的稳定状态可供选择，过了线性区域后，A 的浓度在这两种状态下的值是根本不同

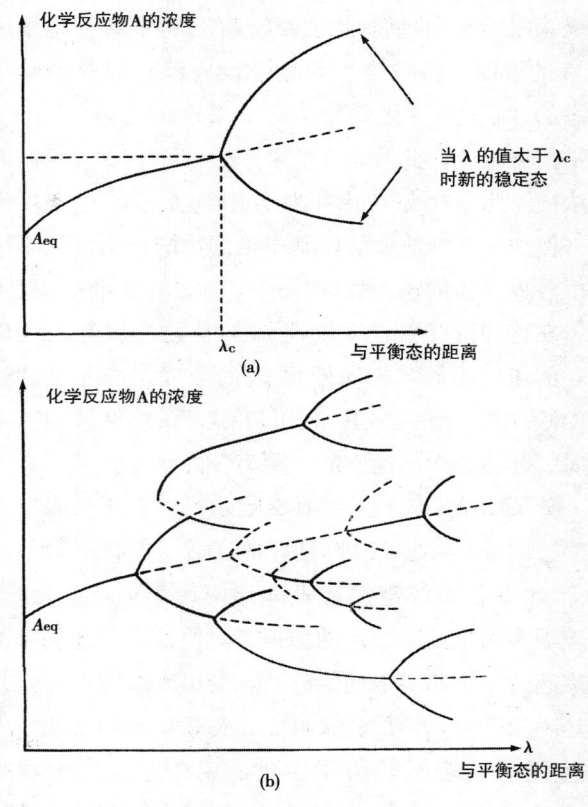

图 16　远离平衡时化学反应的分叉图。（a）最初的分叉。λ
表示当最小熵产生的热力学分支变为不稳定时，到平衡态
的距离。分支点或转折点决定了 λ 处的浓度。（b）整个分
叉图。当非线性反应远离平衡态时，可能的稳定态的数目
急剧增加。

的。转折点实际上把一种演化历史感引入到反应混合

物中来。这是因为，在许多选择中间必须做出一个选择，使得系统能够沿着分叉图上的一定路线演化到目前状态，因而事实上，系统对于它所做出的选择是有"记忆"的。在另外一个容器里生成的混合物可能是不同选择的结果。化学反应在任一时刻只能存在于一种稳定的状态：两条新分支中实际遵循了哪一支，即系统会处在哪一个新状态，完全像抛硬币决定正反面一样，各有百分之五十的机会。我们将在第六章和第七章看到，当系统面临如此众多的选择，也就是相毗邻的稳定态的数目非常巨大的时候，会出现什么样的情形——这时会发生完全不可预测的动力学行为，也就是所谓的决定性混沌。这种行为可以从图 16（b）所示的更广延的分叉图上看出，在这个图上，第一个转折点后面跟着一大批新的转折点。

对于在第一个转折点之后会发生什么情况，格兰斯多夫和普里高津的非平衡态热力学只给出了一幅模糊的图像。它暗示某种重要的情况会发生，但对于实际会发生什么，它一点也没有讲。对于一个化学家，这些选择可能意味着一只周期性改变颜色的化学钟，或者试管里显现出的彩色图案。对于一个生态学家，这些可能性也许意味着动物种群中新的稳恒态或交替变化。对于一个医生，它也许意味着一次心脏病发作。为了恰当地处理这些情况，我们必须基于对（例如描述某个化学反应的）不可逆动力学方程的详尽数学研究。这样的动力学方程引人注目的性质以及它们所描述的复杂纷纭、千变万化的作用，是我们将在第

215

六章要讨论的主题。

远离平衡时出现的新的状态，可以具有一种令人惊异的有序程度，此时无数个分子在时间和空间中的行为达到协调一致。普里高津把这称作"耗散结构"。因为它们发生在系统和外界之间有物质交换和能量交换的情况下，同时伴有系统的熵产生（耗散）。这些导致耗散结构生成的复杂而相互依赖的过程，共同的名称叫做"自组织"。

现在我们可以看到，热力学并不禁止有序结构的自发产生，而第二定律却被普遍错误地认为是朝着无序状态单调地退化的一个代名词。这就是格兰斯多夫和普里高津研究结果的真正意义。1977 年，普里高津获得了诺贝尔化学奖，颁奖书中赞扬了他对于非平衡态热力学的贡献，特别提到了耗散结构理论。

如何使耗散结构与"热寂"的概念相符合呢？如果我们的宇宙观草率地应用了平衡态热力学，并忽视了引力的作用，它就会意味着宇宙的演化同义于无情的无序性增长，最终一切变化停止而达到热平衡。但是对于非平衡过程的研究已经表明，一个远离平衡态演化的宇宙，是不能够用如此简单的方式来描述的。在这样的宇宙中，不可逆的非平衡态热力学允许产生自发的自组织结构，使得行星、星系直到细胞、生物得以出现。

不可逆性佯谬

许多科学家认为，他们只能理解那些显示出与原子和分子活动有关的现象。这叫做"归并化"，按照这种说法，其他一切都可以归结到这个被认为是更基本的层次。但是用这种方法处理热力学和它的深奥微妙的时间箭头时，问题就出现了。因为如我们已经看到过的，不论是用牛顿力学来描述，还是用相对论或是量子力学来描述，在微观世界里看来不存在时间箭头。这样的一个结果就是，不存在微观平衡状态：时间对称的规律，不会挑选出一个一切变化潜力都已耗尽的终态，因为所有的时间瞬时都是彼此等价的。原子和分子领域中，运动的明显时间可逆性，是直接与热力学过程的不可逆性相抵触的，这就是罗史密茨（Josef Loschmidt）与其他一些人于1876年提出的一个著名的不可逆性佯谬。它认为，热力学和力学这两座大厦充其量也是不完备的。这个问题明显地需要答案，不应置之高阁。我们的科学探索，也许有一天会使我们理解瞬息万变的意义，但是我们不能就此止步，而必须继续努力，直到我们的理解与前面几章所讨论的理论相一致——因为正像开尔文勋爵有一次指出的，一个无视时间箭头的微观世界，具有可以把宏观世界整个颠倒过来的力量。"如果宇宙中的每一个物质粒子，其运动在任何时刻都是完全可以逆转的，则自然界的进程将永远是简单地可逆的。瀑布脚下飞溅的泡沫会重新聚在一起而流回水中；热运动会把瀑布水滴的能量重新会聚，使水升高从而在瀑布旁边形成另一个向上喷的水柱……活着的动物越来越年轻，它们只知道将来而不记得过去，最后会回到未出生的时刻。"

跨越鸿沟

要跨越现实世界的这两个层次（宏观和微观）之间的鸿沟，就要用到"统计力学"这门学科，它的任务是把量子力学或经典力学中所需要的庞大数目的信息，缩减到少数几个热力学参量。例如，它告诉我们，如何把对一升气体中的单个分子的描述，代之以气体的压力和温度这类更一般的术语。

在微观层次上，这一升气体由巨大数目运动着的分子组成——这个数目的数量级是 10 后面接着 23 个零。因此可以想象，要把所有这些分子的行为总括起来得到一个完整的描述，需要多大的信息量。我们需要知道在某个给定的初始时刻，所有分子的速度和位置。但是在宏观层次上，我们知道只需要很少的信息就可以描述气体的总体性质。例如，在平衡态的情况下，只需要知道三个量——气体的压力，它占据的体积以及它的温度。显然，这使得信息量大大地缩减。统计力学的任务，就是表明如何才能实现这样的缩减。

这其中的关键步骤，是把概率论补充进力学定律中。概率论使我们可以把计算建立在平均值的基础上。这种处理方法的根据有二。其一是，即使对牛顿模型也必须用概率描述，因为我们无法掌握所有分子速度和位置的准确信息（对这一不确定性的深入讨论见第八章）。这样，我们所有的论述就变成统计性的，就像在量子力学中那样，虽然这其中的理由与量子力学完全不同。而且，现在我们也只能谈及系统的平均性质，例如，分子的平均能量。

第二个根据是，宏观系统比起构成它们的原子和分子来要大得多。假如我们想要验证一下，抛硬币时正面（或反面）出现的机会是不是 50%。这个概率并不意味着，如果把硬币抛两次，必须出现一正一反。只有当我们同时抛掷大量的同样硬币，或者把同一枚硬币反复抛掷多次，平均的行为才会出现——抛掷的次数越多或者硬币的数目越多，才越接近于50%的概率。回到用平均值来描述一个日常物体的分子的行为来，我们算是很幸运，因为这样的物体所包含的分子数目，可以达到亿亿亿个。因而统计力学中计算出来的平均值，一般能够给出一个极好的描述——与此相同，如果我们把一枚硬币抛掷一亿亿亿次，那么平均值与百分之五十的概率的偏离就是微不足道的了。

统计力学的一大问题是，它对于一切变化都停止了的平衡态现象的描述很简单，而对于仍然在随时间演化的非平衡态现象来说，就要远远复杂得多。我们先从平衡态统计力学开始，它给出分子与热力学性质之间的一个明确关系，例如气体分子的平均速度和气体温度之间的关系。平衡态统计力学的关键是一种叫做"配分函数"的复杂数学工具，它能够计算一个系统处于平衡态时的所有宏观性质——例如它的熵和压力，不论这系统是固体、液体还是气体。配分函数在原则上可以准确地从该系统可占的能级计算出来。这些能量可以通过解第四章中谈到过的薛定谔方程而得到。但是从实际的观点来看，这又是一件极其棘手而令人头疼的工作，只有借助于某些奇招，例如巧妙的数学近似，或者是构造一个理想化的模型，才能克服这些困难。然而，一旦我们得到了配分函数，我们就可以用它来给出有关物质所有平衡态性质的答案。例如，可以计算一升气体在平衡态时的熵或自由能，并且确定它在给定温度下的压力，而不需要做任何实验。

当我们用这同样的方法来处理非平衡态过程时，例如描述当容器打开、气体逸出时的行为，就会遇到很大的麻烦。这时候配分函数一下子变得毫不相干，因为只有对于热平衡态它才具有严格的意义。这种简洁巧妙的处理熵和其他热力学量的办法，原来是一条死胡同。

不幸的是，基本原理似乎告诉我们，除此之外，没有其他捷径。让我们来仔细研究一下统计力学的基础之一——即采用平均值，而不是采用气体中每一个分子的准确位置和速度。取平均值的方式，决定于我们选用经典力学还是量子力学来描述微观层次。事实上我们是没有选择余地的，因为只有量子力学才能给出对微观世界的最好描述。然而，尽管这两者之间存在差别，但它们所给出的宏观描述，其基本要点却很少有实质性的不同，除掉某些不寻常的现象，例如超导，即在低温下金属完全失去对电流的阻抗。（这种相似性的出现，是由于经典统计力学和量子统计力学在数学形式上非常相似。实质上，由于所考虑的系统中粒子数目是如此巨大，这就使得行为怪异的量子效应变得不明显了）

求解牛顿方程式，需要先确定一个大的系统中每一个分子的位置和速度。为了避免这样一个毫无希望的尝试，我们采用一种叫做"概率分布函数"的统计学方法。像在选举日那天对投完票的选民进行的民意调查，可以告诉我们选举的结果将会如何一样，概率分布函数亦可以告诉我们系统处于一个特殊状态的概率，在这种状态下所有的分子严格地具有所给定的位置和速度，而这位置和速度是按照牛顿方程随着时间演化的。

如果我们更喜欢用量子力学，则可以用波函数，它"等价"于经典力学中的轨道。当然，像牛顿模型一样，量子描述同样有在原子和分子层次上信息量过大的问题。对于一个系统观测到的宏观表现，可以有难以计数的微观状态与之相容（每一种状态由一个单独的波函数来描述），所以我们不可能希望得知系统实际上是处在哪个状态。对于通常含有万亿个分子的气体，量子态的数目之多是无法想象的。因此我们必须转而采用类似于民意调查，或经典概率分布函数那样的量子力学方法。这种方法叫做（概率）密度矩阵，它告诉我们发现系统处在任何一个量子态的概率，而不同的量子态由不同的波函数来描写。

至此为止，看来一切顺利。我们已经设法找到了一条途径，用量子力学或是经典力学来描写大量分子的统计行为。现在我们必须要做的，是描述一个系统偏离平衡态时的不可逆的演化。我们所需要的是描写经典的概率分布函数和量子密度矩阵如何随时间演化的方程。正好这两者的演化方程是一样的，它们称作刘维-纽曼方程。可惜，刘维-纽曼方程背离了我们的目的。它们是直接建立在经典力学和量子力学的基础之上的，而我们知道，这两者都并不区分时间的方向。因此，这些方程同样是时间对称的：它们可以用来计算平衡态时的熵，就像利用配分函数所做的那样；但是它们不可以独自解释系统偏离平衡而演化时熵的增加，而正是这种熵的增加给我们提供了时间箭头。这就是非平衡态统计力学的基本问题之所在。

玻尔兹曼的时间箭头

我们在序言中就已经谈到过玻尔兹曼，对这位大师是值得特别大书一笔的，因为他曾试图解决前面提到的令人困惑的佯谬。他是维也纳一个税务官的儿子，出生于1844年2月20日，即4月斋开始之前的星期二的夜里，那时狂欢舞会已近结束。他后来常常开玩笑说，这就是为什么他的性格如此容易激动、悲喜无常的原因。玻尔兹曼第一个对基本的物理定律——热力学第二定律——给出了一个统计性的解释，但是他的想法遭到其他物理学家和数学家的激烈反对。在他的学说被广泛承认之前，他自杀了。然而他也有强有力的同盟者。1900年，即玻尔兹曼自杀前仅仅6年，21岁的爱因斯坦写给他的女友米勒娃说，玻尔兹曼"是一位高明的大师。我坚信他的理论原则是对的，也就是说，在气体的情况下，我们确实是在处理具有确定的有限大小的分立质点，这些质点遵照一定的条件在运动"。

作为一个虔诚的天主教徒，玻尔兹曼在奥地利的萨尔兹堡和林兹接受教育，那时正是奥匈帝国时代。当他在维也纳大学攻读数学物理学博士学位时，他就显露出罕见的数学天才。他的导师是物理学家斯忒藩（Joseph Stefan）以及脾气古怪的数学家佩兹瓦尔（Josef Petzval），他是斯忒藩的博士生导师，是他把麦克斯韦的气体动力学理论引进欧洲大陆。玻尔兹曼把麦克斯韦的工作做了进一步的推广，他用的是斯忒藩的另一个学生、前面提到过的罗史密茨最早提出来的统计力学方法。早在量子力学出现之前许多年即1872年，玻尔兹曼就报告了把刘维方程用于气体中大量分子集合的结果，并分析了处理热力学平衡的途径。他的研究终于使时间似乎在微观层次上有了方向。他得到了一个时间不对称的演化方程，现在叫做玻尔兹曼方程，此方程对所谓的单粒子分布函数成立，这种分布函数是对气体中单个分子运动的一种统计描述。从这一方程他构造出一个新的数学函数，即所谓的 H 函数，它随着时间而减小。这个函数为熵的箭头提供了一个互补箭头，熵在系统向平衡态演化过程中是随时间增加的（H 函数在数值上与熵相等，但符号相反）。因此玻尔兹曼声称，他在分子层次上解决了不可逆性佯谬。

这对于玻尔兹曼来说是一个极其重要的成就，因为他一直持有这样的观念："力学是整个理论物理学大厦的基础，是其他一切科学分支的根基。"但是，为了得出他的不可逆方程，玻尔兹曼做了一个关键近似——即"分子混沌"假设。换句话说，他认为分子在快要碰撞之前是彼此不相关的，但是在碰撞之后它们就变得彼此相关了（因为它们的轨道由于碰撞而发生了改变）。因为这个分子混沌假设是时间不对称的，这就解释了为什么玻尔兹曼方程描述了不可逆的时间演化。

因而，非常自然地，分子混沌破坏了牛顿的时间对称的定律。正因为如此以及其他一些原因，玻尔兹曼受到普朗克年轻的助手泽梅洛（Ernst Zermelo）以及他自己的朋友罗史密茨的尖锐批评。用更直截了当的话来说，他们认为，不可能希望在无视任何时间方向的方程中，建立起一个唯一的时间箭头。罗史密茨

1876 年的批评，所根据的是力学的时间对称本性。20 年后，泽梅洛对玻尔兹曼的批评，则是根据庞加莱的回归论，我们可以回忆一下，它讲的是每一个孤立系统迟早会回到它的初始状态。

这些非难使玻尔兹曼如此震惊，他想从通过力学找到时间箭头的最初打算后退。以致他最后认定，第二定律根据的是概率理论而不仅仅是力学，因而必须摈弃力学归并论，而采用原子论的形式，并且原子也必须用统计方法处理。他后来甚至于赞同这样的观点，即宇宙早就已经处于热寂的状态，或者说是总体热力学平衡的状态，但是我们恰巧位于一个有涨落的区域，涨落使我们离开平衡态，现在它又使我们朝着平衡态回返，同时伴随着熵的增加。这样，玻尔兹曼的主张就是，在宇宙尺度上是没有时间箭头的，有许许多多和我们时间箭头相同的区域，也有同样多的区域，在那里时间箭头和我们的相反。

这是一个有独创性的想法。不幸的是，它是站不住脚的，因为我们从来没有观测到过其他的宇宙部分，在那里时间是颠倒过来的，例如一头公牛越长越小，并且可以把它糟蹋了的瓷器店还原一新。确实，正如我们在第三章中提到过的，现代天文学和宇宙学表明宇宙是在膨胀着的，所以它不可能处在热力学平衡状态。这里必须有一个宇宙学的时间箭头，因为在较早时期，宇宙中的星系是聚在一起的。所有已知的现象都与一个单一方向的时间一致，此时热力学平衡态是在将来而不是在过去。玻尔兹曼最初想使热力学的不可逆性与量子力学和经典力学的可逆性相一致，他的目的是对的。他走在了他的时代的前面，但是缺乏能够战胜他论敌的知识。我们将在第八章再回到这个问题。

在生命的最后几年里，玻尔兹曼仍然热衷于论证热力学行为是原子和分子现象的表现形式。如我们以前提到过的（第一章），这引起了他和他的对手马赫以及奥斯特瓦尔德之间的激烈论战，并且无疑地，由于玻尔兹曼说话啰唆，加之偶尔不加说明地改变自己的观点，这使得论战常常火上浇油。玻尔兹曼的对手是有相当权威的人，又加上玻尔兹曼在说话时声音不够洪亮，这使得他在论战中常处于下风，使他感到沮丧，所以在莱比锡时他就有了自杀的念头。当然也不是说他的对手总是占尽上风。德国数学物理学家索末菲，这样描写过1885年在卢比克科学会议上的一次争论："玻尔兹曼和奥斯特瓦尔德之间的论战，像是一头公牛和一位灵巧敏捷的击剑手之间的争斗。但是这一次不论这位剑手的技艺多么高超，公牛还是赢了。我们年轻的数学家们都是站在玻尔兹曼这一边的……"然而大多数情况下，玻尔兹曼进行的是孤独而艰难的战斗。在新的一轮反对浪潮的冲击下，玻尔兹曼在他的经典著作《气体理论讲义》的前言中写道："我意识到自己是在孤零零地奋斗，对时代潮流做软弱无力的反抗。"

玻尔兹曼在1902年从莱比锡返回到他在维也纳的职位。此时他是创立动力学理论的三巨头中唯一的幸存者———克劳修斯和麦克斯韦都已然去世。玻尔兹曼一方面在学术上孤立，另一方面健康日益恶化——他的视力越来越差，常常哮喘、心绞痛和头疼。1903年他的妻子汉丽蒂（她把他叫做"可爱的胖大令"）写给他们的女儿埃达说："你父亲的身体每况愈下，我已经对他的将来失去信心。我曾幻想过在维也纳的生活会更好。"

在1904年庆祝他的六十大寿的生日宴会之后，玻尔兹曼变得更加悒悒不乐。在1905年到1906年之间的冬季，他讲完最后一节理论物理课后，一位学生这样描述过玻尔兹曼的痛苦："一种神经质的病（头疼）使他不能继续教学。我和另外一位学生一起，在他的别墅里通过了口试。考试结束后离开时，我们在前厅听到了他令人心碎的呻吟。"一种害怕失去创造性的先天性恐惧以及心绞痛的恶化，加上攻击性的论战，终于使玻尔兹曼在1906年9月5日自杀了。仅仅几年之后，他的原子论学说开始流行起来，这在相当大的程度上是由于爱因斯坦关于布朗运动和分子计数的研究以及佩林（Jean Perrin）很快在苏黎世对此所做的实验证实。在约翰斯顿（William Johnston）名为《奥地利精神》的一本内容丰富的书里，他谈到了玻尔兹曼所处时代的奥地利知识界，自杀几乎成了一种时髦的风尚，以此来逃避动荡年代的坎坷人生。玻尔兹曼确实有一次说过，"支配我全部心思和行动的，是发展理论"，"为此我可以牺牲一切：因为理论是我整个生命的内容"。

一切都在脑际："粗粒化"

玻尔兹曼方程现在仍然生机勃勃、充满活力。它被广泛用于描述不可逆的"运输过程"，例如像稀薄流体混合物中的扩散和黏滞性，此时玻尔兹曼的假设实际上是一个很好的近似。也有一些人尝试过改进 H 定理。当初最有希望的是所谓粗粒化方法。不幸的是，它的结果却导致与玻尔兹曼的看法完全不相容的结论。这结论认为时间箭头是纯主观的，只是通过我们所用的近似才存在于微观世界之外。

粗粒化是一种技巧，用于描述我们不能直接观察到的较小尺度上的事件。它可以用来计算一个系统（例如某种气体样品）任意限定的空间亚单元中，分子的平均运动。运用这种处理方法，我们可以有效地挽救玻尔兹曼的 H 定理（它等价于熵的增加）以及与此有关的系统演化的"不可逆性"。这样，在微观的可逆方程与时间箭头之间就建立起联系。

但是，没有什么东西可以告诉我们，粗粒化的程度到底应该如何。用这种方法计算出来的熵，决定于所选取的粗粒大小，这直接与热力学发生矛盾，因为热力学中，熵的改变完全是客观的。除此之外，如果用事后决定的方式进行粗粒化，则不能保证熵会随时间增加——也许它会随时间减少。即使粗粒化的方法可行，也不过是因为我们在某一尺度上引入了近似，而忽略了在更小的尺度之下发生些什么。这使得我们处于一种奇特的情况，即可以任意找一个截止点，用来结束可逆的微观世界，开始不可逆的宏观世界。换句话说，只有在这一个主观决定的界线之上，时间才具有方向的意义：粗粒化方法把整个不可逆性和时间箭头的问题，降格为一种幻术。

如此一来，时间箭头再次变成一种主观的概念。我们为了遵循一个热力学系统的行为而做出的近似，被说成是因为我们不可能遵循构成系统的亿万个分子的运动。如物理学家杰恩斯（Ed Jaynes）所说："不是因为物理过程本身不可逆，而是因为我们遵循物理过程的能力有限。"这就是说，如果我们的感觉足够灵敏，我们就可以看到分子的单独运动（忽略这在量子力学中引起的问题），从而可以去证实，所有的过程在这种微观层次上真正是可逆的。这马上会使熵的概念，变成我们对一个过程精确细节忽略程度的量度。这个想法在一个叫做信息论的学科里得到了成功的发展。

信息论处理的是译码和发送信息的问题。任何一个信息交换系统——从高保真度收录机到电脑或电话——都无法摆脱随机性的干扰即噪音的影响。信息论的目的就是：从伴随着噪音而接收下来的一切信号中，提取真正有用的信息。这一理论的基础是山侬（Claude Shannon）和魏沃（Warren Weaver）在1949年奠定的。就他们所考虑的来说，信息可以由一串毫无意义、杂乱无章的信号组成。信息在技术上唯一的重要性，就是它可以被编码、传送、选择和解读。山侬提出了一个信息的纯数学定义，它可以用于一个系统中任何概率分布的情况。利用这个定义，可以计算出在被干扰得一塌糊涂的情况下，发现信息的概率。

山侬的数学公式看上去很像统计力学中熵的公式。许多人认为，这表明这两个概念之间有一种直接的联系，于是这就产生了一个结果，即所谓的"最大熵"技术。这一技术极其具有威力，它可以使我们从一大堆乱七八糟的干扰噪音中，把一丁点儿有用的信息找出来。噪音的本质是随机、无序的，这与信息的有序性形成对照。可以说，信号中的信息量越大，它的熵就越小。按照杰恩斯和他的助手的主观性解释，信息"熵"是一种量度，它表示忽视观测尺度之下过程细节的程度——这相当于可逆过程与不可逆过程之间的截止点。信息本身定义为山侬的熵的负值，所以有时也称为"负熵"。

信息论中包含了丰富多彩的内容，它在计算机理论和通讯系统工程问题的分析中，有着极其广泛的应用。然而，熵和信息之间的极为相似，并不意味着它们必须都是主观性的概念。事实上，作为信息论的开山鼻祖，山侬是在数学家纽曼的劝说之下才把"熵"这个字眼引进他的讨论中的，据说纽曼曾对山侬讲："这样做会使你在辩论中大占优势，因为没有人真正了解熵到底是什么东西！"

不应当认为信息论是为粗粒化打抱不平，而且是向主观主义倒退。事实上，在最大熵技术中并没有用到粗粒化——它并不是做某种任意性的分割，而是把整个系统作为一个"黑盒子"，其中细节我们是不知道的。不论我们从其他什么地方发现一星半点对它的支持，粗粒化已是无可补救。如普里高津和斯坦格斯所写到的："不可逆性或者对所有的层次都对，或者对所有的层次都不对：它不可能在从一个层次过渡到另外一个层次中间，无缘无故地突然冒出来。"我们在这一章中已经谈到远离平衡态时发生的不可逆过程，在下一章中我们将更详细地讨论这个问题。特别是，在生命本身的存在和维持所必需的、许多关键性的生物过程中，不可逆过程起着基本的作用。如果粗粒化或者主观信息论的说法是正确的，我们则不得不接受这样的观念，即所有这一切皆为虚幻。确实，它会给出一个佯谬结果，也就是说，像我们大脑的功能一样明显是不可逆的宏观过程，都仅仅是由于我们所用的近似所致。

宇宙学的时间箭头

我们已经看到，第二定律如何意味着宇宙的热寂，也就是宇宙最后演化到一种彻底无序的状态。这种看法和宇宙学家们的看法是否一致呢？

在前面几章里，我们已经简略地谈到过时间和宇宙的起源。我们知道宇宙是在膨胀的，而且我们可以预言它的两种可能的极端命运：继续膨胀直到热寂（虽然也有人推测，如我们将在第八章看到的，即使在这样的条件下，也会出现一个恢复了活力的宇宙）；或者是大坍缩，此时无处不在的引力最终使膨胀停止，并且使所有的物质不可抗拒地回聚到一起，从而形成一个最终的奇点。即使两者之一中有一个是对的，我们现在也无从得知究竟是哪一个对，因为这实际上决定于宇宙中现有物质的数量，这一点我们在第三章中已经提及。

假设宇宙是闭合的而且在坍缩。给定熵的增长和时间箭头之间的关系，是否大坍缩就意味着，一旦坍缩开始，时间就会逆转？有些人认为是这样的。河水将会倒流。布里斯托尔大学的贝里（Mike Berry）对此讥讽到："光线会从眼睛里发射出去然后被星辰所吸收。"在这些离奇的想象背后，是这样一个观点：在膨胀过程中，时间箭头是从高度有序的大爆炸奇点，指向某种无序性最大的中间态；然后当宇宙开始向看上去和大爆炸同样高度有序的大坍缩收缩时，时间箭头便反转过来。彭罗斯据理驳斥了这种观点，他认为，即使在大坍缩的过程中，熵也还是增加的，第二定律仍然有效，时间箭头也保持不变（虽然他仍然把第二定律看做是自然界的"二级"定律而不是"一级"定律）。这是由于，大爆炸和大坍缩这两个奇点的结构是不等价的。许多宇宙学家赞同一种对称模型，即大爆炸和大坍缩是不可区分的，因为两者都是物质无限压缩的火球。然而，彭罗斯认为，所有的原初时空奇点都具有一个限制条件，它并不适用于黑洞或者最终的奇点：大爆炸奇点相对于大坍缩来说，有序程度要高得多，熵也要低得多。这个令人惊奇的结果是由于时空在奇点附近的几何结构，它对于大爆炸和大坍缩是不同的（图17）。观测证据表明大爆炸奇点是各向同性的——像一块牛奶冻，不管从什么地方把它切去一半，它显不出有任何结构——并具有高度的有序性和低的熵。但是在走向大坍缩的过程中，会产生像黑洞那样的时空缺陷。它们在大坍缩中凝聚成质量巨大的乱糟糟的一团，具有像果仁蛋糕那样的无序结构和相应的高熵。如果原初奇点没有这样的限制，就不会有第二定律，而且我们也就会期待像发现黑洞那样发现白洞。

如果彭罗斯的猜想是正确的，则我们需要知道，为什么在这些奇点中有这样的时间不对称性，使得产生低熵的大爆炸和高熵的大坍缩。许多物理学家也许简单地满足于这样的看法，即特殊的低熵大爆炸状态仅仅是一个"初始条件"（出自上帝之手？）的结果，如此而已。然而彭罗斯却认为，在时间"开始"和"结束"时奇点的独特性质，显然表明量子引力的整个理论必须是时间不对称的。按照他的看法，一个完全令人满意的理论，应当同时对时间演化和初始条件做出解释。到目前为止，看来我们离这个目标还很遥远。

尽管如此，彭罗斯的想法看来已经给出了时间箭头的正确条件。还有一个问题没有解决：如何安排时间的流逝，使其由低熵态——大爆炸，流向高熵

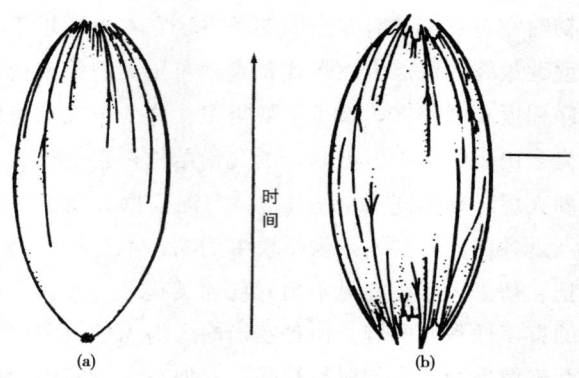

图 17 （a）一个闭合宇宙的历史，它开始于受到高度约束的低熵大爆炸，而终止于混乱的高熵大坍缩。（b）如果没有特殊的初始限制，大爆炸就同样是高熵的。在彭罗斯的图像下，只有（a）才能在宇宙学尺度上满足热力学第二定律。［录自彭罗斯所著《皇帝新脑》第 339、第 341 页］

态——大坍缩。用现有的与时间方向无关的物理规律，在这两个极端状态之间画上一个箭头，殊非易事：为什么不从大坍缩开始向大爆炸走呢？彭罗斯的说法根据的是用粗粒化来计算熵，这里面就包含了主观主义的各种问题。他承认不同的粗粒化会给出不同的结果，但他认为这在实际上不会造成很大差别，因为在开始和结束时刻所涉及的这两个熵值是有"天壤之别"的。

彭罗斯的推测还有另外一个有趣的推论。他认为一个完备的、具有时间箭头的量子引力理论，可能会解决第四章中讨论过的现代量子论中的一个中心问题——即如何理解测量过程。一个包括时间箭头的量子引力理论，也许能够描述不可逆的波函数坍缩，只要存在足够大的时空曲率。事实上，引力相互作用会使波函数砰然爆裂，这样就提供了一种解释，为什么坍缩只能在宏观尺度上发生（由于在这样的条件下有大量的粒子存在，因而就会有可观的引力作用）。彭罗斯承认说："到目前为止，对于我认为大有需要的新理论来讲，这只能说是刚刚有了一个萌芽。我相信，任何完全令人满意的新理论，必须含有关于时空几何本质的某种根本性的新思想。"

最后，我们注意到，高度有序的大爆炸这个观点使得人择原理（见第三章）看来有些靠不住了。人类在宇宙中出现的机会可能是非常小，但是人择原理认为，我们能够在此提出这个问题，本身就表明命运对人类的创生十分垂青。然而彭罗斯低熵大爆炸的初始条件，比起人类的创生来，其实现的机会真正可以说是小到分子是一，而分母是个天文数字。无疑地，极端形式的人择原理——即宇宙是为了有利于人类而创生的——已经站不住脚了，因为人类存在概率之小远不及宇宙存在概率之小。

虽然我们现在对于熵的意义有了一个相当深刻的概念，但是我们仍然没有解决微观世界和宏观世界之间的矛盾。热力学和力学之间的冲突要到第八章才可以解决。在此之前我们想表明，为什么热力学的内涵是如此重要和广泛，不能草率地把它当做附加在力学之上的一种主观主义的旁门左道。为此，我们将在物理学和整个生物学中，浏览一下不可逆性问题。

第六章 创造性演化

化学反应是含有时间之箭的一大类过程：这些过程都是不可逆的。有些化学反应显示着非常明确、非常有规则的变化——它们简直就是一种不折不扣的化学"钟"。对这些过程进一步研究，会让我们了解到，它们里面的时间是如何以及是为什么会"滴答"消失的。进一步说，既然有机细胞的化学性质就是生命的精髓所在，这些钟也就是转动我们自己身体中诸齿轮的微观"轮齿"。时间之箭将以"生命之箭"的方式出现。在这出现的过程中，它产生的花样是如此细致，如此丰富，使我们实在不能相信它是"简并派"人们所说的幻觉。

内禀于第二定律之中的时间之箭，并不等于一直走向无序的盲目破坏；相反的，从第五章开始讲的，支配远离平衡的不可逆过程，对其原理的研究，能帮助我们了解，缓慢而无情的衰退、错综复杂的生命图样、湍流的泛滥，这三者之间的界线如何划分。

一个系统只有被驱赶到远离平衡的状态之后，才能开始产生我们感兴趣的节奏。试以一瓶啤酒做个有趣的比方。瓶子直放在桌上时，啤酒处于力学平衡。斯文的饮酒者将酒瓶稍加倾斜，使酒平稳地流入杯中，这样他把啤酒移到一个"近平衡"的稳态。可是一个急于解渴的人，抓起瓶子就喝，很可能就会把酒推到远离平衡的状态。他会发现，如果瓶子斜过一定程度，啤酒便会很规则地汩汩流出来。对酒瓶来说，存在一个"临界角度"，酒瓶一达到那个角度，酒就开始来回摆动。那个角度是一个转折点，是一个从混乱到组织的跳板。

这当然就是上章检查自组织的热力学基本配方时，开始考虑的课题。将第二定律应用于任何一个开放系统，即一个可以输入也可以输出物质和能量的系统。将此系统从平衡状态远推到一个转折点，组织便可能出现。我们已经遇到过这样的例子：一个化学反应达到它的转折点以后，出现有规则的颜色摆动，形成一台十足的化学"钟"。我们目前的任务是，当像这样的钟远远离开它的第一个转折点以后，我们应该用什么方式来描述它。

光靠热力学是不够的。热力学通过熵增的倾向描述时间之箭，它只在去往平衡的路上，放置了指路牌，只告诉我们什么地方变化会发生。但至于会是何种变化，它却给不出任何线索。热力学中没有一个万能法则，告诉我们一个系统如何在时间上演化。我们不得不向热力学告别，而开始跟一些崭新的技巧打交道。

秩序和混沌

有人或许会想试用量子物理学或经典物理学来描述化学钟。这个办法将是极端复杂的，但即使不管这一点，我们也得弃之不用，因为这两套理论都不区别时间的两个可能方向。我们必须另想办法。想知道像火车的往来那种日常的事情，我们查一下时刻表就行了，无须了解火车运行的方式，不必管火车是用蒸汽的，还是用电的，还是用柴油机的。类似地，要描述一台化学钟，我们搞一套纯经验性的报道就行了，这项报道不必等分子层次完全了解以后就可以写。

这就是所谓现象派的办法，当不可逆过程推到极点时，这种办法特别有用。再以我们那瓶啤酒为例。要是我们把酒瓶整个倒过来，那就会出现比斜着的时候的咕噜咕噜还更妙的行为：啤酒的流出将变为湍流式，出现涡卷，不计其数四面乱跑的分子组织成漩涡。同样地，我们也将看到像化学钟反应那种不可逆过程，如果超过某个极限，混沌便会发生。这就是上章提到的动力学混沌：这里，严密规律所产生的行为，看上去是随机性的，其实是具有很细微的组织。有些科学家相信混沌支配着各种复杂的现象，例如病人心脏不规则的跳动，野生动物总数乍看上去毫无规律的涨落，气候在时间上的变化，等等。

初看上去，混沌似乎跟化学钟的有组织行为迥然不同，其实两者在物理上（数学上）系出同门。这一点很重要，其基础就是时间之箭。假设时间是连续的，而不是一系列分离的时刻，所有的耗散系统便可以用"微分方程"来模拟。"微分方程"是瞬时变化的数学描述。北美洲吉卜赛蛾总数的变化率也好，化学钟各种含量的变化也好，微分方程都可以同样应付。这些方程和牛顿方程、爱因斯坦方程、薛定谔方程不同，这些方程本身具有时间之箭。它们允许各式各样众多的解——从自组织到混沌——它们从多方面说明，为什么我们这世界是如此丰富多彩。对于它们在生物学中的含义，我们将在本章和下章中加以探讨。

这些时间不对称的微分方程里面，是什么因素使它们既可以产生秩序，又可以产生混沌呢？是"非线性"。前面讲热力学时我们已经注意到，"非线性"的意思就是："所得非所望。"一个线性关系中的量是成比例的：10个橘子的价钱是1个的10倍。非线性意味着批发价格是不成比例的：一大箱橘子的价钱比1个的价钱乘橘子的个数要少。这里重要的观念是"反馈"——折扣的大小倒过来又影响顾客购买的数量。

互为因果，听上去很简单，但常会引起出人意料的现象。它能使系统变为不稳定，使它达到一个临界点，就像麦克风和喇叭之间的正反馈，把悄悄耳语通过一个放大回路弄成震耳欲聋的狂吼一样。在化学钟里，当一种化学剂的产生影响它下次产生率时，反馈就出现了。是反馈把化学混合体中的起伏放大成化学钟里的前后呼应的颜色变化。也就是反馈使旅鼠群落过早死亡：旅鼠可能繁殖太快，把能吃的食物一下子都吃光了。生物化学界也有类似的情况，例如，一个反应产生某种酵母，该酵母的出现又鼓励自身的生产，终于把所有的反应剂都耗尽。在生物界中，各式各样的正反馈和负反馈凑合在一起，把细胞核酸DNA中的遗传蓝本发展成复杂的有机体。

只是最近20年来，我们才开始开发耗散式非线性方程中的潜力。线性方程可以用已知的数学解析手段来研究、来解决，而非线性方程，除掉少许特殊情况之外，很难用这种方法来解。这里只好用最老实的办法——把数字输进方程，一步一步用数字计算求解。这就是多年来潜能如此丰富的这项领域很少人问津的主要原因：计算机问世以前，这种工作无法进行。但现在我们可以详细地探讨这座非线性原始丛林了。

非线性数学看上去很"邪门"。在计算机还未成为日常工具以前，人们采用近似方法粗略描述非线性系统——把系统线性化。试估计一下加薪以后要付的税。虽然一般说来税收规则是非线性的，和个人收入的关系很复杂，可是为了得一个粗略数目，我们不妨假设税只照"起码率"付。但这种线性手段，用途迟早是有限的，不仅是处理一年度的税收申报，处理非线性动力学也是一样。贫血的线性近似得不出来新花样，只有新的，非线性的变化才可以产生我们想解释的各式各样的组织和混沌。下面我们将看到：运用非线性动力学，加上一种动力学行为的生动描述——所谓"分叉分析"，我们可以对远离平衡的时间演化，进行比只用热力学时详细得多的调查。

培养自组织

最简单的过程中可以出现意料不到的非线性效应。上章我们见到热扩散的例子（图 15）：当两种气体的混合体由于加热而离开平衡态后，组织便会以一种简单浓度梯度的形式出现。那里，离平衡只少许的偏离便可导致宏观的秩序。然而此种现象，如果跟当系统离开它第一临界点以后，自发涌出的壮观的组织比起来，仍是小巫见大巫。夹在两片玻璃之间的一薄层液体，对它加热就可以使组织出现，形式是六角形对流单元组成的蜂巢结构。这对任何一个因循传统的、基于平衡的世界观的人来说，是一件很惊奇的现象。我们总以为加热越多，液体里的分子便会跑得越快、越乱，怎么反而出现结构了呢？

蜂巢状的自组织是法国科研者贝纳（Henri Be-nard）于 1900 年首次发现的。1916 年瑞利男爵（Lord Rayleigh）曾尝试对其进行解释。现在我们知道它是来于所谓"瑞利-贝纳流体力学不稳定性"（参见彩色插图）。

实验是把液体盛在一个透明碟子里，把碟子放在像烧菜用的电炉一类的热源上。热以传导或对流或两者兼有的方式从碟子的底部升到顶部。在加热以前，液体看上去是平静的，尽管微观层次上是分子在作或多或少的随机运动。一旦加热，液体在垂直方向便产生一个温度差。然而液体在宏观层次上依然是静止的，直到顶部和底部之间的温度差达到某个阈值之后，情况才会改变。阈值未达到以前，热的输送只是以传导的方式进行。超过阈值以后，对流开始，底下较热的液体流入上面较冷的部分。在此同时，蜂巢图案由于浮力、热扩散、黏滞力三者之间的耦合而产生。

如果按照基于平衡的想法，我们便会以为加热越多，不计其数的分子便越是在碟子里到处乱窜。可是，看一下彩色插图就知道，蜂巢结构是远比加热以前的情况更有组织。蜂巢结构的尺度是个别分子之间距离的 1 亿倍。为了形成这个蜂巢状的对流单元，无数分子必须在如此巨大的尺度上"齐步运行"。只要把温度差保持着，这个蜂巢结构肉眼就看得见。热的耗散把熵从系统中输出，而使蜂巢结构维持下去。

如用热动力学的描述，六角单元出现的温度就是上章讲到的临界点或分叉点。在该点，系统有两条路可走。例如在瑞利-贝纳不稳定性的情况下，邻近单元具有相反方向的对流运动。温度一旦超过临界值，这些单元便肯定出现，这是毫无疑问的。可是单元旋转的方向是不能预测的，它是每次实验微观层次里，许多控制不了的涨落升级到宏观层次的结果。普里高津的同事尼古力斯（Gregoire Nicolis）说，该现象是出于"偶然性和决定性之间一件出色的合作"。

　　要培养出自组织，涨落是必需的种子。在离平衡态不太远的地方，液体中的对流很小，很守规矩，作用不大。这时涨落像临死的人说的耳语，很快就消失了。但是如果存在反馈，这句耳语就会变成狂吼。在远离平衡的状态之下，系统的各种非线性性质将把微观对流放大成覆盖整个碟子的组织，形成一个液体的蜂巢。有些人想用热动平衡的语言来解释这个现象。但这种语言对比方说冰晶那种单调的规则重复还可以应付，要它来描述像瑞利-贝纳细胞组织那种"非静止的"、耗散式的结构，是完全做不到的，这个组织只是液体在加温状态之下才能存在。

　　大多数的化学家和分子生物学家对世界的看法，是着重个别分子的活动。这种办法对许多处于平衡状态的系统来说是很有效的。可是它表达不出一个具有自组织的介质里的分子和分子之间的"信息交流"。处于平衡状态的冰，水分子间彼此影响的作用范围不超过一亿分之一米，而出现在耗散式系统的结构相对庞大得多，大到厘米的量级——这种动态结构类似成千上万的冰箱以同样的速度制造冰块，类似全纽约的居民同时在做同一个体操动作。

　　然而自组织并没有什么玄奥，下面将会说明，它是在远离平衡态的情况下，含有时间之箭的物理定律的必然后果，尽管这是个出人意料的后果。我们的兴趣并不是在"时间的尽头"平衡热力学统治一切时，某个个别化学反应的去向。我们感兴趣的是，在到达平衡态的途中，亿万个分子居然会如此步伐协调，在空间形成宏观的图案，在时间上出现大规模的振荡。

要知道这是何等出人意料之外的事，设想一辆载满网球的卡车，一半网球是白的，一半是黑的，均匀地混在一起。对液体加热就相当于把卡车开在高低不平的道路上，使网球剧烈地相互碰撞。设想网球在这沸腾状的场合中，居然排出了一个规则的图案，好比说，所有黑网球都跑到车子的一端，所有白网球都跑到另一端。瑞利-贝纳细胞组织所显示的大规模秩序是同样地令人注目：它意味着巨大数目的个别分子在时间和空间上的同步行动。真正比起来，后者是更令人惊讶的，这些分子形成的结构，相对来说，远超过网球的图案。看上去好像是，在离平衡态足够远的场合，每个分子都有同一个时间感，都按照那个时间齐步动作。整个系统变活了——它不能再被看为一群四面乱跑的分子。液体中的这些分子自发地自我组织起来了。

化学中的自组织

要把能起化学反应的混合物保持远离平衡，是很简单的。只要把它放入一个不断搅动的流水式反应器就行了，而这种反应器是每个化学工厂的典型设备。化学物品进入反应器上方，由于搅动而起化学反应，成品再从低处拿走。如果某个成品（叫它 X）催化自身的生产——一种所谓"自催化"的反馈，各种非线性的种子便种下了。X在某个时刻形成的数量要看X当时有多少，这种非线性的特征类似麦克风和扩音机之间的正反馈。这样，并不太麻烦，我们就具有了自组织和像化学钟那类现象所需要的各种因素。

第一个考虑到这种可能性的是数学家图灵（Alan Turing），他是20世纪英国科学界最伟大的人物之一。他这一套想法写在1952年《皇家学会哲学丛刊B部》发表的一篇出色论文里面，当时他40岁，在曼彻斯特大学工作。智力成就点缀着图灵的一生：他本人就像座人体化学钟，每五年鸣响一次，这是最后一次。1935年，他创造了"通用机器"的概念，把一个描述精神的简单机械图像和纯数学结合起来，说明机器可以模拟思想；1940年，他在白金汉郡布莱切利镇当密码专家，他的计算才能被用于破译德国海军情报，情报利用一台"厄尼格摩（谜）机"编码；1945年，他从事制造"自动计算引擎（Automatic Computing Engine）"，这是他的通用机器也就是电脑的实际体现；最后，在1950年，一生许多时间花在破译敌人密码的图灵，将他的注意力转向大自然用以产生各种图案的密码。

图灵当时的兴趣是想为形状、结构、功能在生物体中的出现，即生物学中所谓的"形态来源论"，找出一个化学基础。图灵问他自己一个简单的问题：一个有机体是如何把一个化学浑汤整理成为一个生物结构，如何使一团一模一样的细胞变成一个有机体？这是生命最大的难题之一。然而他在论文的提要中写道："本理论并不提出任何新的假设；它只是说某些熟知的物理定律就足够解释许多事实。要全部了解本论文需要相当程度的数学，需要少许生物学和初等化学。"

让我们来考虑一下胚囊的发展过程：一个哺乳动物的胚胎，本来是一个许多细胞组成的球体，这球体逐渐失去它的对称性，有些细胞发展成头，有些发展成尾巴。从一个完美的球体开始，我们也许会以为，支配它发展的生物化学反应的均匀、不可逆的扩散，会保持这球对称性，那么我们每个人都应该是一团一团的球体了。然而在这篇论文里，图灵证明，受精卵变成生物复杂形态所必需的这种对称性的破坏，的确可以出现。他这里的思想定性地说，是和我们上面已经讲过的一样：在平衡态附近，最对称的均匀状态是稳定的；远离平衡态，均匀状态就会因为到处存在的涨落而变成不稳定了。图灵打了个机械式比喻："一根棍子如果从它引力中心稍上的一点吊着，棍子将是处于稳定平衡。但如果一个老鼠沿着棍子向上跑，平衡便迟早会变为不稳定，棍子便会开始摆动。"

卵很少是球对称的，而且诸如引力的因素会破坏这对称性。尽管如此，从图灵的想法可以很生动地描述出自然界各种图案的产生，蜗牛壳也好，蛇皮也好，这些都将在下章详述。这里的过程当然都是不可逆的，都含有时间之箭。可悲的是，图灵没有能更多地发展这套思想，他讨论形态形成的论文发表两年后，就自杀了。

英国社会 50 年代的道德风气使图灵活不下去。1952 年，图灵的末日开始来到，他以"违反 1885 年刑法修正法第二节，犯粗鄙行动罪"的罪名，被提入法庭受审。先是由于警察调查他家发生的盗窃案，使他自招是个同性恋者。他被处缓刑，送入医院接受医药治疗，注射了降低性欲的荷尔蒙。可是在 1954 年圣灵降临节的星期一，50 年来最冷最湿的一天，图灵吞食了泡过氰化物的苹果。郝基斯（Andrew Hodges）在他写的《图灵传》里讲道，1939 年图灵在剑桥看了《白雪公主》的电影："他非常欣赏恶巫用绳子吊着苹果，晃来晃去放进沸腾的毒药锅里，一面口中念念有词：'苹果泡呀，泡呀，睡觉一般的死亡，泡进去吧。'这几句话，他本人就喜欢念来念去，日后居然应验了。"

图灵的死一如玻尔兹曼的自杀，是科学界的一大创伤。幸好他已经取得一项重要的发现，他发现如果多种颜色的物体具有不同的扩散率，在液体里相互起反应，它们便会变化其浓度而形成空间的图案。这个现象是违背直觉的，因为我们总觉得任何不可逆的混合过程，结果总是把原有的图案、结构洗刷一尽，就像咖啡加牛奶而产生的花样迟早总要消失一样。图灵远远超过他的时代，他写出了数学配方，既可以制造不随时间变化的稳态图案，也可以取得像化学钟里的彩色波浪的振荡式图案。现在我们把离开平衡态足够远的、图案首次出现的那一点，叫做"图灵不稳定性"点，这是我们上面提过的"临界点"的一个例子。可是，在该点认为应该出现的图案，虽然理论上可能，当时还没有在任何一个实际化学系统里切实地看到，并且他的模型里的有些细节由于其他原因，也受到过批评。尽管如此，生物界里自组织是很普遍的，其中有些例子是可以用"反应-扩散"理论来解释。但目前我们先把注意力集中在一些比较简单的化学现象上。

此后 15～20 年，图灵的工作可说没有受到化学家和生物学家的注意。其原因很多。为了处理所涉及的非线性方程，图灵采取了线性化的办法，即假设在有一定限制的情况之下，数学行为是线性的，是可预知的。这样一来，他的分析就难免太"近视"了，离开平衡态以后，不能超越过第一个临界点。换言之，图灵可以说什么时候将有图案出现，但他不知道，当系统继续远离平衡态时，那幅图案将会起什么变化。图灵意识到要继续发展这项工作必须要用高速计算机，而这样的计算机当时是没有的。再说，当时还没有任何人知道有什么化学反应，是图灵的理论可以应用的。

布鲁塞尔振子的诞生

目前许多实验室在从事自组织的研究，用的方法和图灵原来用的大致相同。近 20 年来，特别是两项关键性的发展，大大提高了人们对这方面的兴趣。一项是 1968 年在布拉格举行的讨论会上，西方的科学家首次听到魔术似的"贝鲁索夫-扎孛廷斯基化学反应"（下面很快就要详述），并且把它和生物界发生的一些振荡加以比较，这些振荡帮助生物利用能量，例如酵解和光合作用。另一项发展是普里高津和勒菲弗（Rene Lefever）的工作，也是在 1968 年发表的。他们引用了图灵的启发性论文，构造分析了一个具有空间自组织必需条件的、起化学反应的模型系统。1973 年，弗吉尼亚工艺大学的泰森（John Tyson）给这个模型命名为"布鲁塞尔振子"，因为它诞生在比利时首都。在这篇论文里，普里高津和勒菲弗证明了布鲁塞尔振子出现的方式符合本书第五章提及的"格兰斯多夫-普里高津热力学演化准则"。（这里重提一下：该准则基于热力学第二定律在远离平衡的场合的运用。）这是他们能找到的模型之中，既满足可能出现热力学不稳定性的演化标准的条件，又容易处理的最简单的模型。因此这模型具有坚固的热力学基础。此后，勒菲弗和尼古力斯证明了布鲁塞尔振子可以在某些化学物质的浓度上，显示出持续不断的、规则性的振荡。

在诸如布鲁塞尔振子的化学钟的情况下，不难看出，反馈和非线性对自组织是少不了的；这里，巨大数目的分子在产生图案的过程中，似乎在互通信息。布鲁塞尔振子是一个理想化的模型，它牵涉两种化学物质 A 和 B，它们转化为另两种物质 C 和 D。为了产生有趣的非线性现象，转化不是在单独一个化学反应里完成，而是由四个基本步骤组成，其中牵涉到两个中介体 X 和 Y。详细情况并不复杂：一个 A 分子先转化成一个 X 分子，这个 X 分子在第二步和一个 B 分子起作用，产生 Y 和 C。第三步是两个 X 分子和一个 Y 结合产生三个 X 分子。最后的反应是 X 直接转化成 D。到达自组织的"跳板"——非线性反馈，出现在第三步，那里，从两个 X 分子，经过和中介体 Y 的反应，得出三个 X 分子。整个过程于是存在反馈，因为其中一个分子牵涉到自身的生产，它"自催化"了。于是非线性出现了，因为每两个起反应的 X 分子，都要产生另一个，一共变成三个了。

如果化学原料未用完之前再加满，布鲁塞尔振子就可以保持在远离平衡态的状态。为此，只要把反应放在一个不断搅动的、开放式的反应器中进行。我们控制着 A 和 B 流入的速率，使它们保持适当的浓度，同样地，我们也控制着产品 C 和 D 的浓度，唯一随时间变的就是 X 和 Y 的浓度。如要知道它们是怎么变，就得写出布鲁塞尔振子的数学描述，这是一系列有关 X 和 Y 的耦合微分方程，并且对这些方程求解。

隐藏在耦合微分方程里面的错综行为，可以从布鲁塞尔振子的行为中窥见一斑。这里的数学分析相当复杂，但如果设想 X 是红的，Y 是蓝的，结果就可以叙述如下：

让我们先考虑化学反应完结时的情况。各种成分混在一起，互起作用，反应达到平衡，化学变化停止。在平衡态下，是一种普普通通的紫色的液体，一种红分子和蓝分子的混合体。如果 A 和 B 的浓度保持在平衡值附近，保持在普里高津最小产熵定理有效的定态区以内，就不会发生什么大变化。只是当 A 和 B 的流入率超过平衡浓度以外某个阈值以后，有趣的现象才会发生。（在啤酒从酒瓶流出的例子里，超过这临界值，酒就汩汩地流了。）对化学钟来说，不管 X 和 Y 初始浓度是多大，超过临界值，振荡便要出现。反应体很有规则地一会儿变红，一会儿变蓝。这现象，包括啤酒的振荡流出，叫"霍普夫（Hopf）不稳定性"，因为是这位数学家发现的。

这些颜色变化可以用简单术语来描述。这台化学钟可以表示为一个圈或循环，叫"极限环"。我们记住这幅图像就行了：当化学剂从蓝变红时，它顺着这个环滚动，就像一个轴承滚珠沿着一顶墨西哥宽边帽的边滚动一样（图 18）。这个反应可以想象为绕着圈子循环不已，每次经过一个极点，颜色从蓝变红，过另一个极点，又从红变蓝。即使加进去的原料有少许的改变，代表反应的点仍然回到这个有规则的颜色循环，它总会滚入这个环，就像滚珠总是会滚到宽边帽帽边的底圈一样。由于这样的行为，这个环是一个"吸引子"（上章我们已经遇到）。如果停止加原料，让化学反应进行到底，颜色不再变化，紫色液体就重新出现。对这个热力学平衡的情况，吸引子是一个单一的不动点，它可以比喻做反应滚进了一个漏斗的底。在那里，熵达到最大，X 和 Y 都是时间上的常数。

251

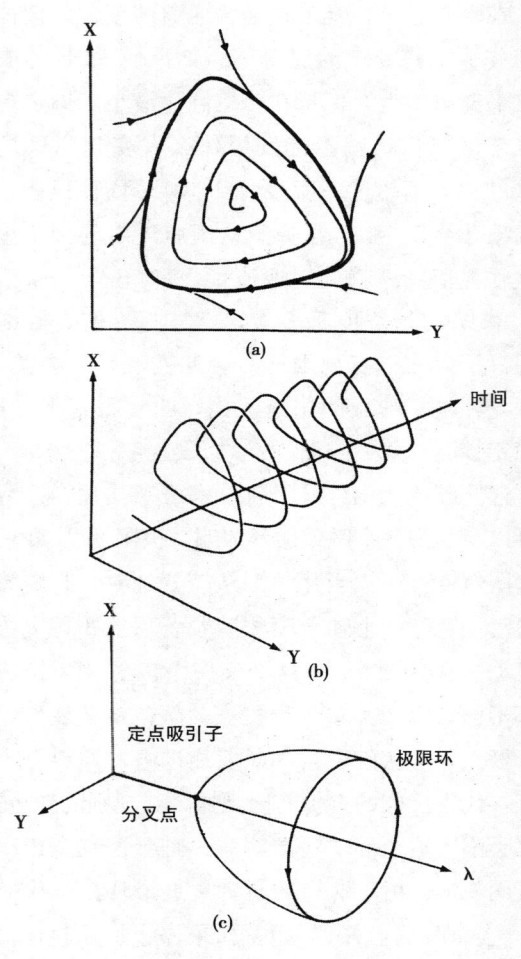

图 18　极限环行为。（a）二维投影：X 和 Y 代表化学中介物（好比说，红色和蓝色）的浓度。（b）显示时间上变化的三维图。（c）极限环吸引子从定点吸引子中出现。

现在我们应该好好地回味一下上面讲的。布鲁塞尔振子让我们清楚地看到，如何从无序经过自组织而达到有序。因为把系统保持在远离平衡的状态——办法是不停地加原料，所以反应器中的液体就周期性地由蓝转红，由红转蓝，而不是始终不变的、毫无色彩的紫灰色液体。当然，布鲁塞尔振子只是一个模型而已。然而，它所描述的行为不仅理论上可能，并且我们将会看到，在戏剧性的贝鲁索夫-扎字廷斯基反应中出现的振荡以及更广泛出现在生物界的各种振荡现象中，它给了我们深刻的启迪。

振荡式的化学反应和一般的化学反应有什么不同？平常的（线性）化学反应可以比为汽车制造，工厂外面停车场上的汽车不断增多，仓库里的零件不断减少。在这过程中，中介物——部分造好的汽车，它们的数量差不多不变。一个试验管里，起作用的原料逐渐被消耗成为产品，分量越来越少。在这原料不断减少，产品不断增加的同时，存在着一定少量的中介物。

在一个非线性的化学钟反应里，反应物的浓度仍然减少，产品的浓度仍然增加，但只要反应物的浓度保持在某个阈值之上，在原料转化成产品，将反应带入平衡态的同时，中介物的浓度（也就是说，混合体的颜色）便会沿着一个极限环，有规则地振荡。这个过程和上面已经遇到过的啤酒汩汩流出，属于同一类。只是在布鲁塞尔振子的反应物保持一定的输入和输出的情况之下，颜色的变化才能持久下去。

这个行为和瑞利-贝纳不稳定性引起的蜂巢结构，同样地令人惊讶。布鲁塞尔振子里面所有的分子都能越过大距离互通信息：它们都知道什么时候变蓝，什么时候变红。沿着极限环滚动时这台钟的"滴答"声，只是布鲁塞尔振子某些物理性质的函数。它和初始条件完全无关。这当然是耗散式结构的另一个例子（参见第五章），"耗散式结构"这一术语强调它源于一个和时间之箭有关的不可逆（远离平衡）的热力学过程。

世上常有这样的事：数学家由于数学上的兴趣而不是由于科学上的原因，先就把有关的概念研究好了。法国数学家庞加莱和苏联的安德罗诺夫（Andronov）学派早先就研究过这类耦合微分方程，并取得了关于极限环行为的结果（"极限环"这名词就出现在庞加莱时期），布鲁塞尔振子使这门抽象数学活跃起来。

耗散式结构的概念在许多领域里受到欢迎。它促进人们从科学角度，而不是纯粹从数学角度，对非线性微分方程发生兴趣。人们研究时钟式反应的化学性质，是因为这种反应容易控制，也比较容易模拟。这方面的努力倒过来又为单细胞和多细胞群体的生物学过程的数学模拟铺开了道路，并且启示我们，同样能用极限环描述的时钟式反应的生物化学"近亲"，会对生命具有重大的意义。生物化学钟像是有机体生命调制过程中的一部分，因而大力推动了非线性现象的研究。

研究非线性系统的数学方法一旦普及，这些方法就涌进了物理学、化学和生物学，导致了一批令人瞩目的跨学科研究。的确，演化性系统的数学描述需要能跟随事物瞬息变化的微分方程。由于反馈是非线性行为的配方中如此重要的一部分——就像化学钟里有些分子，由于自生、自灭或者竞争，而参与自身的命运，类似的分析被应用到"软科学"里，诸如社会生物学、社会学、社会经济、经济学等。在那些领域里，反馈也是存在的。从这些目前热门的分析工作里，又出现了一个时髦语汇——人为生命。按照郎顿（Christopher Langton）的说法，"人为生命"是研究某些人造的系统，这些系统表现着活体系特有的行为。这门研究，不仅对现有的生命，而且对可能的生命，都会给我们一些启示。

化学图案与化学波

非线性化学钟模型中隐藏着许多秘密。时间上的图案，我们已经讲过。空间的图案呢？前面分析布鲁塞尔振子从而得出极限环的结果时，我们忽略了另一个不可逆过程——扩散，和它可能起的作用。那里我们假设了反应器里的化学组成搅得很匀，各种成分A、B、C、D、X和Y，都是很均匀地分布在浑汤里面。如果我们回到汽车制造厂的比喻，那就有点儿像假设汽车如雨后春笋，在工厂到处长出来一样。这显然是不合实际的，比较实际地说，布鲁塞尔振子反应里四面乱跑的各种化学成分是需要时间才彼此相遇的。如果反应器没有搅动，我们肯定不能假设中介物 X 和 Y，产品 C 和 D 都自动地、同样多少地在器皿的每个部分形成。因此我们应该设想，反应器里的各种成分先是东一堆，西一堆，它们必须迁移到别处才能参与反馈作用。我们必须考虑在这种情况下，会发生什么现象。

这里牵涉到的是分子的运筹问题。我们要模拟的是：这些起反应的分子在彼此相遇而起作用以前，如何在反应器中运动。答案很简单。只要加进以费克（Adolf Fjck）命名的定律里的一项，就可以把扩散的影响包括在分析里面。费克定律给出个别成分在空间某点的浓度与其在时间上的变化之间的关系，对汤里每个成分给有一项。这两者之间的转化率叫扩散系数，每个化学成分系数不同，因为块头大的分子扩散得慢，苗条的分子扩散得快，并且还要考虑到它们在其中运动的溶液的黏滞性。

借助费克定律，可以把化学混合体在时间上的行为和在空间出现的图案联系起来。用术语来说，现在模拟系统用的是"偏"（而不是"常"）微分反应-扩散方程。关于这一点，我们不必太关心，仅仅注意一下，这里的数学更加复杂，相应的物理化学内容也就更加丰富。例如，由于霍普夫不稳定性而引起的极限环现在不仅在时间上，并且在空间也可以转动。有一种在时间空间都变的东西是大家都熟悉的——波浪：

想一想海滩上的海浪。的确，在霍普夫不稳定性统治之下的化学钟里，我们应该预期反应器里出现的是一条一条红色和蓝色的波纹，而不是整个液体同时变红，同时变蓝。

也有可能演化为一个固定的空间图案，不再随时间变化。这种过程，数学生物学家用来说明许多现象，例如斑马是如何得到斑纹，蝴蝶如何得到翅膀上的图案，某些化学配料如何使一团一模一样的卵细胞发展成为一个胚胎。在布鲁塞尔振子的情况下，只要先加一些化学剂，再让扩散发生，于是点纹、条纹就会在试管中出现。这就是我们已经遇到过的，下面第七章还要讨论的不稳定性。

经过布鲁塞尔振子的例子，我们看到了各种自组织行为的组合。它告诉我们，非平衡态的布鲁塞尔振子可以在时间、空间或者同时在时间与空间自动组织起来。这些概念对生物学的意义极为重大。因为在你的身体中，就当你现在念这个句子时，一大批组织在时间和空间的过程就在进行，包括眼睛的运动，心脏的跳动，乃至脑中神经细胞的激发。

目前我们继续把讨论限制在化学方面。我们不应该忘记，我们一直在讲的布鲁塞尔振子只不过是个模型而已，我们采取它是由于数学上的方便。尽管如此，对于布鲁塞尔振子的研究为我们的下一步铺好道路，那下一步是：了解并接受各种式样的自组织现象，这些我们即将考虑的现象当初好像跟热力学第二定律的含义相冲突。

诱人的贝鲁索夫-扎孛廷斯基反应

贝鲁索夫-扎孛廷斯基反应的故事就和它的名字一样令人寻味。美国研究该反应的一流权威温弗利（Art Winfree）告诉我们，贝鲁索夫在20世纪50年代的初期，在属于苏联卫生部的一个实验室当头头时，做了该反应的关键工作。在他的研究中，他配制了一种奇怪的化学剂，目的是想模仿克雷布斯（Krebs）循环，从而对它取得某些了解。克雷布斯循环是活细胞把有机食物分解成能量（以名为腺苷三磷酸分子的形式）和二氧化碳的必经之路。

贝鲁索夫模仿该循环的反应含有以下几种配料：枸橼酸，这是克雷布斯循环的实际成分之一；溴酸钾，其目的是模仿枸橼酸燃烧（氧化）后的生物学后果；硫酸和一种铈离子的催化剂，因为他觉得这跟许多酶的作用有几分相似。（化学反应中，酶的"活动地点"经常带有一个带电的金属原子。）使他惊讶的是：溶液开始在无色和淡黄色两种状态之间变来变去（相当于带电铈离子的两种不同的形式），而且变化是像时钟一样地有规则。贝鲁索夫在他随后的研究中，可能也观察到空间图案的形成。这样，贝鲁索夫首次提供了一个实在的化学反应，支持反应和扩散的双重不可逆过程可以产生自组织的概念，这概念差不多在同时被图灵从理论上预测到。然而，就如温弗利不久以前所写："这反应的古怪行为根本是 30 多年来理论化学家和生物学家从未想到的。"

对贝鲁索夫而言不幸的是，这个反应是如此奇特，使他很难说服科学界这是真实的。他 1951 年年底的一篇稿子就被拒绝。编者对他说，他"所谓的发现"是绝不可能的。6 年以后，贝鲁索夫又投了一篇更全面的分析，而编者只肯发表一个经过大量删节的短讯。贝鲁索夫的工作最后终于悄悄地出现在一个辐射医学学术讨论会的文集里。论文只有两页，出现在他本人另一篇论文前面。

那时科学界被对第二定律的朴素理解——有序单调地退化为无序，弄得如此昏聩糊涂，以至没有人肯接受贝鲁索夫有关化学系统能自发出现自组织的报道。人们以为第二定律是说任何化学反应总是走向退化的平衡态。而一个来回于两种颜色之间的化学钟意味着反应居然可以走回头路，这不是跟第二定律开玩笑吗？（事实上，贝鲁索夫并不是第一个受这种冤枉的人：加州大学伯克利分校的布赖（William Bray）1921 年在过氧化氢转化为水的过程中，也发现了一个振荡式的化学反应，他这发现被认为是由于实验操作低劣而产生的人为现象，而未被接受。）

对于这个反应的兴趣，只是当扎孛廷斯基学习了贝鲁索夫的振荡式配方以后才开始的，尽管开始很慢，而且当时是限制在铁幕后面。20 世纪 60 年代，扎孛廷斯基以莫斯科大学的生物化学系毕业生的身份，对贝鲁索夫的基本反应做了一串零星的修改，例如用一个含铁的反应剂代替铈离子，使颜色更鲜明地从蓝变红。这样，他渐渐取得保守派同行的欣赏。别人也开始研究这个奇妙的系统；最近20年来，自组织化学反应的研究已经成为很时髦的一门学科；1979年，有人要求世界各地的科学家，为这项工作的重要性出推荐书；1980年，贝鲁索夫和扎孛廷斯基两人，跟克林斯基（Valentin Israelovitch Krinsky）、伊凡尼茨基（Genrik Ivanitsky）、扎伊金（Albert Zaikin）一齐荣获列宁奖。不幸的是，远在国际上对他的启发性工作承认以前，贝鲁索夫在1970年就去世了。

贝鲁索夫的发现，和其后发展出来的各种变例，现在统称为"BZ反应"。BZ反应很容易做，效果也很可靠。（有兴趣的实验者可参阅温弗利的有关论文。）从这个魔术一般的配方可以得到各式各样美丽的现象。本书黑白插图部分有一套图，显示BZ反应各个阶段。对此出色而复杂的反应，许多人做了深入的研究，也写了整本的专著。整个反应牵涉到30多种不同的化学品种，包括一些短寿命的中介物，它们的作用是作为各种连锁循环反应之间的阶石。这些反应被美国俄勒冈大学的一个小组——菲尔德（Richard Field）、柯乐斯（Entdre Koros）、诺耶斯（Richard Noyes），提炼为一个具有11个步骤的化学反应机制，比4个步骤的布鲁塞尔振子复杂多了。仔细检查这11个步骤，就可以找到一个物体影响它本身制造的证据。这证明存在着自催化，而自催化是反馈和非线性的关键成分。从一大批复杂的中介程序里，俄勒冈小组又提炼出一个简单而重要的只有 5 个不同步骤的模型，科学界同行给它起了诨名叫"俄勒冈振子"。俄勒冈振子模型是对 BZ 反应演化的理论描述，它能在许多方面描述实验者得到的钟表式行为，包括产生化学振荡的极限环吸引子。

如果我们坚持把学问分门别类，我们就得把这迷人的 BZ 反应划归在"无机化学"一门。为了对该反应了解得更细致，许多化学家更深入地探讨了无机世界。例如，伽利略高等学校鲁克斯实验室的布利格斯（Thomas Briggs）和饶谢（Warren Rauscher）在过氧化氢、丙二酸、碘酸钾、硫酸锰、过氯酸的混合体中，发现了振荡，颜色在蓝红之间做周期变化。这种振荡式反应发现日益增多，而它们所遵守的一般原则，现在可以说已经完全了解。这种化学钟其他的例子相继出现的有日本京都的"K 模型"，美国印第安纳大学的"IU 振子"和"泡沫振子"，它所描述的化学反应能产生一串一串的气泡。

BZ 反应的一个重要方面是它具有所谓的"可激发性"。这是指在某些刺激素的作用之下，图案就会生长出来，否则介质就完全平静。一些诸如布利格斯-饶谢反应和以二吡啶钌为催化剂的 BZ 反应的钟表式反应，在光的照射下，便会被激发，开始自组织活动。可激发性，这种能推动 BZ 反应的性能，是图灵完全不知道的；即使在今日，还是经常被理论学家所忽略。的确，"可激发性"的定义仍不太清楚。

数学家、物理学家、生物学家仍继续在探索 BZ

反应中的奥妙，他们这样做不是没有理由的。因为我们很快就要看到，我们不可能忽略 BZ 反应和有机世界中许多我们熟悉的组织之间的关系。化学钟里形成的螺旋波与心脏病发作时的波动、原始黏菌（见黑白插图）、旋涡星系、飓风等之间大有相似之处。温弗利甚至写道："虽然'BZ 反应'谈不上具有一个可以变异，可以演化的遗传系统，它有不少特点，就是使我们对生物体系感兴趣的特点：诸如化学的新陈代谢（有机酸氧化为二氧化碳），自我组织的结构，有节奏的活动，在某些极限以内的动态稳定，在这些极限以外的不可逆的解体，一个自然的寿命，等等。"这样，关于化学钟的研究可以说的确把无机化学搞"活"了。在这以前，这门学问往往太缺少理解，太多集邮式的、大量资料的盲目搜集。

自组织的无机系统涉及众多的简单化学品种。但其中的化学情况具有较大的偶然性——既然所有在汤里兜圈子的分子都多少可以相互起作用，就很少有特定性。我们将要看到，有机体的可能性倾向于另一端。在那里的（生物）化学既复杂，又是细致调节的：每个反应都是非常特殊，都是以惊人的效率进行。普里高津和司坦厄斯（Stengers）评论道："这很难是偶然的。这里我们遇到的是区别物理和生物学的一个基本性质。生物学系统是'具有过去'的。它们的组成分子是某种演化的结果；这些分子被选来参与自催化机制，从而产生具体的自组织方式。"这是具有目的的化学，这是生命的奇迹。

漫谈分维、奇异吸引子、混沌

在一个化学钟里，非线性的复杂性显示为时间上有规则的行为：起化学反应的混合体的颜色有节奏地变来变去。上面已经看到，描述这种行为的是一个极限环式的吸引子，化学反应在那里的行为，像一个轴承滚珠在一顶墨西哥宽边帽的边缘上滚动一样。我们应该把这种行为和描述热力学平衡的定点吸引子对比〔图19（a）〕；定点吸引子我们前面曾比作一个漏斗的底。

然而由于不可逆过程而产生的还有另外一种吸引子，它描述的是时间上完全两样的行为——混沌。退化为混沌的过程最好用分叉图〔图19（b）〕来说明。分叉图显示当诸如化学钟的一个系统被推得离平衡态很远以后，它各种可能表现的行为：在第一个临界点，它分枝为二，产生两种可能性。每一枝又依次生出多个小枝，这样枝上生枝，一直生下去，数学上这相当于非线性系统能在完全一样的情况之下表现多种不同的行为。这些临界点或分叉点越来越多，最后整个图的右方便是许许多多的可能性密集的一团。让我们回想一下横坐标的意义："图的右方"就是代表远离热力学平衡的地方。

由于巨大数目的可能状态紧紧地聚在一起，在此场合，可选择的行为之多，令人眼花缭乱。系统已不

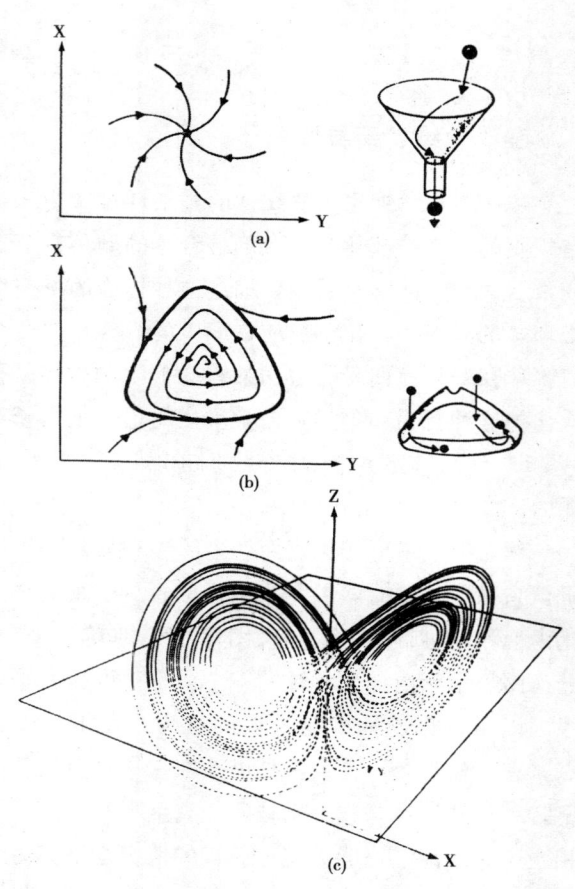

图 19　三种吸引子。（a）定点吸引子（稳态；平衡）与其
机械对应体。（b）极限环（周期性）吸引子与其机械对应
体。（c）洛伦兹奇异吸引子。

再只是限制在少数几根"枝"上，而是可以在无数的
可能状态中取样。一个系统要从平衡态（横轴的原

点）到达这样的混沌状态，在它被推向离平衡态越来越远（但不是无穷远）的过程中，它可能经历了无穷多个临界点。我们或许会以为，离平衡态越远，这棵分叉树上的混沌便越普遍。然而复杂的程度远大于此，因为分叉树很像法国梧桐，每层树叶之间仍是空的。这样，在混沌里面存在规律性的"岛"或"窗"，窗里又有窗，一直下去，无穷无尽，并且"反之亦然"。本章下面还要重游个别通向混沌的道路。

混沌演化看上去和我们一直在讨论的完全相反：它否定时间演化中任何长期规则性或可预言性。一个化学钟的成分浓度如果有了改变，如果它被推得离平衡态太远，它的颜色便不再出现一次一次有规则的变化：它变成一个混沌混合体了。在这种情况下，它变红变蓝完全是随机性的：我们不能预言下一次变化是什么时候发生。某一次的实验记录结果不会重复。下一次实验会出现另一套随机的颜色变化的时间间隔。

尽管有这种不守规矩的行为，混沌还是可以用吸引子的概念来理解。这一点是茹厄勒（David Ruelle）和拓肯斯（Floris Takens）在1971年证明的。茹厄勒出生在比利时，在巴黎附近的伊菲特河上布若镇的高级科学研究学院工作；拓肯斯则来自荷兰赫罗宁艮大学。他们的论文题目是："关于湍流的本质。"论文提要短得惊人——"本文提出耗散式系统中产生湍流及其有关现象的一个机制"；而论文本身却是密密层层的高级数学。两位作者想理解的是，例如当你把水龙头大大打开时，初始平滑的流动如何转变成本质复杂的湍流。可是他们结论的应用范围远远超过这些例子，出现的是一个怪兽，叫"奇异吸引子"。

这跟实际世界有何关系？茹厄勒用香烟的烟在宁静空气中的上升的例子来说明它的用途："烟柱在一定的高度上出现振荡，振荡是如此复杂，要理解它看上去几乎不可能。虽然它在时间上的演化遵守严格决定性的规律，它的行动却好像是自己做主。物理学家、化学家、生物学家，一如数学家一直在想了解这种情况。在此过程中，他们从奇异吸引子的概念和现代计算机的运用里，得到帮助。"

奇异吸引子的来源。茹厄勒描写如下："我问拓肯斯，这个极为成功的词语是不是他创造的。他回答说：'你问过上帝是他创造了这该死的宇宙吗？……我什么也记不得……我常常创造，过后就不记得了。'这样看来，奇异吸引子似乎是在狂风闪电之下诞生的。不管怎样，这个名字很美，极适合那些令人惊讶而我们还很不明白的东西。"另一方面，英国数学家塞曼（Christopher Zeeman）认为："或许一个更好的名字是'混沌吸引子'，因为现在它们中间许多例子都不太奇异了。"这两个名字都有人在用。

奇异吸引子和我们先前遇到的两种吸引子——定点和极限环，大不相同（见彩色插图），虽然它也是稳定的，也是代表某种系统可能驻留的状态，也是时间之箭可能的目标。它有两个特性。一是和极限环不一样，它对初始条件极端敏感：一个被一个奇异吸引子捕获的系统，它的长期行为和它当初最细微的细节都有关。奇异吸引子和极限环不同的第二点是：奇异吸引子是一个"分维体"。

"分维"这个词是 1975 年问世的。曼德布罗特（Benoit Mandelbrot）创造了该词，为的是要描述在不同尺度上都具有同样的不规则形状的奇怪几何。奇异吸引子，不管我们把它的某一部分放大多少倍，它基本上仍具有该吸引子的全盘结构。花纹里面有花纹，那里面又有花纹，一直下去，永无止境，这个性质叫"自相似"。同一个花纹在每个尺度上都存在：一片枫叶的边缘上满布着小枫叶形状，小枫叶的边缘上又是更小的枫叶形状（参见黑白插图）。这叫做尺度转换下的不变性，因为物体不管在哪个尺度上看，花样的形式都是一样的。

曼德布罗特的工作撼动了我们对维度和维数的想法。众所周知，线的维数是一，而正方形里的面是个二维体。但是实际上，这些差不多总是理想化过的：物体的维数可以是一点几。此处的"点几"就是说该物体的维数是一个分数。曼德布罗特为了说明这个观念，在他的一篇论文里问："英国的海岸线多长？"稍思片刻，我们就知道答案跟用来量海岸线的尺度有关。用海边城市之间的直线距离，我们算得的是一种粗略的估值。但你如果沿着海岸步行，绕着每个小海湾、每条小河的出口走，你就会发现这海岸线大大地增长了。对一个蚂蚁来说，仅仅小石头就要大大地拉长旅程，至于对一个蠕动的细菌，英国的海岸简直是永无止境。答案很明显地和测量所用的尺度有关，这是因为基本上在所有的尺度上都存在有结构。的确，如果我们能把尺度缩到无穷小，海岸线的长度就会变为无穷大。因此我们有如下的似非而是的结果：海岸是一条无穷长度的"线"，很容易地包含在一个有限的面积里面（围英国画一个圆）。

实际的海岸线具有自相似的分维性质，虽然这句话应该从平均、统计的角度去理解。有一个用数学定义的曲线和海岸线十分相似，叫"科赫曲线"〔1904年科赫（Helge von Koch）引入〕，它由一系列越来越小的三角形组成，如图 20 所示。科赫曲线的维度介于一维的欧氏线和二维的平面之间，它的维数的近似值是 1.2818。

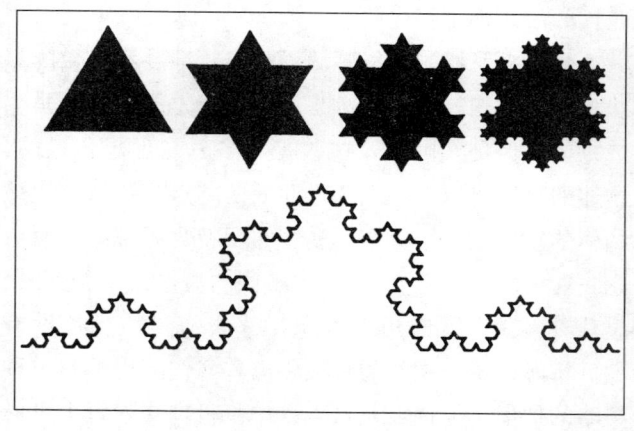

图 20　科赫曲线。作法：开始是三角形。在它每条边上加一个新的小三角形。这样继续下去做成下方的曲线。

分维图案的发现，揭示了一条认识自然界美妙而无穷尽的复杂层次的新途径。曼德布罗特的工作，一如他以前一些数学家的工作，很适合描写我们周围和我们体内的各种自然形态。云和海岸线都是分维体。并且分维体并不仅限于无生物。一棵树根系的二维投影，一幅神经照片和路过的卫星拍摄的河三角洲的图像都极为相似。它们都可以被认为是分维体，它们彼此相似，是因为它们的大尺度形态可以从不断重复一个简单的数学规律而生长出来。我们身体里许多结构都是由分维组织所控制。曼德布罗特写道："肌肉组织……不管多小，都具有交叉排列的动脉和静脉。它是一个分维面。"至于人脑的皱褶轮廓，曼德布罗特说："要定量分析这种轮廓，传统几何是无能为力的，而分维几何却是得心应手。"的确，一个有趣的问题是推测自然界仍保持分维性的最小尺度——这可能表明，追求物质的"最终单元"是徒劳无益的。

奇异吸引子跟时间有什么关系呢？部分回答是说奇异吸引子描述混沌演化，而混沌演化，我们将在第八章看到，完全推翻了时间对称的决定性论。第一点要掌握的是：一个化学反应在奇异吸引子中的代表点，由于吸引子的分维性质，将经历一串无穷系列的点（参见彩色插图）。定点吸引子和极限环吸引子的维数分别是零、一、二、三、……而奇异吸引子可以定义为维数是分数的吸引子。茹厄勒写道："那些团团的曲线，那片像云的点子，一会儿像焰火，一会儿像星系，一会儿又像奇怪令人不安的植物蔓延。这是一个形态等待探讨，妙音等待发现的国度。"奇异吸引子的维数是分数，这事实使我们对它第二个性质——混沌，有了心理准备。奇异吸引子拥有无穷多的可能性，而这些无穷多的可能性全包含在一个有限的区域里：随着时间的流逝，系统取样于不同的位形，永不重复。我们可以想象系统无止境地在描出图案中的图案里面的图案。这乍看上去似乎很难想象。然而一旦有了分维体的概念，就不难看出，一个系统——奇异吸引子，不因为它是限制在一个有限区域之内，就不能跟永无止境的新机会相遇。

一个动力学系统一旦被吸入一个奇异吸引子，该系统的长期未来行为就变为完全不可预测的了。这是因为，如上所述，奇异吸引子对初始条件敏感到难以置信：除非系统以严格的无限高精度开始，它终究将会变为完全不可预测。虽然控制不可逆系统时间演化的微分方程是决定性的，虽然原则上初始条件一知道就可以预言整个未来，可是系统对初始条件的极端敏感彻底粉碎了可预言的钟表式宇宙的想法。

为了突出这种异常行为，我们可以将它和陷入极限环的化学钟对比。代表化学钟的滚珠不管是怎样扔进那顶高边帽，它最后总是绕着帽边儿滚动。但是在一个混沌奇异吸引子的范围里，发生的完全是另一回事。假设滚珠滚进一个奇异吸引子里面了，而你想要它重复它经历过的那条复杂的路线。你将发现，不管你取哪个邻近的出发点——不管多近，总跟当初的不同，你的轨道会很快地和原轨道分散，在吸引子里面做完全不同的运动，走的是分维体无穷花样套花样里面的另一条轨道。

耗散式混沌产生于奇异吸引子的套中有套层出不穷的世界。对这种混沌系统的实验，只有在以无穷高的精度得知初始条件的情况之下，才有可能做出绝对准确的预言。但实际上不会有这种情况，初始条件多少总有一点不确定性，这不确定性将随时间以指数方式增大。混沌和对初始条件敏感性之间这个关联，极为重要，它使我们可以对时间之箭给出一个自洽的科学描述。

然而，在决定性混沌里面——叫"决定性混沌"是因为它来自决定性的非线性方程——也存在有某些规则性。这种混沌是系统内产生的，是系统的一个内禀性质。因此，在概念上，它和外界环境随机涨落（噪音）的影响迥然不同。这种随机过程——噪音，能在一个并未陷入一个奇异吸引子的系统里面，产生随机的像是混沌的行为。科学家面临的跨栏之一就是，如何区别决定性混沌和随机性混沌。下章我们谈一些复杂的生物现象时，这座障碍又会来挡路。

决定性混沌使"有序"、"无序"的概念变模糊了。近来有一种倾向，用"混沌"（意即决定性混沌）一词来解释一切，不仅用于不可预测的或不稳定的场合，并且用在用"自组织"更为恰当的地方。我们不要被"混沌"这个时髦字眼弄得眼花缭乱。秩序和决定性混沌来源一样，它们都是用非线性微分方程描述的耗散式动力系统。不过，就如下章所述，对生物学和生命本身来说，有序的情况往往比混沌的情况更为重要。当研究者打着混沌的时髦旗号把论点放在我们面前时，我们应该多少带点儿怀疑态度。对每种情况应该分别加以评价。

化学混沌，茹厄勒早在 1973 年就首次提出。在我们的化学钟例子里，当颜色从红到蓝的变化不再像钟表那样有规则时，那便是奇异吸引子存在的标志。茹厄勒告诉我们，为什么决定性混沌被经典科学认为是违背正道。这是因为传统上，科研者从数据中找到规则模式以后，他们就很有希望理解这些规则模式。1971 年，茹厄勒问一位研究振荡反应的专家，问他是否碰见过，对时间的依赖是混沌式的反应。他回答说，以前要是一个化学实验者得到一串混沌式的记录，他就肯定把记录扔掉，说实验没有成功。现在情况总算好些了，现在我们有多个非周期性化学反应的实例了。

混沌能以多种方式在化学中产生。一个配方是：先按照通常办法把振荡式反应建立成一个开放系统，用搅动式反应器使系统保持在远离平衡的状态。这时原料的输入率如果固定，反应便会成为一个稳定的颜色周期循环。现在假设我们提高原料的输入率，以不同于化学钟的频率，改变原料浓度在时间上的变化。我们可以把化学配料的流率作为离平衡态距离的标志：流率越小，反应就越靠近平衡态，流率越大就离平衡态越远。因此，当流率增加时，反应就被推过一个又一个的临界点：大到一定程度以后，混沌式化学便会崭露头角（参见黑白插图）。

位于奥斯汀的得克萨斯大学的斯温尼（Harry Swinney）与其合作者详细研究了 BZ 反应的动力学性质，他们得到有力的证据，证明该反应混沌状态中存在着一个奇异吸引子。决定性混沌虽然是化学本身的某种学术性奇物，但对它进一步的了解对化学工程将会有用，因为许多化学工业过程本质都是非平衡的。在有生命的系统中，混沌所扮演的角色也可能重要——有人甚至认为是不可缺少的。

奇异吸引子的概念虽然是在 1971 年才被茹厄勒、拓肯斯明文写出，却早已隐含在麻省理工学院气象教授洛伦兹（Edward Lorenz）1963 年的一篇论文之中。洛伦兹想了解天气预报为什么常常不准。英国的一个天气预报员菲什（Michael Fish）肯定会觉得洛伦兹的话很入耳。1987 年 10 月 15 日，菲什对电视观众说："一位女士刚来电话说，她听说暴风雨就要到了，观众们，请放心，没那么回事。"但果然就有了那么回事。

洛伦兹的工作为这类错误的预报提供了一个有力的辩解。凭着一台计算机（当时还是很稀罕的东西）和他那一行少见的数学本领，洛伦兹致力于设计一个大气气流的数学模型，要它尽可能地简单，但不漏掉任何重要的物理性质。洛伦兹的方程对一层从下方加热的水平液体给出一个近似描述。液体较热的部分比较轻，要向上浮，从而搅起对流。如果加热够强，流动将是不规则的湍流。洛伦兹最后得到的是三个相互耦合的非线性微分方程——要奇异吸引子出现至少要有三个方程。洛伦兹研究了这组方程，逐渐意识到，求解时输入计算机的初始天气条件不管有多么微小的变化，结果（天气预报）就会在很短期间完全改变。要是别人就很可能说这是计算机有什么毛病，但是洛伦兹在气象学上的经验使他能完全接受这个出人意料的结果——在这一点，他是远站在他时代的前面。他的奇异吸引子（现在以他命名）直到十多年以后才得到公认。不过就是今日，这还没有被证明为数学意义中的奇异吸引子，虽然它所有的物理性质都和我们所期望的一样。

用越来越精巧的计算机来取得越来越准确的天气预报，这个想法由于混沌的存在，面临一个严重的障碍——洛伦兹方程对初始条件的极端敏感性，即洛伦兹所谓的"蝴蝶效应"。这生动地说明，由于混沌，最微小的事件会引起最巨大的后果。奇异吸引子，差之毫厘，谬以千里：亚马孙森林里一只蝴蝶抖一下翅膀，就会引起西印度群岛一场狂风暴雨，等等。然而，夸张的比喻说说固然无所谓，但不要忘记，如果为了更符合实际，我们在洛伦兹方程里多加一些变量，混沌反而就更难找到，而不是更容易找到。

级连通向混沌

什么时候可以看到混沌？这个问题相当重要，因为混沌可能是好消息，也可能是坏消息，——看我们讲的是癫痫还是心脏病发作（见第七章）。可是，这问题的全部答案，超出现今我们对不可逆非线性系统复杂无比的行为的知识范围以外。一套包括所有混沌可以出现的场合的理论，仍然是一项巨大的工程。许多科研人员只是满足于在一些模型问题里找混沌，煞有介事地计算所得到的奇异吸引子的分维数（其实这主要的结果只是使科研文献膨胀）。对现今"强调非线性混沌、轻视其姊妹课题——自组织"的态度恼火的人讥诮说，这种系统不管你是研究哪门学科的，迟早总会碰到混沌，但这本身是否有意义，则大有问题。

对于肯定会产生混沌的一些场合，我们有了一定的认识。周期性极限环控制的规则振动状态也好，定点吸引子控制的恒定态也好，它们的破坏都会引起奇异吸引子的产生。前者对生理学有重大的意义；下面我们将看到，当一个极限环的调节作用被破坏而混沌出现时，生物学不正常现象就会相应而起。

上面我们已经叙述过茹厄勒-拓肯斯通向混沌的路线：那里需要系统被驱赶过三个或三个以上的极限环分叉点，这条路一般叫"类周期路线"。从一个极限环的遗迹中，混沌奇异吸引子还能以另外两种方式出现。这两种方式的名字听起来同样神秘：一个叫"亚谐波级连"，另一个叫"间歇性"。对它们要详细描述都相当专门；后者是法国科研者泊摩（Yves Pomeau）和曼讷菲尔（P. Manneville）在 1980 年发现的，本书将不论述。

为了说明在化学钟里通向混沌的亚谐波级连〔又叫费根包牟级连，费根包牟（Mitchell Feigenbaum）工作于洛克菲勒大学〕，我们前面已经说过，最好的办法就是用一棵简单的分叉"树"。它显示有哪些可能状态，并且显示当系统从靠近树干的只有少许可能状态的区域，被赶到高高在树顶的混沌的模糊一片时，会发生什么。亚谐波级连式路线和茹厄勒-拓肯斯路线虽然都用分叉图来表达，它们的数学细节和物理细节却很不一样。再者，在亚谐波路线里，化学配料浓度的变化是在同一个循环周期中发生的。假设我们有个化学钟，它以 T 秒的周期做规则振荡。这时候我们刚过图 21 中的第一个分枝点，那里树干一分为二。现在假设配料浓度以二倍的速度开始变：实际上，现在钟是被一个周期为 $T/2$ 的外"力"所驱动了。

让我们继续向上爬这棵分叉树。我们越加快配料的流动，钟离平衡态就越远，我们在图 21 上就越向右移。超过某个阈值，某个临界点，钟的第一个振荡就变为不稳定，周期就突然转换为（大致）双倍长的新周期。这个新行为，其中颜色变化每周期增大了两倍，图上由第一临界点过后的两对线代表。流率一再的增大把钟依次推过一个又一个的临界点，每分叉一次，周期就乘二，变成 $4T$、$8T$、$16T$，一直下去。此过程叫"周期加倍"，是最经常走的通往混沌之路，最后，在某个有限的流率之下，由于无穷多的串联分叉，钟整个解体，达到的是无周期状态，周期无穷

276

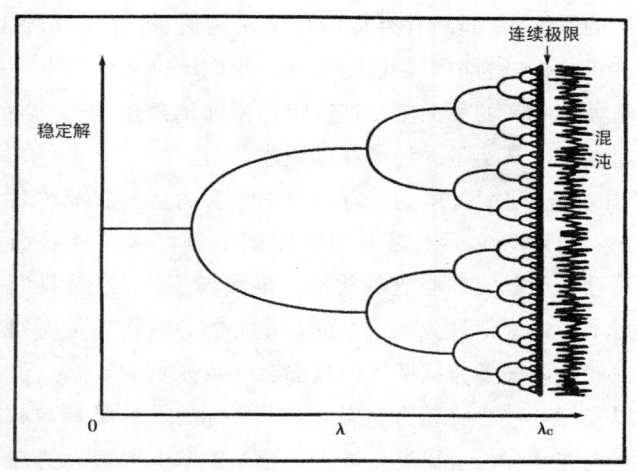

图 21 一个简单的非线性系统的通向混沌的分叉级联（周期加倍）。注意分叉的规则重复：在离原点（平衡态）有限距离 λ_c 以内，就已出现无穷多的分枝。

大，系统永不自我重复。这时，系统陷入一个奇异吸引子，那里它再也不会重复已经走过一次的道路。这个周期不断加倍的极限和混沌是同义词。这好像是：当可取的时间组织方式太多时，混沌就抛头露面了。

对这种周期加倍现象的数学性质的理解，许多研究者做了重要的贡献，尤其是梅尔堡（P. Myrberg）、沙尔可夫斯基（A. N. Sharkovsky）、麦（Robert May）、奥斯特（George Oster）和费根包牟。对我们来说，此级连最出色的特点就是它的一般性。意思就是：从周期不断加倍而产生的混沌，不管是产生在哪个系统（有机世界也好，无机世界也好，都有许多这样的系统），都具有类似的数字比例关系。该一般性在实验上极为重要：借助于它，我们可以从乍看上去是纯粹噪音的数据里，把决定性混沌清理出来——决定性混沌其实是一种潜在的秩序。

许多研究者认为，有众多不正常的生理状况，对它们的诊断少不了对混沌的正确了解。1980 年，茹厄勒关于混沌和心脏的跳动，推测如下："这对我们每个人说来都是关系重大的。正常的心脏状态是周期性的，而许多非周期性的病态会导致死亡的定态。可以复制各种心脏动力状态的合乎实际的数学模型，对它们在计算机上研究，看上去会对医学上有很大的好处。"下章我们将看到茹厄勒的预感正确到什么程度。

非线性系统中的分叉点或临界点有一个特性，很清楚地说明哲学家伯格森（Henri Bergson）在他著作中大力鼓吹的论点——时间是"创新的介质"。一个系统在其分叉图上的位置同时反映它个别的历史：就像每个小孩儿都知道，要摘树上一个苹果必须爬过一定的树干，一定的大、小树枝。因此，如果系统在分叉图里没有选择某个特定的路线，它就不会到达它目前所在的地方。因为决定临界点结局时，不确定性和随机性扮演了主要角色，所以时间便成为一个创新的实体：从一个稳定状态到下一个稳定状态之间，系统整个的未来都悬于机遇，这和系统的过去是不同的。分叉图所揭示的时间不对称性和我们所体验到的一样：一个一星期大的婴儿会长成为一个王子或者一个叫花子，但一个五十岁人的历史是固定的。同样地，设想一个甲虫在分叉树上爬上爬下。它可以随便从哪个树叶爬到树干。但要从树干爬到某片树叶，它必须在树枝中取一个特定的路线。这样，甚至停在分叉树上小树枝的甲虫都具有一个特别的历史。

对有机世界的一个物理化学观点

现在我们到达了一个重要的转折点。本章和上章讨论的诸如化学反应等过程的时间演化，总归是以热力学第二定律为基础的。由于包含在第二定律里面的时间之箭，我们看到非平衡过程在"无机"物质中既可以产生自组织，又可以产生（决定性）混沌。

在第五章我们看到，有生命的动植物是存在于远离平衡态的条件之下。让我们来考虑一下神经脉冲是怎么形成的———读者念这句话时就需要千千万万同步运行的这种脉冲。归根到底，一个神经细胞的激发，有赖于在细胞膜的两边，借助于一系列的分子泵，把钾离子和钠离子隔开，使钾离子集中在膜的里面，钠离子集中在外面。细胞膜里有专门的离子通道，它们自动弹开，让离子沿着浓度梯度流动；通道的交通规则是使离子流以脉冲方式流进细胞，就像啤酒汩汩地流出酒瓶一样。很显然，这是一个非平衡情况：如果是平衡状态，那在膜的两边都是两种离子的均匀混合体了。我们现在可以理解，为什么平衡态就等于死亡——浓度梯度一旦不存在，就无法激发神经细胞了，就不会有思想了。

很自然地，我们要把生命的无比复杂性看做是自组织过程的结果。有了自组织的概念，就不难想象时间中、空间中的有序结构以及在某些适当情况下的决定性混沌。令人注目的生物学秩序可以在这种自组织的基础上取得了解，这样的实例现在已经很多。生命的基本过程，可以用承认时间是不可逆的非线性微分方程来解释。

这些生物科学中的进展有一个特点，很令人寻味——那就是，这些进展来自研究非线性问题的数学家和物理学家之间的经验交流。直到 20 世纪 60 年代后期以前，存在严重的障碍："语言隔阂"，行话的浓雾使某一领域的工作者看不懂另一领域的成果。此外还要加上另一个双重因素。一方面，科学家不喜欢生物系统令人头昏脑涨的复杂性，它使设计可以检验这些系统的理论和实验的工作，更为困难；另一方面，生物学家对数学推论和传统怀有戒心，认为数学模型总是把问题过度简化了。但为了抓住控制生物系统中自组织的基本原理，今日大多数生物学家都承认"漫画式描述"的必要。我们如果要做的话，当然可以试着把所有各个细节都包括在我们的现实模型里面，但这是非常艰巨的工作，并且无论如何，十之八九是会把事物的主要真相弄得更不清楚。

分子演化，复制和生命的起源

经过若干年辛苦的实物研究，达尔文得到如下结论：现今所有的物种在几十亿年以前，都有同一个祖先。这个所有生物为其后裔的老祖宗，一定是一个由单细胞或少数几个细胞组成的有机体。达尔文的基于变异和竞争选择的进化论，经过生物学家不断搜集资料，日益巩固了。但是，那最简单的生物又来自何处？达尔文没有答复这个问题。有人提议过上帝，然而现代科学对神的干预的观念，是不太客气的。

难道说没有一个自然过程，能使一个单细胞从无机体产生出来吗？早期该观点持有者之一是耶稣会教士泰雅德沙丁（Pierre Teilhard de Chardin 1881～1955），他一生的目的是想把科学和宗教融合为一。他认为有机体和无机体都随着时间的流逝，逐渐组织成越来越复杂的形式。这应该是关于自组织最早的想法之一。不幸的是，为了他的观点，泰雅德沙丁付出了很大的代价。1924 年，耶稣会禁止他在巴黎天主教研究所讲课。1926 年，他离开法国去中国流浪，最后死在纽约。

关于这种演化可能在何处发生，最有影响的早期想法之一出自达尔文本人。在他 1871 年写的一封信中，他写道："但假设（当然这是个很大的"假设"）我们可以想象，在一个具有各式各样的氨盐、各式各样的磷酸盐、日光、热、电等的温暖小池塘里，化学反应形成了一个蛋白化合物，接着又起更复杂的变化……"

从现今观点来说，我们原则上可以理解，物质在时间上和空间里的组织——有机体显著的特征，经过远离平衡的不可逆过程，是可以出现的。每个细胞都是一个组织良好的工厂，在里面，惊人的化学反应在化学配料某种极不均匀的分布之下进行。在此层次可以看到的美，对神经系统做过前驱工作的卡哈尔（Santiago Ramóny Cajal, 1852～1934）撰文描述如下，其中生物学术语较多，提及的知识也稍嫌过时，然而文笔确是华美。此文出现于 1937 年出版的卡哈尔自传——实验生物学中的一部经典著作。这里，卡哈尔描写他在显微镜里观测到的世界：

　　气管田里、喉咙田里和满着颤动的纤毛，纤毛由于隐藏着的刺激而波动，好像寒风吹进麦田；精虫不倦的鞭泳，气也来不及喘地奔向它情之所钟的卵子；神经细胞，最高等的有机元件，像章鱼一样伸出巨手长臂，一直伸到紧邻外界的边区，提防物理化学力不住的偷袭；建筑简单而严峻的卵子，看守着有机形态的秘密，它的星云状原形质中，围绕着胚胎旋转的是无数个世界，在未来周期里将要出现；肌肉纤维，一种高度复杂的动电电池，在它齐整的结构里，就像在机车里一样，热能转化为机械能；腺细胞简单地为活化学厂制造酵素，为了兄弟元素的利益，消耗自身的体物；脂肪细胞，家庭经济的模范，为了预防未来的饥荒，把生命宴席剩余的食品储存起来，以防备他日某器官罢工或营养发生危机。此等现象，如此多彩，如此协调，强烈吸引着我们，对它们的默想，使我们的精神充溢着最纯洁、最崇高的满足情绪。

读过这段对微观世界一气呵成的描述，谁还会怀疑，生命存在于远离平衡的场合，那里到处都是变化？卡哈尔所描述的结构是可以出现的，条件就是46亿年前地球形成以后的早期，存在有恰当的自组织配方。我们要问：发生了什么事使一个不毛的、无生命的地球变成我们现在见到的样子？完全肯定地，我们知道很少：但是下面讲的，虽然有些地方是推测，还是多少有些道理。

那时，地球的大气由氢、氮、二氧化碳、甲烷、氨、硫化氢和水组成，但很缺氧。一般的想法和其他关于化学演化的看法一致，是考虑这些简单的分子如何可以整理成较复杂的分子。"生命前合成"的经典实验之一，由尤雷（Harold Urey）的一个学生米勒（Stanley Miller）1953 年在芝加哥大学报道。米勒把他认为与原始大气类似的东西混成汤，放在一个缸里通电模拟闪电，发现缸里形成了某些氨基酸；我们所知道的生命少不了蛋白，而氨基酸是蛋白的基本元件。从那时起，已有大批的证据，说明一整套的生物学上重要的分子，包括基本遗传单元、核酸、酶素和诸如腺苷三磷酸的储能生物分子，都可以用类似的方法制成。这些证据主要是马里兰大学的彭怎帕如摩（Cyril Ponnemparuma），位于圣地亚哥的萨尔克研究所的奥尔格（Leslie Orgel），迈阿密大学的福克斯（Sidney Fox）等人取得的。

不足为怪，关于这些有机分子在无生命情况下的形成，别人也提出过另一些理论。其中之一说，这些简单分子先形成于太空，在叫做暗星云的气体和尘埃组成的云里，然后经由流星带来地球，把这些分子丢放在某些像泥塘这类有利的场所。有人进一步建议，说黏土不仅是制造这些简单元件的催化剂，并且本身就是早期生命形式的一部分，就是由遗传物体DNA（脱氧核糖核酸）和RNA（核糖核酸）控制的今日生命的铺路者。然而不管形成这些初始的复杂分子走的是哪条路，简单分子如何聚合成细胞总还是个问题。这过程牵涉到至少三个因素的演化：一、必须有一层膜把细胞本身和外界分开；二、必须有一个同化作用，由一套协调的（生物）化学反应组成；三、必须有基因，来指挥这首交响曲。

传统的看法是：开始是这些相互作用的分子被关在个别的结构里面，这些结构彼此之间的边界是半渗透性的，这样便允许复杂分子在时间上和在空间里演化了。有奥帕林（Alexander Oparin）的"凝聚模型"，那里水滴围绕着带电粒子形成；有福克斯提出的过程，可以使氨基酸自我组织成微观小球；还有哥岱科（Richard Goldacre）的"类脂双层体"模型，那里脂肪分子联合力量，制造简单的膜状结构。目前看法强调 RNA 高分子的自催化功能是细胞膜形成以前的第一推动者。此种功能的发现使得耶鲁大学的阿尔特曼（Sidney Altman）和科罗拉多大学的捷克（Thomas Cech）荣获 1989 年的诺贝尔化学奖。在他们的工作以前，所有生物学催化剂都被认为是蛋白。

如果我们从自组织原则出发，我们就可以对可能发生的情况，采取另一种和上述看法互补的看法。如果在生命出现以前的原始浑汤里存在有某种恰当的反馈机制，实现自组织的一般条件便成熟了。例如，如果浑汤里某种分子能催化自身的产生，非线性反馈——自组织的标志，便出现了。从而介质的均匀性将被破坏，引发出图案和节奏（可能经过类似图灵1952 年提出的途径），就像化学钟能显示时间上和空间中的图案一样。我们由此得到启示：应该力求一种机制，能耦合扩散和适当的非线性（生物）化学反应。

原始浑汤里的某个关键成分于是变为催化自我产生的一种或多种分子：自催化提供了非线性所需的正反馈，虽然也有别种可能，例如更复杂的"互催化"，其中反馈是经由一系列连锁反应间接提供的。原始浑汤的性质究竟如何，仍在激烈争论之中，好在这性质是远在直接观测的范围之外。不过这里重要的只是原则性问题。对此，奥尔格和他加州萨尔克研究所的合作者做了极有意义的实验。他们证明了，上面提到的核酸具有自复制这最重要的性质：在核酸原料的纯粹化学混合体里，会有更多的核酸形成。

遗 传 钟

核酸掌握着生命的设计。在 DNA 和 RNA 里面的是基因，它们逐字给出具体的指令，为我们地球上的生命建造蛋白。这种化学的信息技术使用四个字母。这听上去似乎限制太严，但我们应该记住，计算机使用的二进制算术只用两个字母。单单一个人体细胞，它的信息储存量，就像三十卷的大英百科全书，可以装三四套而绰绰有余。

DNA 和 RNA 的演化变异可以用作一种分子钟。分子生物学家比较了现今活着的和已经灭绝的物种的遗传物体，发现 DNA 和 RNA 在很长期间的突变率相当稳定。突变可以来自高能辐射，并且因为复制过程中有误抄。突变的结果是生出不同的如水蛭和地衣的物种。突变导致出一种演化钟，这个钟的"滴答"声和突变率相应。这个钟可以用时期确定的化石来校准，校准以后，可以用来估计物种是在何时彼此分支的。它也被用来证明过，遗传密码不会老过 38 亿年左右。

在各种形式的生命里，基因语言指令着细胞机制，把蛋白原料的核酸连接起来，形成个别的蛋白。蛋白是另一群关键性的生物分子，上面我们已经遇到过，那里它们扮演的角色是生物学催化剂或者酶。蛋白与核酸不同，蛋白没有自复制的能力，但是它们作为催化剂时高度的专一性，保证了自己和其祖先核酸之间有一个共生关系。这样，巨型的反馈环牵涉各种蛋白，因为蛋白对核酸的复制起催化作用，而核酸的复制对自身的产生又是少不了的。由于对化学反应动力学的贡献获得 1967 年诺贝尔奖奖金的哥廷根的马普生物物理化学研究所生化动力学系主任艾根（Manfred Eigen）和维也纳的舒斯特（Peter Schuster），以及其他的合作者，尽力建造了一个理论框架，使此类的分子演化，借助于所谓的"超循环"——彼此关联的自催化反应的循环，能在一个糖和氨基酸的原始无机混合体中实现。他们从这个想法已经得到了一些预言，很可能在不久的未来就能得到实验的检验。

另一个关于生命如何开始的模型，是宾州大学和新墨西哥圣费研究所的考夫曼（Stuart Kauffman）发展的。该模型现由法尔摩（Doyne Farmer）、巴格利（Richard Bagley）、帕卡德（Norman Packard）等人继续探讨。这里设想的是一组遗传高分子或者蛋白高分子，它们能催化某些化学反应，使别的某些分子分裂、结合。简单的化学"养料"输入进去，然后转化为较复杂的分子。考夫曼与其同事指出，这样的系统是可以变为自我复制的。

以上的讨论让我们开始认识到，在什么样的情况之下，自复制式的化学反应可以得到发展。而让我们回想一下，"自复制"这性质是生命的主要特征之一。只要核酸和蛋白组成的分子集体受着非平衡的约束，各式各样的耗散式结构原则上便会出现；空间的结构，时间上的结构，时空中的结构，乃至混沌行为，都会出现；五花八门，也许就可以描述我们四周生物美不胜收的花样和形式。这个主题，将在下章详细讨论。

时间与创造

在本章开始时，我们曾让读者回忆一下，有些科学家的观点是认为时间之箭是幻觉。这些科学家，就像康德以及他以前的哲学家一样，认为时间之箭在热力学第二定律的出现，一如我们对时间流逝的印象，是和某些主观现象有关，或者跟大脑过程有关，而不是属于自然界的。

然而妙的是，我们把第二定律更仔细地考察以后就会发现，把时间之箭说成是主观性而置之一旁，反而会引起更严重的困难。看上去，要生命出现，不可逆的过程是少不了的。这个观点，我们将在下章探讨，我们将更仔细地考察非线性动力学在生物学中的应用。一种名叫黏菌的单细胞生物也好，心脏病发作时肌肉的行为也好，我们都找得到 BZ 反应的回声。在昆虫总数的涨落里，在关于性别的起源的看法之中，混沌也将要出现。

对"不可逆性是幻觉"学派的人来说，他们很难避免一个完全自相矛盾的情况。上面我们已经指出过，用含有时间之箭的方程，可以深刻地描述生命过程。如果该箭头是幻觉，我们就不得不说，各种生命的花样——包括我们自己在内，都是我们自己近似的结果。也许是时间之箭是如此深入我们的经验，以至我们忽视了它所占的中心地位。不过，一个科学理论如果容纳不下时间的这一面，要它来大规模描述真实世界时，肯定不会开花结果的。

第七章　时间之箭与生命之箭

没有活组织，就不可能有自觉和人类的创造。活而耗散的系统不会有，除非熵沿着它不可逆的通道在时间上前去。

——皮考克（Arthur Peacocke）
《上帝与新生物学》

当你念这句话时，电火花在你的大脑中噼啪爆发。热带茂密雨林里，昆虫总数高涨低降。一个短鼻鳄卵中某点，注定了鳄鱼终身穿戴的一套花纹。在每个这样的生命图案之中，时间不停地滴答前去。

就像化学界有化学钟一样，生物界也有生物钟。这些钟的节奏，虽然彼此悬殊，然而对生命都是少不了的。神经细胞，一眨眼之间激发几千次。另种细胞里，物质的浓度以数秒长的周期起伏。组成人体心脏的细胞群体，每分钟跳动 70 次左右。而组成整个植物或动物的细胞总集，具有内在的、长达数年的成长发育周期。所有这些节奏归根到底都是由分子过程、生物化学过程所控制。要了解这些过程，我们可以运用与上章我们讨论贝鲁索夫-扎宇廷斯基（BZ）反应里时钟式振荡时所用的办法。唯一重要的不同就是我们现在考虑的体系是活体系。

在BZ反应中，自组织表现为化学活动的旋转螺旋，其中成千上万的分子齐步组成时间和空间的宏观结构。在生物界中，相应的组织过程则是个别细胞聚成多细胞有机体。自组织也包含如昆虫总数的涨落、人体心脏的跳动之类的有序现象。的确，整个的人体都可以看为一个在时间空间自我组织的复杂单元。

因此不足为怪，生物系统具有和BZ反应类似的内部反馈过程。酶素，在被身体制造出来以后，接着又参与随后的、和它本身制造有关的过程。该酶素可能激励，也可能压制细胞的机制。这种非线性过程的结果很难预测，因为当酶素的量在变的同时，制造酶素的规律也在变。但是生命本身就是一个高度非线性过程。载着反馈过程的蓝本的基因，同时也负责调制我们身体应该如何读、如何理解这同一基因。

生物界富有反馈过程，并且和化学界的BZ反应和布鲁塞尔振子一样，这些反馈过程能产生三种不同的自组织形式。时间上的组织是振荡；空间的组织是图案；两者的结合则是活动波浪在空间传播。关于生命是如何持续这问题，这三种自组织在一起，给我们提供了不少的见解。

这里必须认清，反馈有本质上不同的两种：正反馈和负反馈。正反馈增加系统中的产量，一种配料自催化自身的产生就是一个例子。负反馈则降低产量，例如控制暖气设备的恒温器。屋子里温度一旦低过某个预先定好的温度，暖气设备就打开，将室温提高到所要的水平。该水平一旦达到，设备就关上。然而不可避免地，房屋将会在设备关了以后继续加温，结果是使温度稍微走过头。同样地，当室温下降以后，当设备再开动时，室温会比预定的"最低点"少许低一点儿。这样，负反馈结果是建立一个循环，其中温度慢慢地上升，下降，再上升，再下降……。这本质上是使系统稳定化，此类反馈一般认为在人体中极为重要，例如血压的控制。纯粹正反馈一般认为对人体不这么重要，因为它会导致不稳定的行为。可是，对于动物总数在时间上的变化，正反馈是很重要的。至于正、负反馈同时存在，这种情况极为平常，身体中白细胞的制造就是一个例子。

生物学混沌

前面考虑化学钟时，我们发现有化学混沌。现在我们考虑生命钟，情况好像是一样。虽然关于生物混沌的研究仍属初步，它看上去对某些重要而往往是不良的现象，应该负有责任。混沌似乎发生在体内组织解体，身体处于非正常动力状态的时候。有人断言，心脏病暴发时，混沌便崭露头角，一如在某些疾病时好时坏的变化之中。另外有人推测，对混沌的了解将有利于用脑电活动分析来预报癫痫发作。它甚至是演化少不了的因素，不过，这些论调不宜过分相信。近年来世上无疑地对于混沌的存在有"赶时髦"现象：

一方面报刊科学通讯员将它大肆宣传，另一方面科研者抓住它，用它来赢得名声与经济资助。鼓吹混沌的人认为：混沌到处都有。然而，对于许多生物学中的例子，可以说陪审团仍在考虑之中。就如第六章所说，我们应该辨别内禀于系统的决定性混沌和来于外界噪音的随机变化。区别两者，理论上有很好的检验方法，但是实际应用起来，并非直截了当。这是因为，如果没有详细数据，我们依靠不了现有鉴定混沌特征的方法，例如计算自称为奇异吸引子的分维数。这些吸引子，就是其中资料最齐备的例子，也还没有人证明过是满足严格数学定义的。

尽管如此，在生物过程每个层次上，从细胞内的事件到细胞与细胞之间的事件，从有机体体内事件到诸有机体之间的事件，似乎多少的确存在混沌和组织并列。这些事件都是不可逆过程，而不可逆性同时含有混沌和组织的配方，犹如印度舞神湿婆，一手拿着破坏的火，一手敲着创造的鼓。本章将继续调查研究生命的这两方面，希望能彻底领会不可逆耗散式系统在自然界的重要性。

由于熵在增大，所有活体系都在耗散。这种体系也都是动态的，因为其中的过程极端地倾向于演化。用术语来说，我们现在是在研究远离平衡、非线性耗散系统中，时间上不可逆的演化。一个等价的名词术语就是"动力系统理论"。有些生物学家和数学模拟专家对"耗散"、"远离平衡"，以至"非线性"这类字眼感到恼火，把它们看成是别有用心的外行强加于现有学科之上、与题无关的商标。这种情绪虽然可以理解，总属可惜。对生物学的精明见解有些是从跨学科角度取得的。基于不可逆过程的数学性质，我们将要考虑的每个实例都强调时间之箭的重要性，当然，一个理论仅仅应用成功，还不能证明它就是正确的。但我们相信，不可逆性在生物学中的重要性，已积累的证据是如此确凿，不容忽视。下面的实例，目的就是提出这些证据。

糖　　钟

我们身体中的细胞必须具有集中能源的手段。这样，细胞才可以与时间之箭交战，而不被时间之箭拖进热动平衡和死亡——时间之箭最原始的面貌。一群错综复杂的化学反应将食物的能量转化为细致的生命机制。植物动物只是在持续远离平衡的状态之下，才能产生生命必需的生理秩序。它们的细胞需要能量帮助消化，帮助合成生物化学剂。这样才能产生浓度梯度，肌肉才能收缩，体温才能保持，等等。

我们的家庭生活靠煤气或电。身体中的直接燃料叫"腺苷三磷酸"（ATP），是一种富有能量的关键生物分子。如要生命继续下去，ATP 必须合成。ATP 载能用的是一个高能化学键，它像一个压紧的弹簧，其中牵涉到化学家所谓的磷酸群，由四个氧原子围绕一个磷原子组成。ATP 一旦失掉磷酸群，就退化为

"腺苷二磷酸"（ADP）。反过来，ADP 也可以经由磷酸化这一过程，进化为 ATP。

绿色植物利用日光把 ADP（和糖类）合成为 ATP，此过程叫光合作用。而动物则用呼吸制造 ATP。动物吸取糖类和脂肪，然后在它们细胞中名为线粒体的特殊操作单元，用呼吸从大气得来足够的氧气，燃烧这些材料。燃烧在一串连锁反应中进行，这些反应彼此策应好像手表中的齿轮。产生的废料就和一般燃烧的结果一样——水和二氧化碳。此种新陈代谢途径叫呼吸链。

然而，并非所有细胞都从阳光或氧气中取能。有些用呼吸链的二等代用品——酵解，使葡萄糖发酵，将葡萄糖分子一截为二，这样制造的 ATP 要少得多。巴斯德 1861 年对酵母进行实验时，指出这些贫氧过程的效率远比富氧过程的效率低。正如一位幽默家所说："这些实验证明了，没有空气，生命不是不行，只是太贵——就像今日纽约一样。"原始单细胞有机体，诸如也出现在酸乳酪中和食物中的酵母，即使没有空气，也能依靠酵解继续生存。蚝、绿海龟等生物也这样，它们大部时间生活在水底。甚至在人体中，酵解也起作用，尤其是在血液输送有限的地方，例如正在进行剧烈活动的肌肉。

在光合作用、呼吸链、酵解这三种能源中，生物化学钟一直滴答前去。我们了解最清楚的是酵母中的酵解。酵母是个别独立生活的细胞，有一种酵母生活在葡萄皮上面，使葡萄汁变成酒的就是它。发酵时产生的不仅是酒精（乙醇），还有别的产物，总数达500种左右，它们之间的比重决定酒的质量。此过程人们熟知，古代文明人都早已知道。根据布鲁塞尔自由大学的巴布罗延兹（Agnessa Babloyantz），"有关酵解最早的记载是埃及某座古墓墙上画的一套解说图，该墓属于法老突特摩西斯三世（公元前1505～前1450年）的酒窖管理官"。

酿酒酵母如何把糖转化成酒精，这项迷惑、陶醉了历代科学家的研究，是现代生物化学的一个前例。因为此项研究搞得如此深入彻底，我们对生物化学节奏图案的了解，在此情况下达到最高峰。事实上，到了1940年左右，酵解的整个新陈代谢途径全搞清楚了。1957年，兑森斯（L. N. Duysens）和阿米斯（J. Amesz）首次指出，酵解过程中，能量并不总是平稳地产生，有时能量以一定的节奏振荡，过程中各种中介物的浓度也同样地振荡，其中最重要的就是我们的富能老友ATP。

ATP浓度是否在时间上起伏，完全决定于当时周围糖和ADP的数量。振荡在生理调制中扮演何种角色，关键在此。细胞中如果只有少许ATP（于是较多的ADP），酵解之门就打开，制造所需的ATP分子，细胞或许从其储备提取淀粉或糖原；如果细胞中ATP很丰富，例如呼吸链工作一直很顺利，酵解通道就切断了。此调制过程叫做巴斯德效应，它实际上被单一种酶素所控制，这是一种大而复杂的生物蛋白分子，能加快某些特定的化学反应。

此酶素叫磷酸果糖激酶（简称 PFK）。经过几百万年专门朝这项功能的演化，PFK 每当 ADP 浓度足够高时就打开，每当 ATP 浓度够高时就关上。可是 PFK 是一种磷酸制剂，它利用 ATP 把磷酸群挂在糖分子上，从而使 ATP 转化为 ADP。而 ADP 本身当然又是激活此酶素的因素，使它更快地工作。这反馈恰恰就是自组织所需要的那种自催化非线性行为。

目前有数种理论模型，目的是描述糖钟是怎么走时的。一般说来最成功的是布鲁塞尔自由大学的哥尔德贝特（Richard Goldbeter）和勒菲弗 1972 年提出、随后由哥尔德贝特及其他合作者所补充的模型。他们把问题中的所有枝节都删掉，只留下要点。开头是用 12 个连锁非线性微分方程来描述；最后只用两个这样的方程，把全力集中在酶素 PFK 和生物化学能源分子 ATP。

如此极端简化的好处是：描述其中节奏的方程和描述布鲁塞尔振子的方程就很相似了。如上所述，它的化学钟性质可以表示为一个极限环。如果浓度适当，糖钟里 ATP 和 ADP 的含量便顺着一个圈，像跳华尔兹舞一样，变化周期大致一分钟，和实验值符合很好（图 22）。这样，酵解节奏是生物界耗散结构，时间上自组织图案的第一个公认的实例。

有节奏的生物化学过程已发现许多，这些过程有的牵涉单独的酶素，例如自催化剂辣根过氧化物酶和乳酸过氧化物酶，有的牵涉到一群酶素。一如生物钟，这些振荡子对细胞内外信号的传送以及诸如胚胎

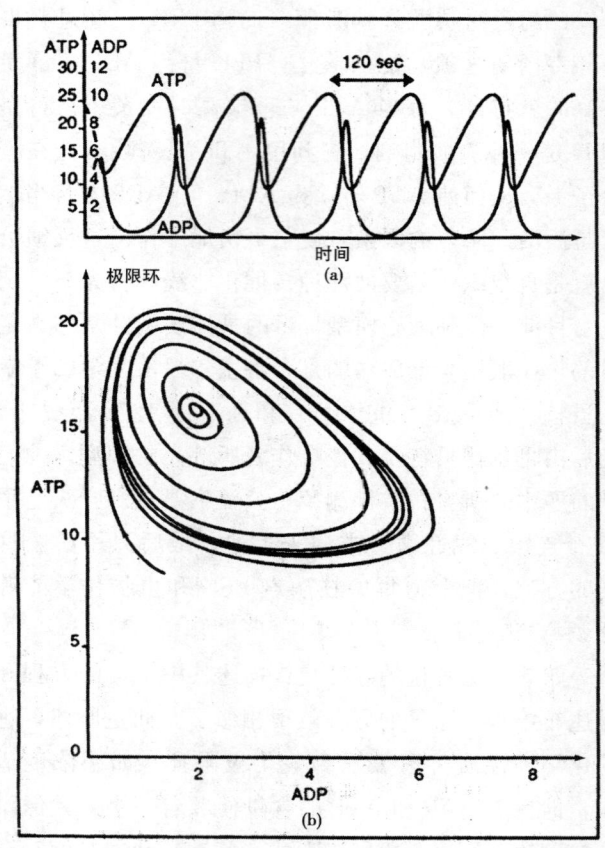

图 22 （a）ADP 浓度和 ATP 浓度的周期性振荡。 （b）ADP－ATP 相平面中的轨道逐渐演化成一个极限环。

细胞有的变为脑细胞、有的变为肝细胞的分化过程都起作用。和前面讲过的情况一样，凡是秩序以可预测的循环形式出现的场合，混沌也就出现，其中振荡的频率幅度不停地做不可预测的变化。有规振荡和混沌振荡，在植物用以转化日光为能的光合作用、细胞"发电厂"线粒体的呼吸之中，我们都不能忽视。

细胞分裂的万能钟

控制活体基本成长过程——细胞分裂的单独的钟，似乎也是自组织在主控。每当我们体内十兆细胞中有一个分裂时，就有新的遗传物质被制造、被分开、被隔离。细胞分裂调制得好，就得出诸如耳鼻之间的差异，调制不好就是肿瘤。体内细胞以各种各样的速率进行分裂。成熟的脑细胞根本不分裂。肝细胞每一两年分裂一次，而肠壁细胞一天就分裂两次。在细胞分裂过程中，我们再次同时遇到单向式时间和循环式时间。无论从哪一点来看，细胞分裂都是循环，因为刚分裂出来的细胞和其母体完全相似。细胞以一个固定的时间间隔分裂，每繁殖一次，细胞就打一下拍子。可是一系列这样的循环，产生出来的是线性时间，因为我们的细胞，多数都是命中注定了分裂繁殖若干次以后就要死亡。

谁都知道，我们体内细胞并非永远一直分裂繁殖下去。胎儿细胞分裂 50 次左右以后，就会死亡。一个 40 来岁人的细胞，分裂 40 次以后就停止，而 80 来岁人的细胞，勉强可以分裂到 30 次。这次数和整个身体老化程度相应，寿命较短的动物，它们细胞分裂较少次数以后就停止了。未老先衰的沃纳症患者，他们的细胞死亡以前分裂次数特别少。

对于体内控制细胞分裂的基本时钟，近来取得了深刻了解。我们的身体从一个单细胞，经一系列分裂而成，每次一分为二。该过程严防意外，一步连一步，都经由许多因素预先安排好了。有的因素是细胞的内禀因素，例如细胞一般长到某种大小以后才进行分裂。有的因素则受周围环境的控制，好比说，要看细胞在整个活体中所处的部位。但是，究竟是何种分子使细胞分裂？对于左右这重要关节的遗传程序，我们能说些什么呢？

1980 年后半期，研究者对这些问题，采取两种处理方法，从而取得了大步进展。一是科罗拉多州丹佛城的马劳（James Mallor）领导之下的一个研究小组和法国蒙沛黎诶分子生物学研究中心的皮卡（Andr Picard）、拉贝（Marcel Labb）、多雷（Marcel Dore）领导下的一个小组，认证了触发细胞分裂的分子。另一个是纳耳斯（Paul Nurse）领导的遗传学小组证明了这个重要的分子，对于从酶素到人基本都是一样。纳尔斯现在工作于牛津大学的皇家癌症研究基金会细胞循环小组。

细胞可以被看做微小的钟，摆动于两个状态之间（图 23）。在一个状态下，细胞长大，分裂被抑制。在另一个状态下，虽然继续长大，细胞却进行分裂。细胞来回于这两个状态之间，一个来回就相当于钟的一次"滴答"。酶素的基本遗传程序中这部活钟

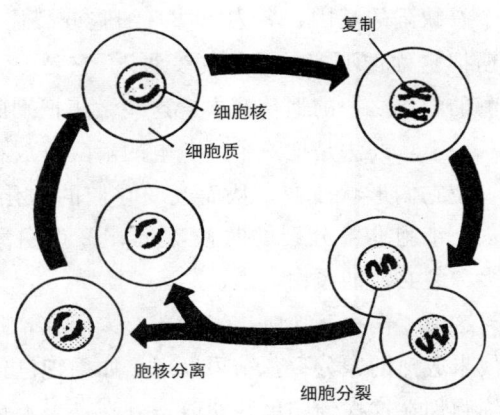

图 23　细胞钟：细胞成长和分裂的各个阶段。[录自《每日电报》]

的蓝本被纳尔斯与其同事发现了。他们第一步是把细胞分裂必需的一百多种基因认证出来。每种基因相应于一种对细胞分裂起作用的蛋白。可是光靠这点我们仍不知道分裂的机制。下一步就是要知道哪些蛋白重要。纳尔斯体会到，他如果找到一个基因能加强细胞的分裂，那个基因便相当于一个关键性的蛋白。他用钟的比喻来解释这道理。要钟走慢一点儿或者要钟停不是难事，只要拿走某个钝齿，某个发条，或者其他一堆元件就行了。但只有使钟走快的操作才能揭露哪个元件是控制速度的关键部分。要找出分裂更快的变种很简单：一个细胞长得越快，它分裂时的体积就越小。纳尔斯和他的小组在爱丁堡大学找到了四个这样的酵母，起名叫"小变种"。其中之一最有意思，含有一个有缺陷的基因，名为 cdc2（细胞分裂控制 2），纳尔斯把它称作那年的"新闻变种"。它是一大族名为激酶的成员之一的遗传蓝本，这些激酶把别的蛋白打开、关上，办法是把一个带负电的磷酸群放在蛋白上面，使它们形状改变，从而改变它们的催化功能。看上去，细胞准备分裂的时候，此 cdc2 蛋白激酶打开许多分裂必需的蛋白。

与这项工作相互呼应，当时还有人研究，是什么因素使未成熟的卵分裂。结果发现，如果把已经在分裂的细胞加在这样的卵里，卵就会分裂。令人惊讶的是：所加的细胞可以来自别的生物，海星、人、酵母、"草履虫"都可以，青蛙、海星未成熟的卵都会被触发分裂。很明显地，控制细胞分裂的关键分子，从最原始的生物到演化最高的生物，都没有什么大不同。1988 年，马劳在丹佛发现了这么一个分子。纳尔斯问他要不要把他净化过的蛋白和纳尔斯自己的酵母蛋白激酶对照一下。果然是同一个东西。这结果纳尔斯总括为"有了！成了！"（Eureka）。

牛津小组的李（Melanie Lee）做了一个漂亮的实验，证明控制人体细胞钟的也是同一种酵母蛋白。虽然细胞钟的详细机制仍属未知，但是很明显，管制细胞分裂的遗传程序，自从地球上有生命开始，亿万年来实质上没有多大变化：酵母和人有个共同的祖先，10 亿年前活在地球上，用着和我们今日同样的办法控制细胞分裂，这是达尔文学说一个有力的证明。大自然的细胞分裂时钟，比作手表也好，座钟也好，控制机制都是一样，都是一个分子振荡子在调节细胞，让它来回在两个状态之间。这"同一种蛋白大家都用"的现象，在自然界屡见不鲜：每当大自然发现了一个有效方法去执行某个紧要任务，她总是尽可能重复使用这同一个机制。这种保守倾向不难理解：一个必不可少的酶素如果变异，形式如果稍有改变，那很可能就活不下去。它就会不再适合自组织所需的、错综复杂的生物化学反馈过程。

了解细胞循环如何调节，下一步是数学模拟。就如纳尔斯所说："我们现在已经知道了谁在演戏，演的是什么。现在我们要知道的是：为什么某个角色在某个时刻上台。"首先，有一些问题必须解决。现有技术很难测量细胞中某个生物化学剂浓度在时间上的变化。分子生物学家在寻找关键分子时所用的手段，大半会破坏原有的空间时间组织。按照纳尔斯的说法，"我们想了解数据，但数据本身已经失掉活细胞动态描述必需的信息。"

细胞钟更多的详细情况得到以后，我们差不多就可以断言，这一个最基本的生命形式的秘密，迟早将会被动力系统学语言说穿。所有必需的分子步骤都得连成一片，然后建立一个适当的非线性动力模型。美国理论生物学家泰森和考夫曼早年（1975）曾在这方面试过，并且自称得到了极限环的证据，当时极限环概念很时髦，就像今天的混沌一样。可是更详细的实验研究证明了，他们基于一个特殊模型的结论是错误的。按照亚利桑那大学温弗利的意见，这件事给我们的教训很清楚：这种非线性数学模型的运用，"必须逐次分别加以考虑，时髦概念的预设是用不着的。"

黏菌社交

让我们现在跨一步到生物界的次一层，不再讨论细胞里面的组织行为，而是讨论细胞与细胞之间的组织。像哺乳动物这样的高级生物，每个含有亿万个细胞，这些细胞在从卵到生殖的过程中，组织成一个极为精巧的结构。在此过程中的任何机制，我们对它的了解都不够给出一个说得过去的数学描述。尽管如此，用非线性动力学可以理解形态起源，这点似乎没有问题。这是依赖时间之箭的、最令人惊奇的创造过程之一。

一种叫黏菌的奇怪生物，它介于一堆单独的细胞和一个有机整体之间。它的学名叫 Dictyostelium Discoideum（参见黑白插图），它妙在有时候是多细胞体（10 万左右个细胞），而别的时候，如温弗利所说，"这些细胞独立地来来去去，像蚁群中的工蚁一般。它一如蚁群，是一个'超有机体'，一个遗传一致的整体，由独立的、不自私的单元，为着集体利益组织在一起。"

黏菌细胞以细菌为食物。周围食物多的时候，每个单独细胞都尽情狂吃，以直接分裂方式繁殖。不用说，理想世界不能持久，这社会迟早要缺粮。到这时为止，诸细胞一直都不管彼此的存在，像孤独流浪人一样地行动。现在它们"注意"到彼此了。由于某些目前仍不清楚的理由，某些细胞开始活动，成为"领导"，有节奏地发出一种化学剂，名为环腺苷单磷酸（cAMP）。此化学剂 cANP 在生物界极为普遍，作用是充当邻近细胞之间的信使。这个要大家团结组织的军号声，以每秒数微米（一微米等于一百万分之一米）的速度传播。

细胞一接到信号，便开始朝着领导细胞的方向蠕动，那也就是 cAMP 浓度高的方向。它们同时把信号放大、传递，形成反馈，提供非线性，使更多的细胞向领导集合。细胞以脉动波的形式向中心聚集。

只要看一看黏菌就会使我们觉得，这里的过程和化学钟里的大概差不多。书中图版部分中的照片显示，细胞群体聚集形成的同心圆波和螺旋波和出现在BZ反应中的螺旋波极为相像。这种波出现在心脏肌肉的节奏跳动之中（关于这点，本章下面还要详述），也出现在传染病菌中，乃至旋涡星系里的恒星形成波。

细胞一旦形成黏腻的一团，便开始分化，形成一个尖顶，从那里，cAMP 不停溢出。整个一团组织成了一个光亮的、多细胞的"鼻涕虫"，有一个头，一个尾，向前蠕动，找光，找水。这群细胞形成这简单有机体，前后一共要数小时。它身长一二毫米，在脉动源尖头的领导下向前爬行。过后它竖立起来，形成一个杆子，杆子顶上托着含有孢子的囊袋；最后囊袋破裂，风把孢子吹往远处。如果孢子停在适当的地方，它们便会发芽，重新开始这奇怪生物的另一次循环。

这种行为里面令人注目的生物化学，使我们联想到上面描述糖钟里的酵解反应。为此蠕动物体提供信号的信使分子，cAMP，是从 ATP 经过一种名为腺苷酸环化酶的酶素的作用而产生的。就像酵解一样，这里也有反馈出现：细胞周围介质中已有的 cAMP 又激发腺苷酸环化酶，从 ATP 中产生更多的 cAMP。这样便出现了自催化，而自催化是自组织不可缺少的因素。哥尔德贝特运用了他先前研究酵母细胞中酵解振荡时用的非线性分析，在极限环基础上详细地指出，cAMP 如何每几分钟产生振荡。这是自组织行为的一个极好例子；再者，现在也有了 cAMP 混沌振荡实例。在 D. Discoideum 的一个变种里，已观察到以 cAMP 振荡形式出现的时间上的混沌，以畸变枝干和结果体形式出现的空间的混乱，这些现象，如添加一种名为磷酸二酯酶的酶素就都可以恢复正常。

生物形态的起源

大自然具有多种机制，使细胞组织成为各种各样、令人眼花缭乱的形状。如用最简单的方法分类——按照体积的大小，人的位置便是在离最大顶端的十万分之一的地方。鸟、鼠、蜂或许看上去不大，其实它们也处于离顶端的 1% 之处。其余 99% 都是昆虫和小虫，它们的平均长度仅仅 3 毫米——"这样大小的东西，就是掉在汤里，我们也很少注意到"。要详细描述多样化配方，为期尚远。然而，人在相当大的程度上，受着和其他生物，诸如昆虫、蒲公英、黑猩猩同样遗传程序的控制，这一事实使我们继续有希望能对演变有个一般性的理解。

有些科学家只想对实际过程略加澄清。有的却想发现生物界的牛顿定律。20 世纪早期，苏格兰圣安德鲁大学动物学教授达西·汤普逊（D'Arcy Thompson）在他关于多细胞有机体成长的专著中写道，有生命物体的进化必须受几何所规定的框架的限制。今日的生物学家，许多都会认为这是条死胡同，认为该学科的大步进展不是出诸笔墨，而是来自实验室中的观察。

尽管如此，在生物学实验研究激增的同时，理论学者也在背后悄悄地致力于了解这些生命图案如何在时间上编织出来。从理论上我们不仅可以得到酵解和细胞钟所表现的时间上的图案，我们也可以同样取得诸如条纹、点子、山形纹等的空间图案，这些可以看做为驻波：虽然组成花案的彩色分子本身可能在做剧烈活动，整个图案是固定不动的。此种可能性早被图灵在他 1952 年的一篇论文中认识到。关于形态起源——有机形式的发展，图灵的看法近来有人研究是否可以用来解释诸如斑马的条纹、金钱豹的点子以及身体各部分的初始分化。

要使一个图案从亿万个运动不已的分子混合体中出现，其所需要的配料在本书第六章讨论过。其一是扩散，化学浑汤不同的部分到底是经过扩散彼此才"交换信息"。另一个是化学反应。分子一面扩散一面起反应，反馈出现，于是花样产生。为了对这些空间结构做数学模拟，非线性动力学必须描述不可逆化学反应的速度，同时要顾及各种化学配料不同的扩散率。因此，图灵的基本途径现今称为"反应-扩散理论"。第六章提到的"可激发性"可能也很重要。

生活在淡水里的水螅，有人说有 100 个，有人说有 50 个，有人说有 9 个头。虽然古希腊的大力神，借助于其驭者，终于结束了它的性命，它的一个低贱的远房亲戚现今仍然健在，并且在对形态发生的研究中做着贡献。从水螅身上截取一二毫米的一小段就可以长出整个的水螅。这惊人现象早在 1744 年就被出生于日内瓦的动物学家特兰布利（Abraham Trembley）注意到。它为形态起源的研究，提供了一个虽非典型、确是方便的系统。如果从水螅头附近取出一小片组织，放在身体的另一个部分，48 小时以内就会长出一个新头；那个新头甚至可以拿走，它自己又会再长。"局部组织受到某个物体的感染了"，马普病毒研究所的马因哈特（Hans Meinhardt）这样写道。马因哈特对此形成图案的能力，在图灵式反应-扩散理论的基础上，进行模拟。按他所说："很有可能，在不久的将来，关于简单有机体成长的控制，水螅将会提供一幅颇为完整的图画。"

水螅中图案的形成似乎取决于两个因素：短程的化学激发（经由自催化）和远程的抑制。产生出的非线性导致许多有机体所共有的图案特点。典型情况是：一小片组织开始与其周围稍有不同，开始释放少量的"激发剂"，由于自催化，激发剂的浓度很快地增高。局部的高浓度触发抑制信号的制造，这是另一种生物分子，它散布到周围的组织，使别处不生产激发剂。这些所谓"形态子"的浓度分布轮廓，实际上告诉细胞它相对于特殊组织的位置，从而决定此细胞演化为头细胞还是尾细胞。例如，要看是昆虫身体的哪一段，结果是腿还是触角。一般认为，激发和抑制不仅模拟初始图案的发展，并且对诸如鬃毛、毛发、羽毛、树叶重复式结构的间隔，也扮演重要角色。反应-扩散理论已被运用于四肢软骨的排列，羽毛鳞甲的分布，动物的体纹以及蝴蝶翅膀上的复杂花纹。是否成功，尚有争论。反应-扩散式方程可以产生各式各样不同的图案。图灵的母亲写道："他给我看了一些（图案），问我它们像不像牛身上的斑点。它们的确很像，以至于现在我一看到牛就想起他的数学图案。"

动物的这种图案一般规定在壳或子宫里的胚胎上面。图案形成的精确时刻和当时胚胎的大小，是决定动物终身穿戴的花纹的关键因素。数学模型启示我们，为什么处于哺乳动物体积分布谱两端的象和老鼠，它们身上的颜色比较均匀一致，而不太大也不太小，像短鼻鳄鱼、金钱豹、斑马，它们身上的花纹就会很不寻常。此类模型表明，金钱豹的尾巴太细，装不了斑点，斑点都合并为条纹（图 24）。的确，按照牛津大学数学生物学中心的詹姆士·默里（James Murray）教授所说，数学模拟可以解释为什么"世上有身上是斑点、尾巴是条纹的动物，而没有这个样子反过来的动物"。

然而，用图灵不稳定性来描述图案形成有个大问题，那就是：该不稳定性从来还没有在任何实验中真正出现过。对有些似乎控制发育的物质，有人建议它们是"形态子"：哈佛医学院的一对夫妇小组得到很好的证据，证明视黄醛酸会触发鸡胎中的一团细胞，使它们成长为腿或者翅膀；而坐落在曲宾根的马普生物演化学研究所的一个小组得到证据，证明果蝇胚胎的发育受 bicoid 蛋白梯度的影响。可是这类例子不符合图灵关于花样产生的图像。其理由本书第六章已经略为提及。图灵的反应-扩散理论无法描述自组织所有可能的机制。加州伯克利的吉姆·默里（Jim Murray）、奥斯特（George Oster）和其他人提出了一个与此有关但性质不同的处理方法。他们用一个类似的模型，但里面采用直接测量的生化量和细胞密度，他们叫这"力学-化学"方法，因为细胞受到的化学和力学影响都考虑到了。此模型可以和已知量或实验可测量挂钩，它是否正确因而比较容易检验。默里使用了一个力学-化学模型，对短鼻鳄鱼身上花纹是在怀孕期哪个时刻规定在胚胎上，做了精确的预言，这个具体结果可以直接检验。此种措施进一步的运用将帮

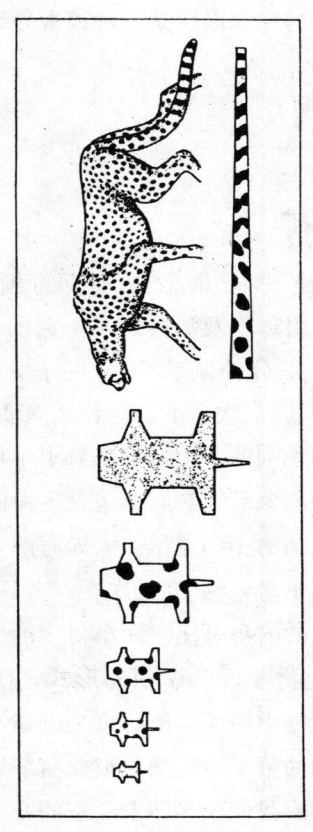

图 24　在胚胎时期决定的动物身上的花纹和动物的大小有关。老鼠体积太小，因此多数身上没有斑点。体积大的动物，好比象，也倾向于全身一个颜色。用数学我们可以预言，面积不够大时，斑点就要变为条纹。猎豹下方的楔形图说明了猎豹身上和尾巴上花纹的不同。

助我们了解，创伤如何自我治愈，正常发育期中四肢的软骨布局如何规划以及是何种因素导致先天性缺陷和畸形。

跳动的心脏

形态起源是不可逆演化的一个极好例子，但它对我们心理起的作用远不及那台最了不起的生物钟——心脏。人的心脏一分钟跳动 70 次左右，一年 4000 万次，一生总共 30 亿次上下。这台充满活力的发动机，它所有的各种规则的节拍，都来自于不可逆过程。心脏不仅是生命的象征，它同时也是生命的一个共同极限：所有哺乳动物小如老鼠，大如海鲸，一生中心跳总数似乎都差不多，约 20 亿次。

心脏演化的前身是比它简单得多的生物泵。原始动物用这种生物泵，以蠕动的形式，使液体周流其身——今日人体中的大、小肠也是以蠕动形式运输食物。两个这样的管子经过演化彼此盘绕，长出极大的肌肉，最后形成我们今天四个心室的心脏。自从人类在地球上定居以来，有关心脏跳动的作品，从原始部落的歌唱，到历代的诗词，直到今日的流行歌曲，层出不穷。现在轮到数学家和科学家显身手了。

在 20 世纪 20 年代，荷兰的两位学者范德泊（B. van der Pol）和范德马克（I. van der Mark）在这方面种下了种子，直到现在仍在给我们宝贵的启发。他们指出，只要调节模型中某些参数，便可以得到心脏规则节奏的各种不同的破坏——各式各样的心律不齐；每种心律不齐的出现都是经由非线性动力学中很熟悉的一个特点——分叉点。

何杰金（Sir Alan Lloyd Hodgkin）和赫克斯利（Sir Julian Huxley）1952 年的先驱工作，为生理系统的数学模拟带来了一大进步。他们研究的是鱿鱼的巨轴突——神经细胞传递冲动的线状伸延。这工作使他们获得诺贝尔奖。他们处理所得到的微分方程的方法，能给出一个定量的描述，现在经常被用来研究模拟心脏组织中电活动方程的性质。赫克斯利随后在1959 年又指出，内禀于模型的是重复性活动，如果细胞缺钙，便会出现规则性的神经激发。

关于心脏动作的情况以及用于描述的非线性方程的数学性质，我们现在知道的比以前多多了，对一大批心脏病的医疗，也取得了惊人的、不断的改善。例如，我们现在在心脏上可以置放一个器具，监视心脏的跳动，一出现可能致命的节奏，便摇它一下，使节奏恢复正常。很可能的是：不可逆非线性动力学这理论工具，对心律失调的诊断和治疗，迟早会有贡献。仅在美国，一年就有 40 万人由于心搏突然失调而死。这里节奏失调有时是跳动过慢，多半是心搏过速。虽然所谓过速会是快而有节奏的拍子，可是心电图会揭示，当心脏开始做纤维性颤动时，这拍子就退化为无规则的形式。这表示心脏细胞的一个非正常的时间空间组织。

许多生理节奏是由单个细胞或数个耦合在一起的

细胞产生的。就心脏而言，我们现在知道心搏至少受到 6 种不同的指挥。一个特殊的肌肉组织，名叫普尔金耶纤维，它的细胞比心脏别的组织的细胞都大。虽然普尔金耶细胞并不直接提供心脏的自然节奏，它们把"窦结心搏引导"所发出的激发传运给心脏。这些引导细胞的节奏是由所谓"心搏波"触发，它们类似于 BZ 反应中的引导中心，那些中心可以用热铂丝稍碰溶液而建立，一粒灰尘或者盛溶液的碟子上一道划痕都可以触发它们。反过来，心脏病发作时也观测到与 BZ 反应中类似的螺旋波，围绕着一块健康的肌肉组织旋转。

牛津大学生理系的计算机里面跳动着一个活的心脏细胞——基于一个数学模型的数字式心脏细胞。这是诺布勒（Denis Noble）和他的小组设计的。诺布勒、弗郎西斯科（Dario di Francesco）和他们的合作者致力于建立一个数学模型，其中包括发生在细胞里的成千上万种化学作用。关于心脏跳动的原因，世界上的科学家一发现什么，他们就把它加进去。可是即使模拟一个细胞的动作也需要大量的计算机时间——要算一秒钟的心跳，诺布勒的计算机要运行 100 秒。因此要了解众多细胞的合作行为，会大大受到计算机时间的限制。诺布勒希望用明尼苏达大学的"连接机"（Connection Machine）来模拟高达 50 万个细胞的心脏组织。这是台威力巨大的计算机，具有 1 万个可以平行计算的处理器。这类巨型数字运算可能帮助我们对不同的心搏分析加以比较，对一些问题不同的说法加以判断。例如，纤维性颤动有人说是起因于决定性混沌，有人说原因是旋转波的相空间奇点。

在本书写作的时候，细胞中的物理化学过程是用30多个联立耦合非线性微分方程来描述。这些过程中最重要的是让电信号闪进闪出细胞的渠道。这些信号由特殊蛋白传达，办法是把载电的离子搬来搬去。诺布勒的模型包括10多个这样的渠道以及另外一些在细胞内部和表面运输化学剂的过程。这里面最重要的是钙渠道，它触发ATP经过一串复杂的过程转化为心搏。与BZ反应一样，心脏也是一个耗散系统，因为物质进出细胞，要使细胞两边化学剂的梯度不断减低。

化学钟里面的耗散式结构是规则性的颜色变化或者美丽的彩色旋涡。心脏细胞里，众多蛋白纤维配合一致的动作可以看为其中的耗散式结构。为了维持这节拍，个别像钠泵这样的过程是不可缺少的。就像座钟的钟锤渐渐地下落使钟不停，这种泵不停将钠离子输送过细胞膜，从而保证心脏远离平衡态。每次心跳，钙离子就涌入心房。跟钙渠道相互作用的不是别的，而是我们的老朋友cAMP。一如黏菌情况，cAMP和酶素腺苷酸环化酶并肩工作。在心脏里，这两位在控制钙渠道开关的反馈过程中，齐步动作。在单个细胞的层次上，涌入细胞的钙离子，运用一种分子"棘齿"机制，触发某种特殊蛋白的收缩。显而易见，钙进入心脏只是一半心搏。一次心搏完成以前，必须有另外一个运输机制，把钙取出来，放松细胞。

这现象已经用特制的钙敏染料看到了。

得到的图像是依靠一群错综复杂的、自我组织的、不可逆反的相互作用的一个心脏——一群化学，蛋白、酶素信使的集体舞组成的每次心搏。诺布勒的模型，以其逼真的跳动，显示了心脏舞蹈可以用非线性微分方程加以数学描述：是一个极有考究的物理-化学"时钟反应"使我们心脏搏动。

动力性疾病

诺布勒的研究除告诉我们关于生物时间的一些情况外，还给心脏病的研究带来了好处。即使正常人，心跳率也有显著的起伏；当心脏钟里有多个彼此竞争的引导中心时，不正常的心搏常会出现，这情况有时就模糊地被说是"混沌性"。现在既然有了一个非线性动力心搏模型，我们就可以考查这种不规则性是来自决定性混沌，还是来自较传统的原因——随机噪音。要把两者从记录在心电图上的实验数据中分开，殊非易事。因此目前对于如何理解此类数据，意见不一。有些作者说混沌将会揭露心脏病暴发的隐秘，但这看法不一定恰当。例如，心室纤维性颤动是一种导致暴死的心搏失调，虽然临诊医师常说它不规则（意即"难以描述"），可是仍然看不出术语意义中的混沌〔图25（a）〕。

蒙特利尔麦吉耳大学的格拉斯（Leon Glass）、圭

316

瓦拉（Michael Guevara）和希瑞尔（Alvin Shrier）对鸡胎心脏细胞进行的研究，可能是脏腑层次上生理混沌的资料最齐全的证据。心房细胞一些群体自发地、有规则地跳动着，给它们来个电震，下次的搏动便会提前或者推后。如果电震是周期性的，鸡心细胞便受两个频率的推动——细胞的内禀频率和外力的频率。这是能导致决定性混沌的经典情况。上章注意到，BZ反应中，改变化学配料增加的分量——相当于此处的电震，也同样导致外表上随机的行为。在酵解实验中，介质中糖的流动如有周期性变化，同样的现象也已观察到。类似地，取决于电震的频率，鸡心细胞在两次搏动之间的激发，也许是数目一定的，也许是混沌式的。

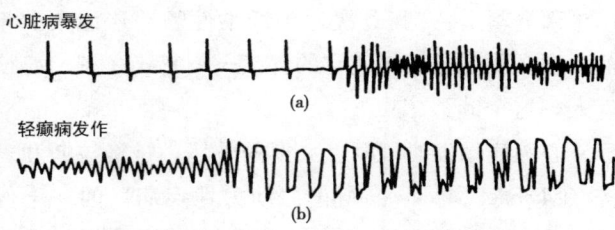

图25　两种情况之下的节奏变化。（a）心脏病暴发；（b）轻癫痫发作。［录自美国《科学》第243卷，第604页（1989）。］

批评者也许会说，鸡细胞的实验研究人为性很大。即使这里出现的是决定性混沌，它也不一定会自然地出现。波士顿的贝丝·以色列医院的哥尔德贝尔格（Ary Goldberger）却认为会。哥尔德贝尔格在心电活动分析的基础上甚至宣称：健康人的心脏比病人的更为混沌。这表面奇怪的结论似乎违背常识，我们总以为许多身心功能的失调是由于健康机体节奏的瓦解。哥尔德贝尔格反而认为，混沌属于健康身体，而疾病跟此灵活性的丧失有关。对此观点，颇有争论。

温弗利采取了另一种立场。1987年，他猜想心脏肌肉如果在适当时刻受到适当大小的刺激，便会有出现旋转波式的心搏失调的危险。此后在心脏中诱发这种很快导致纤维性颤动的旋波的实验，支持了他这猜想。实验发现，如果电击施于心脏循环中某些特殊相位，顺、逆时针方向的旋转波都可以观测到。据温弗利说："生物医学受物理理论引导的例子，少得可怜，这个实例真太令人满意了。"他对我们目前的理解，仍抱乐观态度。温弗利在他的书《时间破碎时》结论部分写道："我首次遇到纤维性颤动这词是七年前，现在我还是不知道它的含义……它仍是谜。应该有人解这个谜了。"

心脏病暴发时规则性心搏的破坏，是格拉斯和麦齐（Michael Mackey）所谓"动力性疾病"的一个例子。动力性疾病是由于身体正常节奏的移动而产生的。这定义巧妙地避免了混沌是好东西还是坏东西的争论，只说病是因为节奏变了。这种动力性疾病，医生们都很熟悉，实例包括癫痫发作和各种呼吸失调，例如"澈恩-司托克斯呼吸"（Cheyne-Stokes breathing）——呼吸周期性地变快变慢，往往伴随心脏充血衰竭。不同的疾病像心脏病发作和癫痫，现在可以作为动力性疾病的例子进行比较。这从简称为 EEG

的脑电图［图 25（b）］可以明显看出，脑电图显示的是活人脑中的电波，这些电波的来源是十万分之一伏特的电干扰。

脑电图是由放置在头皮上的电极记录得到，这是每个医院的常规工作。电极和状如蕈伞的大脑外皮调准。和心搏不同，一个正常健康人的脑电图是不规则的，并且是比较宁静的。当癫痫发作时，此活动产生剧烈变化，此时病人会昏迷过去不省人事。中古时期，癫痫发作被认为是恶鬼附身，或者就是魔鬼本人。可是并不表现为脑神经失常。因为这时的脑电图中的电活动，虽然幅度比较大，节奏反而更有规则些。

巴布罗炎兹（Agnessa Babloyantz）与其布鲁塞尔自由大学的合作者，对癫痫发作时记录的脑电图，做了详细的分析。脑电图究竟能提供多少信息，不太清楚，因为用以记录的电极测量的是大脑颇大区域的平均电活动。尽管如此，这群科学家运用了耗散非线性动力学分析的标准技术，宣称在正常人和癫痫患者的脑中都找到了奇异吸引子——混沌的标志。这数学抽象的分维数大致表达混沌的程度：分维数越大，随机性也就越大。从脑电图的数据，他们计算得到的分维数是有变化的。对于一个活跃的正常头脑，他们未能把分维数算出来，他们只知道这时的分维数比熟睡时要高得多，而熟睡时的分维数少许高过 4。但癫痫发作时，脑活动变为更有秩序，分维数几乎下降到 2。

耗散式动力系统理论对体内节奏所提供的新认

识，很可能加强目前医术的效果。一个引人入胜的课题是慢性骨髓白血病患者的生存率，这生存率 50 年来没有改进。有人认为，这是因为医生们没有充分注意到白细胞数本身也是有涨落的。格拉斯和麦齐相信，进一步了解控制这些节奏的系统，将会导致更有效的医疗。

对于病人经受刺激以后有时出现的各种意外，动力学见解或许也会有帮助。这里所谓刺激可以是施诸心脏的电震失控，也可以是来自机械式血液净化器。最平常的情况是阿司匹林的经常服用或某种针药的经常注射时，进入人体的某种药剂。在此情况下，在身体自然节奏和治疗外加节奏之间，很不容易建立起稳定的关系。这告诉我们，应该寻找新途径来改善现有药品的服用，对此，有些药材公司已经开始考虑。在不久的将来，对生理节奏的理解会大大改进，医生们将能利用这一成果。有人甚至说，找出正确的服药时间，可以抑制规律性癫痫的发作，把刺激时间调好，可以抑制发抖，等等。

科学家们现在正在从非线性动力学中取得诸如此类的认识。谁想到过，从抽象理论的研究中，出现了医学上重要的进步？手里控制科研经费的政府官员、官僚、政客，他们大多数肯定没有这样想过。

性循环或硬激发

甚至性别，也被非线性动力学所表示的时间之箭控制。第五章给的分叉图理想化地显示出，当系统被驱赶到远离平衡态以后，所出现的可能性。在化学钟的情况下，出现了多种状态，这实际上意味着从一个具有规则颜色变化的振荡状态转变为一个非振荡状态。过渡方式之一，名叫"硬激发"，也叫做"次临界霍普夫分叉"。这意思是：当某个参数（例如某反应剂的浓度）增大时，以前一直没有的振荡或节奏突然发生。相信性交高潮就是生理方面的一个例子。

一个健康男性射精时，他骨盆底部肌肉的电活动如果记录下来，便可看到活动是爆发式的——是一串速射的神经冲动。此种事前没有显著的周期而突然发生的爆发，是和"硬激发"一致的，这点，读者或许会感兴趣，然而不会惊讶。已经发现的还有其他这种节奏突发的例子，包括妇女停经期阵发性发热感。这种现象的反面也同样会发生，原有的振荡突然地消失。有人认为这就是婴儿忽然停止呼吸猝死的机制。

群体动态学

我们现在把注意力从生物体内的事件转向生物之

间的事件。描述这些事件的数学，也同样具有时间之箭。这里一个很好的例子就是群体生长率，早在1220 年，比萨城的雷欧纳多［又名菲波纳其（Fibonacci）］对此做了数学模拟。他给出一个极为可怕的预言，说一对兔子，如果让它们繁殖 114 代以后，它们子孙的体积将大过所知道的宇宙。随后有人指出，"远在此以前，地球就被埋在以超光速膨胀的兔子球体里面了。"

由于存在有掠夺、疾病、竞争、合作，大自然不会那么多产，那么不灵巧。兔子群体和吃兔子的狐狸群体，在同一个生态系统中进行错综复杂的演化。地球上的生命，竞争演化，彼此纠缠的程度，不亚于细胞中各种分子组成的交响乐。有人把细菌、哺乳动物、植物、鱼看做是一部周转日光、养料，全球性活机器的个别齿轮。19 世纪，昆虫学家记录了寄生虫与其宿主之间有节奏的变化，开始意识到这种相互依存。大自然中的均衡必须调节得很准，否则某种生物会把它捕食的生物吃尽，然后自身饿死而绝种。

20 世纪初，人们开始用数学模型来描述群体在时间上的变化。这类模型不可避免地含有时间之箭。结果得到是耦合的非线性微分方程，显示着比方说狐狸总数和兔子总数之间的相互依赖和它们各自在时间上的演化。群体动态学中最重要的成分是竞争（其实这也是演化的最重要成分，演化下面接着就讲）。兔子数目不太小时，兔子是狐狸的牺牲品，狐狸总数增加，兔子总数减少。可是一旦兔子太少，狐狸总数就要降低。这样一来，兔子总数将重新增高，整个循环又重复一次。这种对有限资源的竞争造成一个起调节作用的反馈机制，该机制从数学观点来看，又是来自某些非线性。这相当于化学钟反应里的自催化。美国的劳特卡（Alfred Lotka）提出第一个振荡式的掠夺-牺牲模型，该模型由伏尔泰拉（Vito Volterra）独立地加以充实，伏尔泰拉是第二次世界大战前意大利科学界有影响的人物。此模型现在大家叫劳特卡-伏尔泰拉模型。

然而，这种时钟式的行为，这种规则性的起伏，在动物界中并不常见。这方面最详细的长期记录大概要算加拿大山猫（猞猁狲）总数的记录，原因是200多年来人们一直为其皮革猎捕山猫。从这些记录可以看到山猫总数有大幅度的起伏（图26）。这复杂的变化，许多人猜想是反映着山猫吃的动物——雪鞋野兔的总数的涨落，而这涨落又来自野兔食物数量的变化。可是劳特卡-伏尔泰拉模型不能用来描述这批数据，如果硬拿来用，就会得出野兔吃山猫的结论。

借助于非线性动力学，有人提出了另一种解释，其中只牵涉到山猫和野兔，而不管野兔食物的供给、天气的变化、疾病或其他外界因素。一个非线性动力学系统里。不规则起伏可能来自混沌。事实上，生物群数理论学者把决定性混沌这概念放在舞台中心，就是因为群数无规律的涨落是很普遍的、迫切需要解答的现象。"混沌"这词就是一位理论学者，马里兰大学的约克（Jim Yorke）在1974年创造的（研究报告

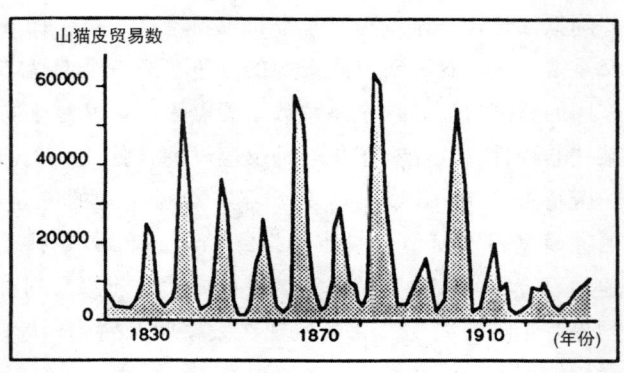

图 26　加拿大山猫群数在 1820～1930 期间有显著的涨落，
每九年、十年达到高峰，随之而来的是迅速地下降。

发表于1975 年）。

　　这种混沌现象的数学性质，梅尔堡（Myrberg）
早在 1962 年列出，随后又被其他人独立发现。
梅（Robert May）无意中碰到非线性系统这些多得令
人迷惑的可能性，1974 年在美国的头号杂志"科学"
上撰文，从而成为把它介绍给生物群体学者最早的作
者之一。梅说，"现在回顾起来，很奇怪这种混沌动
力学没有人更早注意到"。梅现在工作于牛津大学。
在非线性动力学道路上，梅在试图大步行走之前，是
缓慢地匍匐而行。他首先研究可能是最简单的群体动
态模型——非线性"运筹方程"，此模型在母女不并
存的情况下，对物种总数的变化，给出一个简要的描
述。这里一个好例子是春天蜉出、秋天产卵后就死去
的昆虫群体。这群体由于出生率的大小和对食物的竞

324

争，会有多种不同的演化方式。出生率和死亡率可能相等，那时群体就处于一个定常状态，就不再变化。用动力系统理论的语言来说，这就属于一个定点吸引子。另一种情况是：群体总数可能出现有规则的跳动，在一些不同的定点吸引子之间跳来跳去，出现于两个、四个或其他数目的固定值之间。再有，总数可能似无规律地上下起伏，那时就相当于奇异吸引子所描述的混沌（图27）。

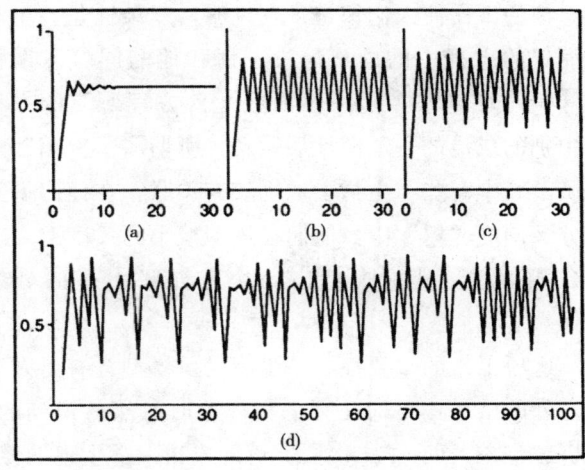

图 27 同一模型（运筹图）中的各种行为：（a）稳恒状态；（b）2 周期；（c）4 周期；（d）混沌。［录自美国《科学》第 243 卷，311 页（1989）］

整个行为谱包含在单一方程之中。每种行为，只要换一下输入方程的一个参数，就可以算出来。变动此参数而得到的这假设的昆虫群体所有可能的选择，可以用我们熟悉的分叉图来说明。用计算机图解，可以把所有可能性画为一大幅奇怪的图案，图案的每一点代表一次计算的结果（参见彩色插图）。这些图是德国多特蒙德市马普营养生理学研究所的马尔库斯（Mario Markus）与海斯（Benno Hess）绘制的，每幅是数万次计算的结果，考验非线性方程的全部本领，结果就是这样。把方程中的参数稍变一点，得到的就是完全不同的另一景象。

梅的工作使人们惊奇：它说明，复杂性是一个非常简单的方程中的内禀属性。梅和他的同事奥斯特尔（Geroge Oster）进一步研究运筹方程所属的方程族中别的成员的分叉图性质，——所谓"二次图"的性质。其中有些与生物学似乎较有关联，在他们得到的分叉图的"树"中，他们在逐渐减小的尺度上发现有自相似性，从而揭示出一个奇异吸引子的分维几何。

这项工作的重要性——说明简单模型会有出人意料之外的结果，是梅在写一篇评论时忽然意识到的。梅讲道："一旦有了二次图，道理连初中学生也能懂。只要在一个计算器反复运算。一个十二岁的孩子也会做。他能亲眼看到，一个简单、确定的规则会做出稀奇古怪的事。"

刊登在英国《自然》杂志上的一篇极有影响的评论中，梅指出，群体动态学者所用的数学模型也出现在许多别的学科。除生物学中包括遗传学等不同的科目外，同样的方程也出现在经济学，那里它们被用来描述商业盛衰周期、商品供应与价格之间的关系，等等。在社会科学中，这些方程被用来描述谣言的传播。我们可以期望得到这些系统同样多种类的行为，从规律性振荡到时间上的混沌。梅的结论说："不仅科研，即使在政治经济每日世界中，最好能有更多的人体会到，简单的非线性系统并不一定具有简单的动态性质。"如果主宰经济的是决定性混沌（而不是随机性混沌），财政部长们迟早是无能为力的。部长会说，调节某个参量，好比说利率，对经济会起长远作用。可是别忘记"蝴蝶效应"：按照动力系统理论，长远而论，一个领养老金的人把储蓄从银行取出来，也同样可能导致经济崩溃。

梅的论文使人们对生物群体的兴亡有了一个新看法。可是，我们如果把目光从抽象数学模型的冷静预言，转移到诸如上面讨论的山猫-野兔那种实际情况，我们就会发现，很难证明决定性混沌的确是观测到的毫无规则的群体兴亡的解释。的确，尽管 15 年来的努力，还没有任何人从生物群体研究中拿出一个得到公认的混沌实例来，其主要原因是数据不够充分，无法给出一个明确的答案。

为了克服这个困难，有人设想了一些吸引人的实验，来测验非线性动力学的预言本领。其中一个是华盛顿大学应用数学家考特（Mark Kot）设计的，这个实验和"无机化学"中的贝鲁索夫-扎孛廷斯基反应十分相似。考特设计了一个捕掠-牺牲系统，其中捕掠者是一种名为原始动物的单细胞生物，牺牲品是某种细菌。亿万个这种有机体盛在一个开口的反应器中，细菌吃的食物不停流入，废物不停提走。在考特的数学模型中，食物输入如果稳定，这些微小有机体的群体动态就很简单。但食物的供应如果模仿季节而做周期性循环，预言混沌就会出现，就像第六章的BZ反应一样。目前进行的实验，目的就是寻找这种混沌。

另一些近来的理论研究是伦敦皇家学院的安德森（Roy Anderson）和梅合作的。他们相信在有艾滋病的免疫系统中，他们找到了混沌的证据。这种系统里可以说存在有一个捕掠-牺牲关系，艾滋病的来源——人体免疫缺乏病菌 HIV "捕掠" 白细胞和淋巴球 T4，同时也刺激它们产生专门反抗 HIV 的免疫反应——B细胞与抗体。更广泛地，流行病学家现在用混沌来分析麻疹、腮腺炎之类的蔓延。阿利桑那大学的沙费尔（William Schaffer）是这方面混沌最热烈鼓吹者之一。沙费尔与其合作者分析了丹麦哥本哈根现有的流行病数据，自称对麻疹、腮腺炎、风疹都取得了混沌的证据，而鸡痘则有规则的周年循环（图28）。这些流行性疾病究竟是内在的混沌，还是外界随机影响的结果，现在仍不清楚。

进化与深时

现在让我们把话题转回到进化上。1859 年 11 月

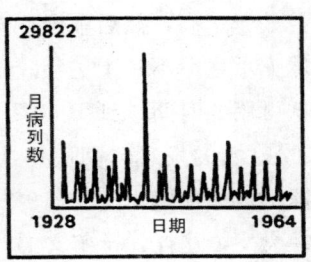

图 28　有序和无序的混合体：1928～1964 年纽约城中的麻疹病例。

24 日达尔文《经由自然选择物种的起源》一书的出版，标志了一个智慧革命，其影响超出生物学，彻底改变了有头脑的人对世界的看法。达尔文的进化箭头，从简单的单细胞有机体指向复杂如人的生物，乍看上去是和波尔兹曼想解释的热力学箭头相反。但有一点比什么都重要，那就是：进化需要时间。地球存在的时间足够长了吗？

按照犹太-基督宗教的说法，地球创生后不到几天，人就出现了。17 世纪，北爱尔兰阿尔玛市的大主教鄂修（James Ussher）根据圣经，断言世界创生于纪元前 4004 年。可是当地质学家们认识到化石是一度生活于地球上的生物的石化遗体，而地质层是按时间顺序放置的，他们隐约体会到“深时”。

地质深时的概念从 17 世纪起，地位渐渐提高，到了 19 世纪初期，地球年龄被估计在 100 万年到几十亿年之间。1863 年，开尔文勋爵根据地球应该遵守的散热率，做了一个著名的估计。他的假设之一是：地球一度曾处于熔态，然后渐渐冷却，由此他得到结论，说地球支承生命不到十亿年。随后又有更精确的计算，把这可用的时间减到 1000 万年。

19 世纪末放射性的发现，彻底解决了地质时间尺度问题。地球中地核地幔之间的温度梯度可能来自地壳中的放射性衰变，这样，开尔文的时间尺度就完全不对了。随后人们想到用放射性衰变的遗迹来测量地球本身的年龄。一个原子核自身的衰变率可以用来度量时间的流逝，这是一种很好的线型、非循环式时钟。衰变率一旦已知，放射性遗迹和其产物之比，可以用来估计地球年龄。这样，英国科学家斯特鲁特（John William Strutt，即日后的瑞利男爵）在 1905 年给出 20 亿年的估计（用镭的衰变），而美国的波尔特伍德（Bertram Boltwood）估计是 22 亿年（用铀的衰变）。

深时的发现产生了极大影响，但这个概念很难掌握。用哈佛大学的古尔德的话来说："对深时做个抽象的、理性的了解并不太难——我知道 1 亿是 1 后面放多少个零。但内心是否真正体会，那完全是另一回事。深时对我们说来太生疏了，我们只好打打比喻。我们高谈'地质里'，人类历史只占其中最后的几寸地；或者阔论'宇宙年'，人类只是在爆竹迎新年前几分钟才出场。"古尔德认为麦克菲（John McPhee）在他《盆地与山脉》一书中用的比喻最生动。麦克菲要我们把地球历史比做英国老长度单位——码，这是英国某个国王从鼻尖到伸臂后指尖的距离。国王手指甲锉一下就把整个人类历史锉掉了。深时——进化的奠基石，它的奥妙就在于此。

达尔文的理论

1809 年，达尔文出生于英国西部希茹斯布利城。他在爱丁堡大学学医，当时他觉得地质课"枯燥到令人难以置信……唯一对我起的作用就是使我下决心，一生再也不读任何讲地质的书"。他随后考进剑桥的基督学院，准备将来做牧师，那时他"被裹入一群荡徒之中，其中包括一些下流青年"。的确，他父亲有一次对他说："你什么也不管，整天就是打猎，赛狗，捉老鼠，你将给自己丢脸，给我们家门丢脸。"

1831 年 12 月 27 日，达尔文乘官船"猎犬号"扬帆启程，于是开始了一个长达五年的环球航行，这航行将为达尔文种下对有机世界一个新看法的种子。虽然达尔文此行是经由该船船长菲兹劳耶（Robert Fitz-roy）的邀请，他们两人之间关系并不好，再加上达尔文的晕船、生病，使达尔文麻烦重重。菲兹劳耶自信他会看相，能从一个人的面貌看出此人的性格："像我这样的鼻子，他非常怀疑我会有参加此行的足够精力和毅力。"达尔文说。

1836 年 10 月 2 日，达尔文回到英国海港法尔牟司。到此为止，他从一大批不同的地面、环境、动物、植物中，对他多年来猜疑的一个想法——动物植物经过长远时期能演化为别种动物植物，已积累了确凿的证据。但他直到 20 年后才发表这想法，而且还是因为一个英国年轻的自然学者华莱士（Alfred Wallace）的一篇论文。华莱士在一个热带岛上身患疟疾发高烧时，灵感一现，独立地想到自然选择的概念。一如达尔文，华莱士一直也在思考着马尔萨斯的人口论。华莱士写道："我当时在呆想这理论对任何物种的作用，适者生存这意念忽然闪入我脑中。"达尔文大吃一惊，找了两个有影响力的朋友，组织讲座，同时宣读华莱士的论文和他本人 1844 年发表的一篇文章的摘录。达尔文的文章先读；虽然有人认为华莱士受欺，但华莱士本人却承认这位长辈比他早。

达尔文由于他的"猴子论"，成为漫画家挖苦的对象，且遭受科学家的严厉批评、宗教组织的强蛮攻击。他的论点是：自从地球上有生命以来，物种从较简单的形式演化成较复杂的形式，而自然选择——最适应环境的物种遗存下来，不适应的被淘汰，为此演化提供解释。这理论那时其实属于假设，而不能看做一个对世界的一成不变的描述：当时还没有任何确定性的证明，说这理论是对的。这理论的强处是它自称比其他任何理论更符合观测到的事实。以为达尔文式的演化一成不变是错误的，今日所有受尊重的进化派学者接受的都不是当初一字未动的原本。我们的知识一面在增加，这理论也就相应在演变，但就如梅所说："所有这些研究都是在达尔文所树立的牢固框架中进行的。"

达尔文给地球上生命的多种多样形式下的配方，在现代原子、分子语言中，有了新的、更引人入胜的说法。在很大程度上，生命——至少在观念上，即使不谈它的细枝末节，可以从为其基础的 DNA 分子的性质中，得到理解。上章后部讨论生命起源时，已经遇到过这些分子。道金斯（Richard Dawkins）在他《自私的基因》一书中动人地描写了 DNA 自我复制的能力。我们都是"残存机器"，唯一的目的就是保护基因，就是要让同一条 DNA 链，也就是让这些巨分子所载的基因——决定我们面貌性格的蓝本，更多的自我复制。分子生物学的大步进展是这生命分子图案正确性的有力见证者。对生物内中的情况——小到每个分子，已取得了惊人的进步，得到的知识已用来设计了数代新药品，改变了生物的基因从而设计了新的生物，为诊断疾病和遗传性失调，设计了高度灵敏的检测手段。

可是，就如我们一再陈述，单纯的归纳主义也有缺点；如说今日的分子生物学有一点可批评，那就是：它复杂的枝节会把它的全面图像遮蔽了。对个别分子太关心，会使我们忽略了更重要的、分子之间的相互作用和时间上的合作行为。这种合作性的非线性效应，在远离平衡状态之下戏剧性地出现，代表着生命构成的一个不可缺少的因素。

有人试图用热力学对演化做一宏观层次上的解释。布如克斯（D. Brooks）与怀利（E. Wiley）在他们颇有争议的《演化与熵》一书中，说了一句中肯的话："我们相信，大家都同意，有机体是处于远离平衡状态的耗散式结构。"对他们的方法说来不幸的是，他们混淆了不同的概念——第五章我们看到，自纽曼以来，信息论的概念和热力学的熵一再被人混为一谈。从热力学的确可以搬过来的是不可逆性的重要性，时间之箭的重要性。

进化过程是不可逆的，这看法最早提出者之一是法国出生的道罗（Louis Dollo 1857～1931），1893 年他发表鼎鼎大名的"道罗定律"。可是按照进化论大师之一、梅纳德·史密斯（John Maynard Smith）的说法，自然选择并不意味着时间上的有向性。道金斯的著作里说道罗定律"常常跟进步是不可避免的这主观主义的无稽之谈混在一起，跟进化是违反热力学第二定律这无知的废话扯在一块"。并没有理由说进化过程中的一般倾向是不能倒转过来的，他说："如果在某段时期鹿角倾向于变大。很可能过一段时期以后，它又倾向于变小。道罗定律其实只是讲，同一条演化途径完全重走一次的统计概率是极小的……道罗定律并没有什么神秘，它也不是我们要到自然界去'检验'的某种东西。它只是从概率的基本定理中得到的一个结果而已。"道罗定律中成问题的是它把不可逆性只放在"进行演化的系统"，而第二定律是讲整体的，既涉及此演化系统，也涉及此系统的周围环境（请回想第五章的讨论）。

在英国沃里克大学数学研究所曾任多年的所长，现为牛津哈特福特学院院长的塞曼（Christopher Zeeman），认为这两个概念永远不会扯在一起："从第二定律谈进化是不对的。模拟是在某个一定的，像物理这样的层次做的。下一个层次可能是化学，然后依次是巨分子结构、细胞、生物、生态学，最后是进化。每个层次开头都得用个不同的模拟。当你一口气又讲生命，又讲进化，又讲热力学第二定律时，要知道它们之间根本没有什么关联。"按照塞曼的看法，生物学不像物理学，它是没有什么普遍理论的："物理学中的普遍理论，对生物学说来无用，要不然就是引力会影响胚胎成长这类的话。你要引入一大部机械，但它给不出什么对生物学家有兴趣的预言。当生物学家们面对一大套数学时，他们就要问：'这真正有用吗？'总的说来，他们不会浪费时间学这套数学。"奥斯特尔说得更尖锐："以为热力学能告诉你生命如何演化，就等于以为把电视机放在热量计里就可以说明它如何工作一样。"

另一方面，许多作者，包括梅纳德·史密斯本人在内，都断言过越来越高的复杂性是生物演化的一个标志，这当然是指时间有向的一个过程。诺贝尔奖获得者卢利亚（Salvador Luria）恰当地描述了进化的性质："进化，一如历史，并不像掷钱币或者一场纸牌戏。它具有另一种不可缺少的特征——不可逆性。所有的未来都是现在的后裔，所有的现在都来自实际的过去，而不是来自可能的过去。人是现实的子孙，不是假设情况的子孙，而演化的现实——实际存在的生物，它们的范围只不过是过去所有可能的机会中很小的一个样本。"

美国一位古生物学家顾尔德（Stephen Gould）相信他在某些资料中找到了时间箭头的证据。他研究的是有同一个现在已经不复存在的祖先的一些生物，它们在时间上的分布。按照他的同事、弗吉尼亚科技学院的吉林斯基（Norman Gilinsky）所说："历史看上去是不对称的。"顾尔德在演化树的枝干分布中找时间的箭头，其中树枝的粗细代表物种数目的多寡。他发现在物种数目增加的同时，有机蓝本的种类便在减少，枝干分布不对称，头轻脚重。对此他做如下解释：早先是试验阶段，品种数目大增，随后是规范阶段，数目减少，有机体衰亡。顾尔德认为这是化石资料中最显著的倾向。他写道："这倾向比其他能从世系变化中而得到的结论，都更清楚地给时间确定了一个方向。这倾向很可能也反映着一个对自然系统如何演变的更一般、更基本的规则。"

最低限度，我们也可以说热力学的时间箭头和进化论的是相互不冲突的。既然化学、物理、数学越来越明显地赋予生物学活力，耗散式非线性动力学的概念也就很自然地渗入生物进化这课题。这是否对生物学带来好处，只有让时间来验证了。然而，对一些人来说，他们已经抵抗不了自组织和混沌的诱惑，他们在进化时间中已经看到了热力学第二定律中的同一个箭头。

生物化学家皮考克（Arthur Peacocke）写道："这样，宇宙表面上的腐朽、趋向无序的倾向，为新形式的产生提供了必需的、不可缺少的母体（妙词！）——经过老的死亡腐烂出现新的生命。"随后又写道："普里高津和艾根与其合作者的研究揭示出，在导致有机结构出现的过程中，机遇和法则（即必然）之间，随机性与决定性之间的相互作用会是何等的微妙。他们的研究证明机遇和法则之间的相互作用其实具有时间上的创造性，因为是它们两者之间的结合让新的形式出现、演化——的确，自然选择看上去是投机取巧的。这机遇和法则之间的相互作用，其性质现在看起来是使有机结构不得不产生，不得不演化。"

主张生物学中运用热力学的人认为热力学提供的是整个图像的轮廓，而不是细枝末节，是可以借助动力系统理论把其他概念挂在上面的框架。情况和研究无机体中的自我组织时——BZ反应以及其他许多生物化学过程，完全类似：传统的热力学向不可逆非线性动力学让步。例如，皮考克与其他人一起，断言不可逆热力学"可以用来淘汰某些生物学模型，因为它们跟宏观物理定律相冲突，也可以容许一些模型，即使它对模型不能加以选择"。

演化的步伐

演化时间之箭是枝断箭：如果我们把所有现有的化石按照时间排列，它们并不像电影中连续的帧幅，每帧到下一帧的变化几乎看不出来，而是似乎含有不连续的跳跃。上帝创生派和其他极端的原教旨派先用连续的演化箭头丑化了进化论，然后说这证明进化论是错误的。

化石资料当然是不完整的。但资料中这些空缺也可能对所谓"间断平衡"提供证据。"间断平衡"这词是艾尔德利基（Niles Eldridge）和顾尔德在1972年提出的。他们认为，根本不存在一个固定的演化率。物种倾向于在悠长的时间中保持稳定；它如要演化，演化就在很短暂的期间内进行。实际上，化石资料是由一层一层很厚的大陆土壤组成，每一层里面物种均匀分布，而层与层之间是物种突然变化的"面"。在这样一个"间断"点，一个物种一般演化成多个新种，如图29所示。

达尔文理论和艾尔德利基-顾尔德理论之间有矛盾吗？没有。塞曼证明了达尔文式的演化能解释间断平衡这现象。塞曼对这些演化跳跃的分析基于汤姆（Ren Thom）的"灾变理论"，该理论目的是：处理连续的"因"产生非连续的"果"的情况。达尔文式演化——随机性微小变异和自然选择，一翻译成最简单的数学形式，结果不是别的，就是图29所示的间断平衡。塞曼写道："我把达尔文的话翻译成最简单的数学函数，然后环境的变化就预言这种间断平衡。"有趣的是：达尔文在其《物种的起源》一书中，唯一用以说明作者心意的插图，就是图29。

尽管他的模型取得了成功，塞曼对数学在演化理

338

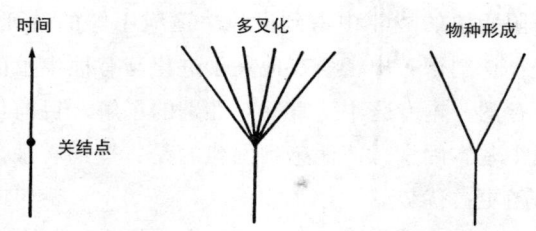

图 29　多叉图。［录自 E·塞曼《达尔文式演化的动态学》一书］

论中可能扮演的角色，颇讲求实用。他相信，由于生物演化理论的很大一部分本质上始终将是描述性的，数学扮演定性的角色比扮演定量的角色更为可能。然而："正是在与直觉相违背、用语言难以说服，例如连续的前因产生非连续的后果这类的场合，数学可以期望起作用。"

混沌：性别存在的理由

　　演化论另一难题是性别，这问题可以用决定性混沌在时间之箭中的出现来对付。我们周围许多种生物是有性生殖。有些像细菌之类是无性生殖，那就是说，一个细菌不要另一个细菌帮忙，就能制造自己的复制品。还有别的，例如有翼小昆虫蓟马，它们两样都来。可是，为什么性别会演化出来？对进化最幼稚的看法是：基因是否被选，全看它的残存母体是否在

339

为有限资源的战斗中占到上风。适应不够的就死亡。可是，梅纳德·史密斯在他关于进化与有性生殖的继续保存的一本专著中，宣称对性别的了解，目前仍缺少某个基本因素。使他感到困惑的是：短期看来，无性生殖更占优势。

有性生殖具有一些明显的缺点：找个对象会很麻烦；不同个体的基因聚集到同一个后裔，每个个别个体的基因总量只传了一半。这看上去似乎跟"自私基因"概念冲突。一个有性生殖的雌性动物平均每生一个雌性后裔时，无性生殖的动物已经生了两个；因此在两种都有的情况下，无性动物很快会占上风。

可是性别也有它的优点，即使不算伍迪·阿仑（Woody Allen）所说的"这是我不笑而觉得最好玩的东西"。优点肯定是有的，不然我们也就不在这儿讨论这问题了。有性生殖比无性生殖更有效地把基因混合，使群体能有更多的遗传变异。这伸缩性的增大使群体更容易适应环境的变化。并且在短期内，有性生殖使群体更容易对付新兴的敌人，例如过滤性细菌，因为它使敌方更难预测。我们知道许多有性生殖的群体，它们比无性群体更能抵抗寄生物的入侵；例如，引入智利的一种锈菌大大减少了一种无性生殖的黑莓（学名 Rubus constrictus）的成长，而对有性生殖的黑莓（Rubus ulmifolius）则几乎没有影响。

决定性混沌能帮我们了解，性别为什么在自然选择的过程中出现，使得我们更能对付寄生物。这至少是牛津大学动物系的哈密尔顿（Bill Hamilton）和他同事的观点。他们研究了性别在一个演化游戏中起的作用，其中相互竞争的宿主尽力设计对付寄生物的策略。在这计算机上进行的斗争中，哈密尔顿模拟了宿主和寄生物的遗传构造。简单说来，寄生物的目的是使自己与宿主的遗传构造相配合，从而扑向宿主，把它吃掉。游戏里，配合得越好，寄生物的"适应分数"就越高，它就越成功。配合完全，宿主遭殃。反过来，宿主尽量使自己的遗传构造和寄生物的"不配合"，使自己更容易避开寄生物。哈密尔顿的数学模型用 13 个耦合非线性方程来显示群体在时间上的演化。他认为，如对引入模型中的参数做现实的选择，结果将是严格意义下的决定性混沌。

按照哈密尔顿的看法，这里如果出现一个奇异吸引子，将对性别有利，虽然此点尚未确证。原因是：奇异吸引子带有混沌式的、不可预测的演化，有这一手，一个有性生物总比其寄生物占先一步。一个行为受其基因影响很大的生物（当然环境也起作用），混沌比光靠自然变异对演化提供更大的不可预测的余地。

哈密尔顿认为，混沌不是性别存在的必然原因；只是性别如果存在，经由自然选择的长期演化就更顺利。和单性生殖相比，两性生殖使生物更快地驶入混沌安全港。哈密尔顿并不是混沌的"传教士"，他谈起自己运用不可逆非线性动力学，态度颇为轻蔑，他说："我的做法其实很笨。我只是把它放进计算机，然后看出些什么。"应该指出，像性别这本身惹人争论的课题，关于它为什么会演化出现，目前还有不少其他的建议。

生物界的节拍

在许多方面，地球上的生命像一支交响乐团，按照上天的节拍奏乐。太阳、月亮的运行，反映在昆虫总数的起伏之中，反映在全球有生命物体的活动之中。一切都是时间上的图案。

在用以描述这些图案的产生的理论框架里，时间总是向同一个方向走。在这枝时间之箭上刻着无止境的变化。有些图案人眼可以看到，例如金钱豹的点纹，戚纳巴鲁金兰的条纹。有些看不见，例如心脏的跳动，神经细胞的激发，细胞分裂的不断进行。这些时间上的图案不仅是生命的一部分，而且是生命的基础。即使表面看上去是偶然性的过程，诸如疾病的传染，鱼群总数的涨落等，里面可能都隐藏着秩序。不可逆非线性动力学里面包含既有自组织的配方，也有动力学混沌的配方。

宇宙在时间上普遍地、单向地前去，朝着一个最大熵的可能状态，在这过程中，滔滔涌出细巧有序而瞬息即逝的生命图案。否定这时间之箭，对诸如相对论、量子力学、经典力学等领域说来，或许是方便的——话说回来，这些理论适当运用在别的场合是相当成功的。但也许这些巍然的理论建筑未能说明事物的全部真相。

法国理论物理学家德·艾斯帕纳（Bernard d'Es-pagnat）曾说："从诸如灾变、耗散式结构等概念，到对有机物体的演化一个真正普遍的了解，这中间仍是相当大的一步。……但是这方面确有进步，这是不可否认的。希望将有更多的进展，早晚会渐渐看到出现一套理论，它非但不把'活力'归并于某些平常的机制，并且要把'活力'深奥的美，更清楚地揭示给我们看，就像经典天文学把宇宙的美揭示给我们先人一样。"

第八章 统一的时间景象

学说之间冲突，并不是灾害，是机会。

——怀特海（Alfred North Whitehead）

《科学与现代世界》

即使最顽固的怀疑者，经过上面这一趟科学之旅，也该相信不可逆动力学的力量了。我们用了基于时间之箭的分析，对一大批现象，从生命的出现到豹皮花纹的产生，提供了不得不接受的解释。如果我们说时间之箭是幻觉，把它放在一边，那我们得到的所有见解，都得放弃了。这牺牲可太大了；而我们换得了什么呢？一个充满各种荒诞无稽现象的世界观——碗里的汤自动热起来，台球神秘地从球袋里蹦出来。时间之箭的客观存在是一个不可否定的概念。如果这需要我们对某些习用的科学概念进行翻修，那也只好这样做。本章是全书最后的主要一章，这里把上面所遇到的、时间之箭是真实的各种暗示，汇集在一起。我们将把这些暗示跟近来对混沌的想法相结合，这样一做，我们将揭示时间的确具有一个能统一我们个人经验和科学经验的方向。

需要的是另一种描述，其中未来不是被现在或过去唯一地固定下来。严格的决定性论必须推翻；取而代之的是如下一个世界观：它和我们对世界的经验是一致的，它里面的未来是开放的，那个未来具有真正的演化和创新，能产生我们在大自然中看到的各种美丽图案，从黏菌的蠕动到错综复杂的全球天气系统，乃至宇宙本身由以产生的过程。此新观点真正地综合两个相反的、不可或缺的概念——机遇（概率）和必然（决定性）。此观点赋予时间之箭十足的客观存在，使我们能理解实际世界中，不管是我们看得到的还是看不到的，已经发生、正在发生、将要发生的成千上万的过程。严格决定式图像摒弃以后，拉普拉斯式的机械宇宙与自由意志之间的冲突也同时丢掉。此看法要求完全接受热力学第二定律，承认它是时间有向性的一个表达，把它从头就放在我们的描述里面。现在先让我们回顾一下我们的出发点。

时间的问题

在我们寻找时间之箭的过程中，我们调查了现代科学中所有的主要学说。我们看到，牛顿力学、爱因斯坦力学、量子力学这些所谓"基本"理论，都否定了时间具有方向。我们看到，决定论和因果论与这些理论的可逆性紧密相连。爱因斯坦建造他十分成功的引力的几何描述，动机其实就是出于他对因果关系的第一位置持有根深蒂固的信仰。可是在这种决定性的理论中，时间被降到次要地位：不管时间朝哪个方向走，整个的未来，整个的过去，都包含在现在之中——这三者在某种意义下，只是同一整体的几个不同方面而已。

因为这些方程没有内在的时间箭头，没有理由取一个方向而不取和它相反的方向。但是情况比这还更差：时间不仅无向，它必须循环，"历史"必须按照庞加莱回归重复不已。就像圆是没有尽头的，这永恒的回返不允许时间有起点或终点。既然时间没有任何一点是和其他点不同的，平衡——热力学用以描述所有过程辗转而停止的时间演化终点，这观念也就站不住脚了。的确，如果这些理论正确，我们就得向热力学所有的概念告别，包括熵在内，而熵是科学中唯一出现的、对我们所感觉到的时间给出一个中肯描述的量。

如果我们追随一些理论物理学家，说世界根本是遵守决定性的、可逆性的定律，那我们就得说，我们自身的存在和我们所有的行动都可以追溯到产生宇宙的初始条件或边界条件。在时间的黎明，这些条件就规定好了，未来行为应该遵从牛顿定律的这一指令，也已执行过了。或许是上帝选择了这些条件——他老人家亲自安排了大爆炸，使得生命和人类能够出现。在有些方面，剑桥前数学物理学家泊尔金洪（John Polkinghorne）还要更进一步。按照他的看法，上帝不仅点燃导火线，然后站开；他老人家的任务是存在于宇宙万物之中，每个时刻，都是他老人家在保证自然规律的有效，在保证这些规律永不变质，在保证台上的戏唱下去。即使如此，时间的实际方向不能用时间对称的力学来解释：它仍是上帝的，或者某个别的初始条件选择者的另外一个选择。初始条件预先就已假定了时间有方向。初始条件是额外的选择，与采用它们的理论的性质无关。本章结束以前我们将指出，牛顿决定论这水晶球破裂得很严重：这些条件，即使原则上也不能严格得知。因此，我们必须对力学中演化的意义重新加以考虑。

所有这些"无时间的"理论中，量子力学最为神秘：对它的理解和差不多所有我们对世界公认的看法都背道而驰。然而对理论物理学家来说，它是一个上好的工具，因为它对原子或更小尺度上的实验给出了预言其结果的数学方法。量子力学这是我们现有的最好的物质理论，只要不想知道它的意义，完全可以轻松地赏玩。但想理解这理论是困难的，然而就是这些困难含有关于时间箭头的一个重要暗示。量子力学的中心难点在于测量，在于微观的原子分子世界和宏观世界碰头、测量器指针颤动、荧光屏闪光那个时刻。这研究世界必需的基本操作是不可逆的。上面第四章描述过，按照正统哥本哈根解释，一个诸如原子的微观系统，正是记录它行为这一操作，使其波函数坍缩，从而产生一个特定的结果（波函数是包含所有有关该系统信息的量子力学量）。这坍缩是不可逆的：它处于可逆薛定谔方程的框架之外。

前面曾经提过，彭罗斯正在追求宇宙学中的"圣杯"之一——在一个完全量子化的引力理论里面，把爱因斯坦的相对论和量子力学统一起来。理论物理学家多数认为彭罗斯的做法很不寻常，因为他承认了把时间不对称性包括在宇宙基本特性之中的重要性。彭罗斯式的统一将有几个额外的好处：它将显含一个宇宙时间箭头，从而说明不可逆的波函数坍缩；它将清除广义相对论中令人为难的奇点；它将说明大爆炸的概率极小的初始条件（这样，不用初始条件来解释时间之箭，而反过来用时间之箭来解释这些初始条件）。这做法，一如其他宇宙诞生于无的尝试性想法，或许不需要什么神来开动万物。不过量子力学和相对论一个自洽的融合至今仍是没有实现。

在短期间内，物理学家最好还是放弃这些主意——别的方法可能更实惠些。实际上，物理学家都是实用主义者，绝大多数根本不管时间提出的问题。他们都乐于采取兰姆（Charles Lamb）的观点："时间和空间比什么都更使我烦恼；它们比什么都更不使我烦恼，因为我从来不想这些玩意儿。"天文学家巴罗在他《世界里面的世界》一书的结尾，写了他对这种态度的不满："对如何理解量子力学这问题，一个通常的反应是物理学家的反应，说量子力学行就可以了，别的就甭管了；说量子力学究竟是什么意思，我们搞物理的不必去伤脑筋。可是这种态度，用在别处，是不受欢迎的。如果一个学生问二次方程怎么解，说他只要知道给出解的公式，不想知道其所以然是怎么得到的，我们对这学生的印象一定不会太好。

要知道科学研究就是基于'行就可以'这态度的否定。"

在少许对时间方向有兴趣的物理学家之中，我们看到许多人为了克服量子力学的测量困难，说波函数坍缩实际上并不发生。他们说做测量时，只是我们的见识在起变化。波函数的变形并不是指真实世界而是指我们的意念：不可逆性是出于我们对程序的干预。这样，"误解"、"主观性"便成为对此问题有限答案中常见的托词。许多科学研究者不承认这是发展新而有益的学说的机会，反而退到主观主义的说法，说不可逆性是幻觉。类似地，热力学第二定律被看做是麻烦，而不是自然界一个不可违背的事实。第五章讲到过，有人想用粗粒化把第二定律引入然后把它巧辩过去，可是这里往往有不对的地方。另一个典型的循环论证的说法是：只是因为宇宙的初始状态具有变化的潜在能力，所以才存在有第二定律。

"时间之箭是幻觉"这论调引出一串高度毁灭性的推理。热力学——尤其是第二定律只是一个近似，只是我们自身的不足或"错误"的后果。再进一步，像生死这种明明是单向的过程，它们看上去的不可逆，只是因为我们无知，没有看到真正的时间对称的缘故。主观主义学派的知识论推到极点就是唯我论——自我存在是唯一的真实。这立场逻辑上是没有争论余地的，有少许科学家采取这个立场，大概就是为了避免不可逆性、测量等问题。考虑到科学为一个"外在"的客观存在所搜集的大量证据，看上去唯我论不太可能是正确的。再说，唯我主义者往往并不勇于坚持自己的信仰：他们一有了孩子，还是照样搞人寿保险。

事实上，就如上两章已经强调过的，时间箭头是增广知识的工具，不是用以掩饰无知的手法。我们周围看到的图案，从松果的朴素几何到猫身上的华丽花纹，原则上都可以从嵌有时间箭头的方程得到解释。对于远离热力平衡的场合，第二定律中祀奉的不可逆性原则将导致自组织过程，从这些过程我们可以理解自然界的各种有序结构。的确，如果没有热力学第二定律所坚持的不可逆性，预期生命就不会在地球上出现，也不会有表征活东西特性的各种时间和空间上的行为。只是因为有不可逆过程，我们才懂得我们自己的存在。

潜伏在不可逆性佯谬之中的大革命，感觉到它萌动的科学家为数极少，这或许不足为奇。学术界有越来越强的压力，要大家做专门研究，发表文章，从树林中找出个别的树，结果是科学文献指数式地增长，理解逐渐被牺牲在计算圣坛上。我们的前面其实是一片广阔的处女地，无数丰富多彩的可能性，仍待我们去探索。法国数学家、费尔德奖获得者汤姆在他《结构稳定性与形态发生学》一书中，呼吁如下：在这世界上如此多的学者忙于计算的时候，是不是也应该让能做梦的人做做梦？

时间新颖的可能性开始有人探讨了，特别是布鲁塞尔的普里高津学派。他们问：如何把时间各种各样的意义关联起来——动力学中运动的时间；热力学中不可逆性的时间；历史，生物学，社会学中的时间。普里高津写道：“这明显不是易事。然而我们生活在单一宇宙之中。我们为了对其一部分的世界取得一个首尾一贯的看法，必须找出从一种描述转到另一种描述的办法。”我们无须对第二定律与可逆式动力学的对垒局面感到无能为力而袖手旁观。我们可以采取另种观点，它并不难以置信，它把第二定律不当为近似，而把它当做基础。普里高津与其小组提倡的这个途径，是基于对微观世界一个彻底的重新估价，它来自近来的一个认识，即动力学混沌除了最理想化的情况以外，其实到处都是。虽然动力学与第二定律永远不会彼此归化，它们看上去都像是自然界的内禀元素，它们之间的关系使人想到量子力学里的波-粒子二重性。

决定论放手了

在我们对时间箭头的搜寻中，我们先找一下牛顿定律，采用第二章所述的他对微观世界的描述。当然，这样做对寻找我们的对象不是有利的。牛顿定律说，信息如果充足，就可以决定任何系统的过去和未来。好比说，在一个罐子里不停碰撞的成亿成万的分子，如果它们在某个时刻的位置和速度完全知道，就可以预言、倒算它们在整个时间上的行为。庞加莱进一步又证明了这些分子将要在漫长的时期中不断重复它们的运动。在罐中分子乱动的运动之中，时间之箭丢失了。根据拍摄这分子运动的影片，即使运动可以看得见，谁也无法说气体是否达到了平衡。可是世界并非如此简单：牛顿力学的缺陷可以用来帮助我们揭示时间在微观层次中的方向。

在早期，当牛顿一给出他的运动方程，人们都以为预测苹果或行星的运动，不过只是应用数学中的练习。要知道月球如何绕地运行，只要把适当的数据放进牛顿的微分方程——月球在某个时刻的位置和速度，经过一番计算结果就自动掉出来。此后 200 多年，聪明的数学家和理论物理学家就一直把精力花在把这方程应用到越来越复杂的场合，然后寻找这方程的严格解。

碰来碰去的台球，沿着无摩擦力钟摆滑下的老鼠，要用牛顿方程来发现它们的过去未来，就得找出所谓的运动积分。这数学程序成功与否，当时人们以为全看是否能为台球或老鼠写出数学表达式。人们以为所有机械式描述都是可积分的，也就是说，都是能（从运动积分）得到严格解的。从来没有人停下来想一想，或许不可能严格地解这些方程。直到庞加莱出场。

庞加莱眼睛近视，心不在焉，举止笨拙。他同时代的人和他开玩笑，说他是两只手同样灵巧的人，因为实际上他右手跟他左手同样不灵活。的确，他在学校的成绩以绘画得零分而有名。可是，他的数学本领远远补偿了这些短处。1872 年他学校的老师利尔德（Elliotl Liard）写道："我南塞班上有个数学怪物，叫亨利·庞加莱。"

次年，这怪物发表了他第一篇论文，登在《数学新年报》上，当时他 19 岁。到他 1913 年去世的时候，他一共写了 30 多本书，500 篇专业论文。他大概是数学史上最后的多面手大师，在学城索朋教学时，从一个科目跳到另个科目。对光学、电、弹性、热力学、量子论、相对论、宇宙学，庞加莱都做了贡献。他的一个同事说他是个"征服者"，不是个"殖民者"，因为随便他研究什么，他总引入新的思想。庞加莱也是科学普及大师。在他《科学的价值》一书中，他说："如果大自然不美，那它就不值得认识，而大自然如果不值得认识，生命也就不值得了。"他被荣选为法国研究所文学部成员。

1889 年，庞加莱震惊了科学界。因为他证明了，连只有三个成员的系统，例如太阳、地球和月球组成的系统，分析它们的运动，都会发现是个根本不可积分的系统。这是用术语的说法，其实就是指数学分析无法给出一个精确解。多过三个成员，更不用说一个气体中成亿成兆的分子，要描述它们的运动，更是困难。这是牛顿水晶球的第一个裂缝。这限制有力地提醒我们，简并派想把一切尽可能地化简是危险的。如果把注意力全部集中在过度简化、能被数学征服的模型，便会有忽略真实世界整个丰富内涵的危险；特别是剥去一层层以为是模糊的现象而揭露内中的"基本"性质，这做法会使我们失掉时间真正的精华。

追求单纯是科学家一再堕入的陷阱。牛顿写道："大自然喜爱单纯，不爱过多因素的繁华。"可是对想象中最简单的情况，庞加莱把牛顿的数学已弄得无能为力。庞加莱写道："一个世纪以前，有人在光天化日之下宣布了大自然喜爱单纯，可是此后不止一次，我们发现大自然并非如此。"在另一学科中，热力学的伟大先驱吉布斯坚持道："对任何一门学问，理论研究的目的之一在于寻找一个观点，从那里整个学科看上去最为简单。"如果把吉布斯发展的平衡态热力学和他所忽略的、本质上更复杂的、跟实际关系大得多的非平衡热力学对比一下，我们就可以看出，吉布斯要求的"简单"是有缺点的。在所有情况之下，我们应该牢记剑桥哲学家兼数学家惠特海德的训诫，"追求单纯，怀疑单纯。"

遍 历 性

庞加莱在牛顿力学路途上插上"此路不通"的牌子，热力学的创始人没有加以理会，他们继续苦干自己选定的工作。他们声明过的目的就是从原子分子方面表达世界的行为。玻尔兹曼和吉布斯与庞加莱毫无关系地设计了一个漂亮的方法来强调不同的两种系统，一种是行为可预测的简单系统，另一种是具有众多分子、与日常物体更为接近的复杂系统。

为了想象无数分子的行为，他们把这行为画在一个"相空间"里面。这绘画式方法在此学科整个专门讨论中扮演了主要角色。相空间中的行为肖像，信息量极为丰富，它们对其中运动的显示就和从笔触辨识画家一样可靠。它们也有助于揭示时间之箭。

　　对在一个盒子里运动的一个台球，要画它相空间肖像，我们必须说它的位置是什么，速度是什么。位置用 3 个坐标表示，习惯上用 x、y、z 代表左右、上下、前后 3 个方向，速度也用这 3 个相互垂直方向的分量表示。这样一共要 6 个坐标来画这台球的行为；2 个台球，就要 12 个坐标；3 个球，18 个坐标，等等。N 个球，要 $6N$ 个位置速度坐标：这 $6N$ 维度组成我们相空间肖像的布局。这 N 个球在某个时刻的状态就由这 $6N$ 维的相空间的一个点来代表。虽然不可能想象任何大于三维的空间，我们至少直觉上可以理解，100 万个分子，用一个 600 万维相空间中的一个点表示，比用平常三维空间中 100 万个运动的点，更为方便。这些球按照牛顿的方程跳来跳去，那代表点在相空间就描出一个相应的轨道。

　　我们现在考虑一个完美的、来回摆动不已的钟摆的相空间肖像。每次来回，钟摆对其摆动终点的势能和它速度达到最大时的动能进行交换。如果摆动幅度不大，钟摆就是个可积分系统，相应的牛顿方程就能有精密解。这时候钟摆的相空间肖像是一个点，沿着一个环永远不停地循环〔图 30（a）〕。每循环一次相当于钟摆的一个摆动周期。如果我们把这理想化系统拍成电影，然后既顺放又倒放这电影，那就无法判断哪个是肖像实际进行的方向——两种运动都是允许的。这里时间箭头很明显地被遗留在外面了。而这里的轨道是个闭合的环，这事实鲜明地说明了庞加莱的循环时间和永远的回归。用我们的比喻来说，画这幅肖像的画家可以说是来自可预测、可积分系统画派。

现在我们把这幅肖像和描绘一个气体分子行为更复杂的肖像加以比较。这里上亿的分子不像钟锤受着牵连，并且它们是不断在相互碰撞，在和容器的墙壁碰撞。每碰撞一次，气体的相空间坐标就做快速而重要的改变。玻尔兹曼和吉布斯经过推究，认为如果分子足够多，时间足够长，整个的相空间每一点都会经过。直观上我们可以合理地预期，一个单独的分子，随着时间的流逝，将会造访容器中每一点。他们把这性质叫做"遍历性"。一个长生不老的遍历性猴子，在一架打字机上随意乱打，经过长远到难以想象的时间以后，将会打出莎士比亚全集（以及狄更斯全集，乃至所有其他人的所有作品）。一个像孤立的、盛有气体的罐子那样的系统如果是个遍历性系统，气体分子就会探讨相空间所有准许的地方［图 30（b）］。和钟摆比起来，这里飘忽不定的轨道显示着气体分子的随机性运动。

玻尔兹曼、吉布斯和麦克斯韦认为气体行为只受一个约束——能量的约束（他们考虑的是孤立系统，所以能量应该守恒）："为了直接证明热力学平衡问题，唯一需要的假设就是：如果对在某个实际运动状

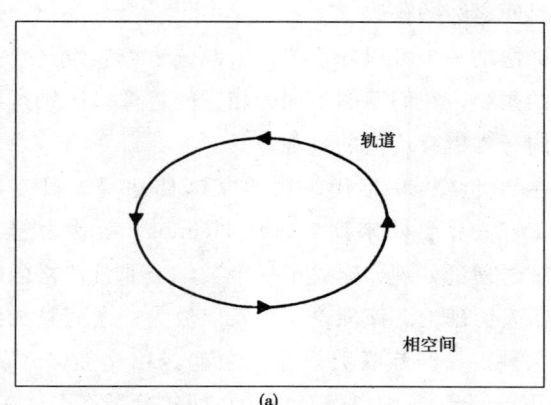

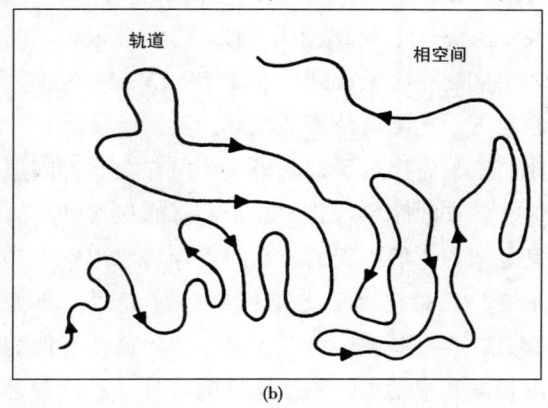

图 30　(a) 小振幅钟摆的相空间肖像。这是一个可积分的
动力学系统。其轨道被限制在相空间很小的一个区域。
(b) 一个气体中分子群体的相空间肖像。这里的轨道将经
过相空间的每个部分——运动是遍历性的。

态之下的系统，我们听其自然，它迟早将会经历每个
与能量方程相容的相点。"难道这些遍历性系统含有

了解时间之箭的秘诀？

钟摆是一个可积分系统，一群分子被假设是个遍历性的系统，它们迥然不同的相空间肖像是区别这两种不同行为极有价值的直观教具。

在 20 世纪 30 年代，数学家诸如纽曼、贝克霍夫、霍普夫、哈尔末斯（P. R. Halmos）等，为遍历性系统的理论处理，建立了一个数学上非常严格的框架，叫遍历理论。该理论此后发展成为一个完整的纯数学学科。一群苏联数学家，最初经由辛钦（Aleksandr Khinchine）的启发，后来在柯尔莫哥洛夫（Andrei Kolmogorov）、阿诺索夫（D. V. Anosov）、阿尔诺耳德（Vladimir Arnold）、西奈伊（Yasha Sinai）等人的领导下，逐渐把持了这领域。

他们的工作揭示了，遍历系统中存在有不同层次的行为——有的简单，有的复杂，有的很奇妙：简单同时又复杂，它们不同的相空间肖像需要用整个一个画廊来装。就如艺术史专家把绘画分成"经典派"，"印象派"，"立体派"，"现代派"等，这些肖像的分类可以揭露其中动力学不稳定性的特征——这和混沌有密切关系，对时间箭头在原子分子层次上的了解极为重要。

有个问题必须解决，我们才能找到时间箭头——因为即使在遍历性系统中，庞加莱回归的阴魂仍然不散。一个系统如果被锁在永远回归的循环之中，它就不可能有时间箭头。正如庞加莱所指出，一个动力学系统，不管多么复杂，如果注定它行为重复，就不会存在有伴随不可逆性的、永不回头的熵增。把庞加莱回归和无时间宇宙割开的是两个字：混沌。

宇宙尽头的电子

报道一场板球比赛的新闻记者，打电话到他办公室说："史密斯把球打过外场员，赢得三分。"（Smith hit the ball over the slips and into the deep for three）第二天，报纸上登的是："史密斯把球打过悬岩，掉进蓝色大海。"（Smith hit the ball over the cliffs and into the deep blue sea.）同一体裁更熟悉的例子是指挥官下的命令："派后援来，我们要进攻了。"（Send reinforcement, we're going to advance.）这命令经过战壕里的口传，最后变成："寄三毛五来，我们要去舞会了。"（Send three-and-four pence, we're going to adance.）

这两个笑话告诉我们，一句话稍微变一变，意思就完全两样。动力学混沌与此类似：初始条件稍微变一点儿，时间上的演化就迥然不同。动力学混沌这词有别于随机性混沌，后者是来自外界影响的真正偶然性的行为，本章不再予以讨论（这两种混沌的区别，第六、第七章已详叙过）。在能量可以损失的耗散系统的情况之下，我们已经提到过洛伦兹用以解释天气变化无常的蝴蝶效应。它强调我们现在离开拉普拉斯式决定论的梦想世界是有一大段距离了。

"宇宙尽头的电子"是洛伦兹蝴蝶效应的宇宙版本（但这里应用到一个能量不损失的守恒经典动力系统），是英国布里斯托尔大学的贝瑞（Michael Berry）将它普及的。设想我们要追踪在屋中一个很小区域疯狂运动的一个氧分子。要这样做非常不简单，因为这个氧分子要遇到成万上亿别的分子，要和它们碰撞。碰撞使它转向，每次转的角度，原则上可以算出。为简单起见，我们假设分子是像台球一样地行动。但是对这分子初始位置速度的知识，只要有一点点微小的不确定，就会很快导致对偏转角度很大的不确定。这分子也许就碰不到本来应该碰到的另一分子，这样就大大地改变了它的轨道。假设我们像上帝，精确地知道它的初始条件。即使在这种情况，如果仅仅忽略小如这分子和位于宇宙"边缘"的一个电子之间的引力作用，我们也就再没有希望预言那分子的去向了。

我们并不需要考虑宇宙边缘的电子，我们甚至连实验室几米外的电子也都不必管，除非我们在做极其敏感的实验。想预测这个氧分子的古怪行径，不管这些，已经够麻烦的了。贝瑞的故事的有效力，在于他假定在某个特定时刻我们已经精确地知道那个氧分子的状态。可是我们将要强调，即使在牛顿动力学，它的状态也不会被知道；和此内禀的不确定相比，宇宙尽头的电子的影响是微不足道的。

混沌粉碎了决定论

混沌存在的场合对初始条件是极端敏感的。牛顿方程能作短期预言，不能作长期预言，除非初始条件精确地知道。真实世界的这个特点，便被用来作为同时打发决定论和庞加莱回归论的武器。在上面的例子中，气体初始条件一个小小的改变就意味着本来要碰撞的分子不再碰撞，本来不会碰撞的分子却要碰撞。相空间代表所有分子的代表点，其轨道就要有很快的变化。这样，虽然牛顿方程应该能描述这气体的行为，但是要从这决定性运动方程中对未来做准确的预言，初始条件（所有亿兆个数值）必须以无穷高的精度得知才行。这工作即使原则上能做，也不是任何人脑、任何容量小于无穷的计算机能做的。说精度追求将是无穷，就是说这工作一直做下去，永远做不完。只有进入宗教的领域，决定论才存在。千真万确，事实上，也只有全能如上帝者，才能处理无穷多的信息。

气体是非稳定动力系统的一个例子：初始条件中微小的变化导致它长期行为中巨大的变化。类似地，不管弹球迷怎么想尽方法把钢球打得跟上次一样，结果总是不同。一个动力系统，如果是高度的不稳定，它便叫做混沌式：在此情况，初始条件很靠近的两个轨道很快地（指数式）分离。然而描述时间上演化这问题，还不仅是搜集必须放入牛顿运动方程的数据这项实际困难。假设射入弹球台的弹球的初始速度——初始条件之一，是一个介于 0 和 1 之间的数（也可以是介于 1 和 100，或者两个任意数之间，道理一样）。这听上去很平常，其实却蕴藏着一个基本问题。因为我们用来描述这初始条件的任何数都是特殊的，都是非典型的。这是因为我们只能用所谓的有理数，它们由两个整数的商定义，可是数学揭示了众多的无理数，它们要讨厌、麻烦得多，描述一个无理数得用一个无穷长度的随机数字系列。对决定论的打击是由于，虽然在 0 与 1 之间有无穷多个有理数，无理数比有理数还更多，更无穷地多。我们只能处理有理数，而无理数必须用有理数近似。这样，我们能处理的数其实是一个极不正常的选择。当钢球开始运动时，它的速度是个无理数的概率远远（无穷远）地大于是有理数的概率。我们永远不能精密地描述它在弹球台的行动。这是原则问题，不仅是实用问题。即使有理数也会很长，甚至需要无穷个数字来表达。例如 1/3 是 0.3333333……一直到无穷，作数字计算时必须截断，好比说，0.333。可是任何截断将会很快地导致与用"精确"初始条件完全两样的钢球轨道，产生完全不同的一场游戏。初始条件多少总是不确定的，这事实我们躲避不了，必须正面对付。

只是最近人们才注意到，问世已 3 个世纪的牛顿运动方程所描述的经典系统是不稳定的，也才意识到牛顿式决定论是有缺点的。一度是传统学科的流体力学的权威，赖特希尔爵士（Sir James Lighthill），最近代表几世纪以来梦想实现决定论的众多科学家，做了一个感人的公开忏悔："今天我们都深刻地感到，我们的前辈对牛顿力学惊人成就的崇拜，使它们在可预言性这领域中做了些推广，这些推广我们在 1960 年以前都倾向于认可，但现在我们知道是错误的。我们以前曾向知识界宣传过，满足牛顿运动方程的系统是决定性的，这在 1960 年后的今天，已被证明为不正确。我们在此集体向知识界道歉。"赖特希尔本人的专业，从前是工程师和应用数学家独占的地盘，现在经由对动力系统的新处理方法，已成为数学物理中新颖而硕果累累的一门学科。

无数考卷叫学生把牛顿方程应用在圆球的碰撞或行星整齐的轨道运行上，要知道这些问题都是例外，不是普遍现象。认为"正规"教育是和"现实"脱节的人，大可以用此作为武器。虽然用来处理这些问题的方程很简单，混沌这概念的妙处就在于，从同一个源，也能产生复杂的行为。

经过遍历理论的发展，相空间中的复杂性和时间箭头变得容易想象（图 30）。混沌的手法可由相空间肖像显示。我们上面看到，初始条件，即使对一场弹球游戏来说，一般也是不能精密地确定。考虑到此点，相空间肖像不应该再用单独一点，而应该用个一小团。这小团包含所有与初始条件不确定性相容的轨道（气体分子的也好，弹球游戏中钢球的也好）：这小团包含可能性的范围。这小团在时间上将如何运动？游戏规则很简单：小团按照刘维方程演化（刘维方程，第五章讲非平衡统计力学时已讨论过），小团的体积必须守恒，形状不一定守恒。体积守恒的理由可以用容器中气体来说明。不管气体有多少种分配给诸多分子的方式，气体处于容器中的概率总是一样，总是等于一。气体总不会不翼而飞。这样，这小团可以看为一滴不可压缩液体，永远保持体积不变——因此保持总能量不变，但可以变化形状（相空间中整体形状标志运动是如何分配在分子中的）。

现在让我们来浏览一下相空间肖像画廊（这些肖像都不是用"一点"而是用"一小团"画的），看看是否能看出不同画家的手法（图31）。图31（a）是主考老师的得意之作，简单美感的曲线说明这是个可积分（非遍历性）的系统，这里的小团做周期性的旋转，只经历整个相空间（"布局"）的一小部分，并且保持它的形状。此画派肯定也影响了图31（b），那是一个遍历性系统，处于小团中所有的轨道仍然始终彼此靠近（不然小团就变模糊了），但是小团经历整个相空间。肖像(a)和肖像（b）代表稳定的（或规则的，或非混沌的）动态，因为初始条件中微小的不确定性，在长时间以后的系统状态中导致的不确定性，仍是同样地微小。

肖像（c）揭示的是可能更有兴趣的情况。它的狂舞，像一幅杰克逊·泊罗克（Jackson Pollock）的画：这运动经历整个相空间，因此是遍历性的。可是小团的体积总是不变，它的形状却变成越来越长、

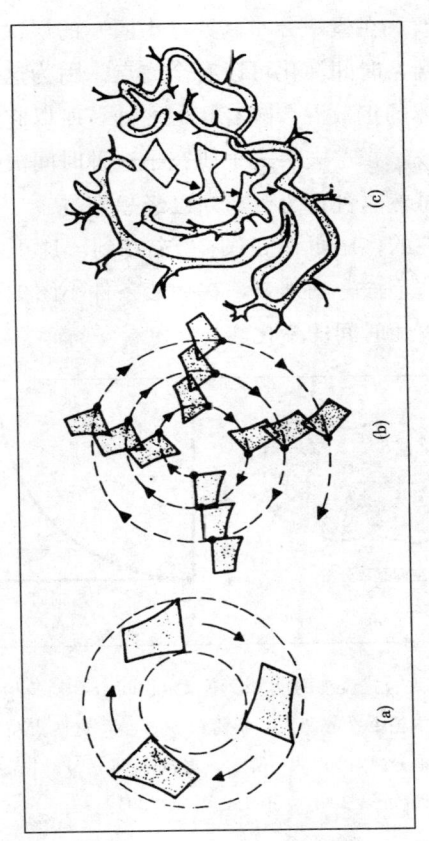

图 31　相空间概率密度的时间演化：（a）非遍历性；
（b）遍历性；（c）混合式。〔录自巴力斯古《平衡统计力学
与非平衡统计力学》，第 718 页〕

越来越细的细丝，变成像掉进水里的一滴墨汁，放进
咖啡里的一团奶油。到了它最后渗入布局的每个部分
之后，它就不再演化了。这点具有重要意义，因为它

365

告诉我们，在概率分布函数（小团）的层次上，可以达到平衡，时间演化可以有个终点。因为这种肖像和不同液体的扩散混合颇有相似之处，所以它叫做混合式遍历流。霍普夫第一个研究了这种时间演化的数学细节，虽然这种行为吉布斯已经想到过。

混沌的作用可以在图32中看到。这里显示的是肖像中"笔法"的细节，在初始条件小团中邻近两点之间距离随时间的变化。

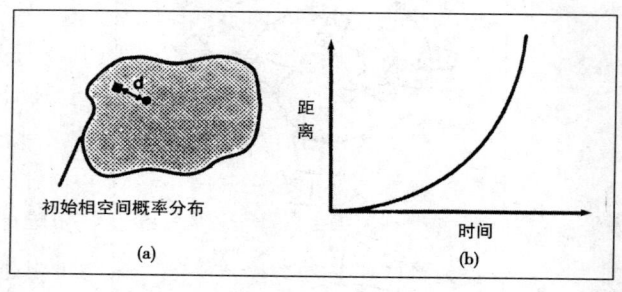

图32 混合式流动的动力学不稳定性。（a）初始相空间概率分布中相距 d 的两点。不管 d 是多小，这两点将随时间指数式地分离，如（b）所示。比较图31（c）。［录自柯文尼，《研究》第20卷，第190页（1989）］

不管两点最初靠得多么近，它们总随时间指数式地分离。在很短时期内，这样两点的行为差别不大。但过了一段时间以后，它们的长期轨道就完全不同，它们各自经历相空间中完全不同的区域。这正是我们所谓混沌式时间演化的意义，因为只有我们能无穷精确地得知初始条件，我们才能利用牛顿的决定性方程来计算未来的行为。用相空间绘画语言来说，如果开始是单一的一个点，我们就可以求助于牛顿。但是对混沌系统，初始时刻不会没有的不确定性意味着牛顿物理的基石——可预言性——瓦解粉碎了。

对于这种混合型流动，一丝不苟的决定性必须退位给概率陈述。这就是说，我们必须一开始就放弃决定性的轨道，而只运用概率——这正是统计力学的办法。此结论对时间箭头颇具意义，科学家们，尤其是玻尔兹曼，想用分子运动来说明不可逆的热力学第二定律，既然他们用的主要方法之一就是统计力学，因此我们刚得到的结论，对时间箭头颇有意义。要注意：我们达到这结论，并没有引用任何主观论证。

这混合型肖像只是整个混沌肖像"族"里的成员之一。如果把遍历性系统按照不稳定程度即混沌程度排列，混合型流动是居中的。比它更混沌的行为发生在所谓K型流动中。这里，K代表柯尔莫哥洛夫，他和西奈伊研究了这种流动的性质。K型流动的行为处于完全不可预言性的极端，尽管"内中的"运动方程仍然是决定性的。K型流动具有如下令人注目的性质：初始即使有无穷多个测量，也不能预言下次测量的结果——除非初始测量是无限准确的，物理上那当然不可能。这种流动本质上是随机性的。

所有这几种行为可能听起来都有点太抽象。遍历性系统跟实际世界之间究竟有多少共同之处？事实上，直到西奈伊的创始性工作出现以前，很多人已经开始怀疑，现实与嵌在遍历性理论中抽象数学之间，是否有任何关系。但 1962 年，西奈伊宣布，他证明了一个只盛有两个或多个按照牛顿方程运动的台球的盒子，也具有图 31（c）所示的混合性质。西奈伊的结果是对决定论又一个打击。仅仅两个球的运动，虽然比较理想化，确也具有统计力学所研究的行为的性质。而直到那时为止，人们普遍以为，遍历性（更不用说更强的混合性了）只是巨大数目的原子或分子（例如一个气体中成亿成兆的分子）才有的性质。西奈伊指出，如果盒子里的球不止两个，那么动态就更退化一步，成为 K 型流动。这样，即使一场台球游戏其实也是混沌式的，也是不可预测的。球杆碰球的情况，稍微有点变动，球的长期位置就完全不确定了。幸亏对台球球迷来说，这不可预测性只是在击球完毕很长时间以后才能察觉到，并且是在不存在摩擦力的情况之下才行。

西奈伊创始性工作以后，许多别的理想化的情况，其中有的涉及台球彼此之间碰撞和台球与凸面边界碰撞，也都被证明具有混合式流动甚至 K 型流动的性质。从理论观点看来，缺点是建立遍历性性质极其困难，一个典型的严格证明长达数十页。已证明具有遍历性性质的情况都比较"奇异"，例如台球式的相互作用不能作为分子作用的典型，因为台球直到碰撞以前，根本不管彼此的存在。真实世界里的相互作用总是更平滑些。不过，很多人认为这只是一个技术性的困难，认为真实系统大多可以用遍历性的 K 型流动来模拟。

混沌与时间之箭

对于相空间肖像画廊如何跟时间配合这问题，现在让我们来试图给出一个更坚实的理解。我们已经看到，一个混沌式混合型系统（例如盒子里的气体），它的概率分布开始是一个小团，然后逐渐生出越来越细的卷须。这种卷须的成长和探触标志着气体分子对多得令人头晕的可能性进行调查。用单独一点的一定轨道来代表气体所有分子的运动是无意义的。我们唯一能说的是：气体分子，开始如果是在相空间某个小体积中某一点，现在就可能处于肖像中某条卷须中的任何一点。这里存在有巨大的可选择性。这也许就是微观层次的时间箭头，因为小团具有一个毫不留情的倾向，把自己变得越来越模糊，最后达到平衡的死亡状态，那时整个相空间布满细丝——变成了一团概率均匀的棉絮。

我们一旦放弃基于轨道的决定性描述，我们其实就已经根据对甚至是最简单的情况的了解，彻底进行了理论上、哲学上的再估价。我们不再有一个僵硬的决定性框架和固定的预言本领，我们被"降级"到统计层次，那里不存在决定性，那里的未来行为只是在一种概率意义上可预测。

以前没有不可逆性的场合，现在可以为不可逆性腾出地方来了，并且做法完全是客观的。它和动力学不稳定性密切相关，而这不稳定性是系统中的一个内禀性质，一个客观性质。因此即使在只有少数几个台球或分子的情况下，也运用概率并且承认这是基本做法是有道理的。这做法是基于系统的内禀性质，而和我们的干预、粗粒化方法以及其他"主观"行动无关。

以前认为是不允许的东西，经过运用概率理论对非稳定遍历性系统的描述，变为可能了——其中包括不可逆性，从而包括时间之箭。可是庞加莱的回归论不再来捣乱了吗？它不是说谁也逃不过永恒的回归吗？量子芝诺祥谬（见第五章）发明者米斯拉证明了：当我们放弃用个别点子画成的肖像，而采用基于小团的肖像，用基于概率的图像代替基于轨道的图像，庞加莱回归就不再成立。

关键是：只有采用概率途径，而不是用牛顿的决定性方程，我们才可以合法地寻找一个量，它类似于熵，从它能得到第二定律的时间箭头。米斯拉在1978年的一篇重要论文里，证明了对于K型流动可以找到这样一种熵。上面我们看到，K型流动包括台球和理想气体，一般认为在大自然中很是普遍（这点尚未被证明），尤其是牵涉到宏观系统的场合。就像热力学的熵一样，米斯拉的熵也是在平衡态时达到最大，那时概率分布停止演化。

借助动力学非平衡熵，我们把牛顿学说的盖子揭开了，发现它里面的情况其实是和平衡这热力学概念相容的。这对我们在微观层次上寻找时间方向是一个紧要的发现。这是因为，就如第二定律所示，平衡状态其实就是时间之箭的箭靶。至于这箭头指向"前"，还是指向"后"，是另一个问题。回忆一下，作为此分析基础的经典力学是时间对称的：理论上可能有两个不同的时间演化，一是朝着未来的热力学平衡，一是朝着过去的平衡。

这两种演化应该选哪个，这问题对我们现有的基本原则来说太深奥了，是无法解决的。答案很可能归根到宇宙学上去。也许根据彭罗斯的建议，我们在第五章考虑宇宙学时间箭头时曾讨论过这建议，不过这还是属于臆测。我们采取的做法是：把第二定律当做自然界一个唯象事实，用它根据观测来选择朝向未来的演化。我们采取这简单而意义重大的步骤以后，就能把第二定律的时间箭头加进动力学的结构之中，从而使后者彻底变质。在此解决不可逆性佯谬的办法之中，第二定律和力学的地位相等，这办法和简并派不成功的方法迥然不同，历史悠久的简并派总想用力学来说明热力学。

这办法从米斯拉后来和普里高津、库尔巴伊（Maurice Courbage）的合作中得到更多的支持。他们证明了如果存在一个类熵量，那么可逆性的轨道便不能用。他们并且还发现了与不可逆性相容的时间模式，叫做"内在时间"，它标志着一个动力系统的年龄。这年龄反映着系统的热力学情况，而牛顿方程中的描述则表达纯粹动力学可逆性的特征。

自从不可逆性佯谬问世以来，人们100多年来把力学和热力学放在敌对位置。而布鲁塞尔小组在两者之间建立了一个令人注目的关联。海森伯的不确定性原理（见第四章）所表示的、玻尔对量子力学的解释所强调的量子力学中观测量的互不相容，我们在这里发现一个和它很类似的情况：一个系统的热力学性质（即系统的不可逆年龄）如果完全知道，可逆性动力学描述就失去意义；反过来，动力学描述如果完全确定，热力学观点就立不住脚。对此情形，普里高津做出如下说明："世界之丰富多彩，不是一种语言可以诠释的。音乐不能完全归纳在从古典作曲家巴赫到近代作曲家希恩堡的各种风格之中。我们经验的各种不同方面，同样地不能用单一的描述一言而尽。"

分别以动力学和热力学描述的可逆性和不可逆性，看上去是同一个硬币的两面。就如我们在量子力学中发现的情况一样，世界整个结构太丰富了，我们的语言说不完，我们的头脑懂不全。对时间这新的看法具有两个紧要而互补的方面，它们之间对比之强烈，犹如天堂和地狱。统治天堂的是动力学方程，它们是可逆的，是"无时间"的，它们的单纯保证着永远无穷的稳定。地狱则像是实际世界的近亲，其统治者是起伏、不定、混沌的。这是个不稳定的，朝着死亡与平衡衰退的世界。

KAM 来到

这样，在经典物理学的核心中发现了能描述年龄概念的一种新时间；它和随时间增大的一种熵联系着。这样一来，不可逆性和熵看来都是充分不稳定的动力系统的基本性质，即使系统只含有两三个相互碰撞的物体。我们难道在热力学时间箭头与统治微观世界的可逆性方程之间，得出了一个普遍的联系吗？还没有完全这样：别忘记我们还没有考虑相空间肖像画廊中所有各种运动，我们只考虑了可积分系统和遍历性系统两种。要知道此外还有牵涉到三个或更多个物体的情况，这些都是不可积分的，这是庞加莱首先发现的，本章上面已经提过。

我们处理过的相空间肖像是两种极端情况——极端"简单"与极端"复杂"的。遍历性系统，特别是混合型流动或 K 型流动，属于"复杂"系统，因为即使是两个或三个台球在一个盒子中的运动，相空间肖像是毛发状的，表示整个的相空间都将被经历。另一方面，一个理想化的钟摆或者一颗绕日运行的行星是简单（可积分的）系统的例子，意即它们的运动受着高度限制，没有碰撞，可预测，因而是非遍历性的；它们的行动单调无味，有规有矩。这些可积分系统的相空间肖像是由受限制的（非遍历性）轨道组成，这些轨道周期性地重复咬自己的尾巴。这定性上和我们自己对简单系统的经验相符，"咬自己的尾巴"相当于地球重新开始一个绕太阳的循环，钟摆下一次的摆动。

这看来颇令人不解，尽管一个稳定的地球轨道让我们非常放心。从我们上面得到的认识，地球的绕日运动似乎具有一个随便乱来的混沌系统所具有的因素：它应该不是一个可积分的"二体问题"，因为还有月球和其他行星的引力作用。天体的运动其实是多体作用的结果（天体其实不止两个），因此，按照庞加莱的理论，这运动应该是不可积分的。而我们不是已经看到了除掉最简单的情况以外总应该出现混沌？

幸好我们仍可指望太阳每天升起，亏的是一个以柯尔莫哥洛夫-阿尔诺耳德-摩塞（KAM）命名的定理。此定理出于柯尔莫哥洛夫 1954 年开始的关于庞加莱回归的工作，这工作随后在 20 世纪 60 年代初期由他的同事阿尔诺耳德加以发展。摩塞（Jrgen Moser）同时先后在德国和美国用类似的方法做了同一工作。他们的研究证明了庞加莱的这种系统属于完全规则和完全混沌之间的一种中介情况。

这种行为半明半暗的区域，可以从在简单情况里加一剂新配料以后达到。在我们地球绕日运动的模型中，这新配料就是我们引入的一个或多个代表月球或其他行星的小小的力。人们起先以为这种摄动肯定会把非遍历性转化为遍历性，把一个简单的相空间肖像，例如描述钟摆的环，改变成一个复杂的肖像，例如我们已经遇到过的"毛茸茸"的混合型流动。

可是 KAM 定理表明，这不一定发生：这小摄动在布局的不同部分，作用不同。布局有些部分仍旧是规则的，就和未加摄动以前一样，有些部分就出现了很不规则的、混沌的行为。前者的初始条件小团仍旧被限制在比较简单的闭合环体里面，而后者的小团则伸出细长的卷。图 33 示意一个简化过的例子。规则区域相当于稳定的运动，相当于物体之间没有碰撞；混沌区域相当于物体经受了碰撞的随机化作用。看来好像这幅肖像是两个画家画的，每个画家画了不同的部分。这两部分一般很复杂地彼此缠绕着。

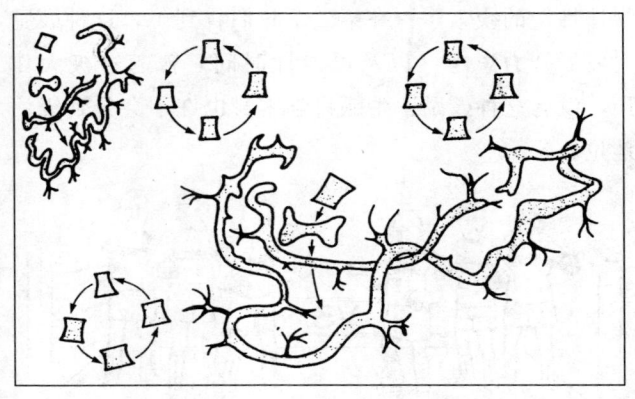

图 33　一个不可积分系统相空间行为的简化图。规则行为区域和无规则行为区域同时存在。（参见图 31）

　　许多不同的因素支配着布局应该如何分成规则和无规则的两种区域。假设开始的摄动很小。我们逐渐增大输入系统的能量，我们将观测到一个所谓"随机跃迁"：本来主要是很规则的运动变成主要是很不规则的运动。原因是：能量越大，碰撞越有机会破坏和平的规则运动。此外，外加摄动的增大如果超过某个值，所有的动力学运动，由于同一缘故，都要变成混沌式运动。

天体力学界的天体物理学家听到 KAM 定理的消息以后都非常兴奋，因为它为证明行星运动是稳定的这尚未解决的问题大大向前走了一步。行星运动如果是不稳定的，那么像地球这样一个行星就会一声不响地掉入深渊。生命也许从来就没有出现过。即使出现了，天空中的混沌行为也不会给古人什么宇宙"内在规律性"的线索了。在第二章我们看到了，这种鼓励对发展智力思考（以及可逆性时间）曾起过极大作用，没有这种鼓励，牛顿科学本身也许不会升到统治地位。

图 34　KAM 定理对热力学第二定理的挑战。［录自《新物理》（P. C. W. Davies 编辑）中福特的论文的图 12.14］

就如 KAM 定理所预言，在相空间，某些部分运动是无规的，在太阳系中我们的确能找到一些粒子。状若土豆的土星第七卫星，它的运动就是混沌式运动。它围绕土星的轨道大致是规则的，但它同时不规则地、不可预测地翻筋斗，就像一个土豆在地上打滚一样。冥王星的轨道中也有类似的行为。火星与木星之间小行星带中的空隙，混沌动力学也给了解释。

对于日夜在力学中寻找时间箭头的人，KAM 定理乍看上去不是好事。他们才刚以为终于能把时间的描述放在动力学不稳定性和随机性的基础上，KAM 定理又来捣乱，说复杂系统能在相空间某些部分呈现简单、无时间性的行为，和时间之箭能在相空间另外一些部分出现一样地肯定。然而，重要的计算机模拟工作（特别是亚特兰大的乔治亚工业学院的福特与其合作者所做的）表明，在"物体数目充分大"的情况下——具有成亿成兆分子的宏观层次是肯定满足这条件的——所有关于规则周期运动的行迹都会被淹没掉。那时，KAM 定理将失去作用，遍历性、不稳定性、从而不可逆性再次主宰一切。虽然我们应该说明，这些话还没有给予严格的数学证明，时间之箭看来经过计算机的数字啃嚼而复活。这和我们自己的经验相符：正是在日常物体、事件（例如在融化的雪人）的层次上，我们最感觉到时间的箭头。

可是，这里看来好像也有一个截止点和粗粒化中的差不多。第五章介绍了那里的截止点，它说当我们从原子尺度移到苹果尺度的过程中，时间之箭会神秘地出现，因此我们将粗粒化轻率地打发掉。现在当我们从少许几个原子移到"数目充分大"的情况的过程中，时间箭头的出现是否也具有某些随意性？统计力学启示我们利用"热力学极限"办法来处理这问题。我们不要设想一个任意大的分子集合，让我们考虑如下的系统：它的分子数目 N 和它的体积 V 都趋向无穷，但分子的密度（N 除以 V）一直保持为有限。热力学极限避免了时间箭头在某个随意尺度上的出现。这是统计力学不可缺少的一手，应用很广，例如固体转化为液体时熔点温度的理论计算。在热力学极限下，KAM 定理失效；任何"无时间性'的规则行为都被冲走，只有无规则的混沌式运动留下来。这样，时间之箭就显露出来了。

相对论混沌

关于相对论力学中的混沌只有少许认识。第三章提到，广义相对论中，运动是沿着两点之间距离最短的测地线进行的。法国数学家哈达马（Jacques Hadamard）在 19 世纪末证明了，在一个曲率为负常数的面上，测地运动是高度不稳定的。此后又证明这运动是一个遍历性 K 型流动。在某些宇宙学场合，可以证明这种测地运动是的确发生的，于是在这些场合中可以建立内在时间和年龄的观念。此外，甚至相对论不变场——用以描述电磁现象的那种，看来也有 K 型流动的性质，因此也具有内禀的不可逆性。可是在有引力相互作用的场合中，证明诸如动力学熵、动力学年龄的存在，殊非易事，至今尚无答案。

量子论与不可逆性

至此为止，我们所考虑的是：当我们用牛顿的观点来处理微观层次上的事件时，不可逆性会以何种形式登上舞台。可是近代的证据（第四章讨论过）是说：要正确地描述微观物质，必须运用量子力学的语言，尽管这样做有许多困难。因此，我们应该设法把不可逆性的讨论建筑在量子理论上。这样做和用经典理论有许多相似之处。

在量子力学中，一个系统的状态由波函数描述，而对于嵌置其中的可观测量（诸如位置、速度），测不准原理保证它们总有些内在的不准确性。然而，被薛定谔方程决定的波函数的演化是可逆的，就像牛顿力学中的轨道一样。因此，很自然的一个问题是：是否存在一种波函数的动力学不稳定性与经典力学中的混沌类似。这样一来，我们必须把第五章提到的量子力学密度矩阵拿来取代波函数，作为考虑的基本对象，就如在动力学不稳定的系统的经典力学中，概率分布函数是它的基本对象一样。

尽管多年来许多人的认真努力，在小的量子系统中，我们（至今）还没有找到与混沌类似的现象。这和量子理论中存在一种强形式的庞加莱回归有关，它说：所有有限的、隔离的量子系统。比如放置薛定谔的猫的装置都是周期性的——它们都要永恒地回返。

薛定谔的猫将永远陷在既活又死的暧昧状态之中。这样，量子力学中似乎没有一条趋向平衡的单向通途。然而，只要承认存在具有巨大数目分子的宏观物体，就可以把一种熵引入量子力学。办法是采用热力学极限，就像经典力学对大的、不可积分的庞加莱系统的处理一样。当然，和上面那种情形相同，只是在考虑宏观系统而不是考虑微观系统的时候，不可逆性才可以这样出现。

对于量子力学的主要困难之一——第四章讨论的测量问题，这一结论颇为重要。虽然量子力学的实际应用已成惯例，但是对它应该如何理解仍有可争论之处。为了事件在真实世界中发生，波函数在测量时必须坍缩，这时信息是如何从理论中提取出来，这便是最大的难处。量子力学在微观层次上是非常成功的，那么现在大惊小怪些什么？

贝尔（John Bell）是欧洲粒子物理中心（CERN）的一位理论物理学家，他对量子力学的内在问题做过深刻的思考。他采取的是"悄悄地"态度。他认为："量子力学里基本性的含糊并没能阻止我们进步。我们的理论学者在那含糊中迈步前进……已取得的成果是极为动人的。如说这是患梦游病的人做的，我们难道要把他叫醒吗？我觉得是不叫为宜。因此我现在把声音放低，悄悄地说话了。"

如果一个人喜欢在微观世界中生活，那也就不妨梦游梦游。可是从第四章得出的结论是：量子力学用来描述我们自己的世界时，发现它在宏观层次上是有问题的。困难可以用像薛定谔的猫那样的量子佯谬来说明，其中"量子实际"需得用"又死又活的猫"这类暧昧状态来描述。对此情形，贝尔概括如下："世界究竟应该如何划分为我们可言的仪器和我们非可言的量子系统？通常的理论中的数学要求这样一个划分，但不告诉我们如何划分。"

他继续说道："难道亿万年来，世界波函数一直在等一个单细胞生物的出现，然后才跃迁（坍缩）？还是它还得多等一会儿直到出现了一个有资格的——有博士学位的观测者？如果这个理论不是仅仅只能用在理想化的实验室过程，我们不是就得承认，差不多每个时刻，差不多每个地方，都在进行差不多的'类测量'过程？这样一来，难道还有某个时刻是没有跃迁的、是薛定谔方程能适用的？"

一般看法认为：每做一次测量，波函数就不可逆地、完全不能预定地、随机地坍缩——因为这坍缩到底是在薛定谔方程的范围之外。可是，正如玻尔与其学生罗森菲尔德（Leon Rosenfeld）一再强调过的，测量这过程是用一个宏观的仪器，在宏观世界与微观世界的"交界处"进行的。按照上述办法把熵和不可逆性引入量子理论框架，对于这个疑难问题，可以得到一些认识。如果可以找到一个类熵的量，可逆的波函数就可以被一个概率手段所取代，就像牛顿方程被刘维方程所取代一样。不可逆性一旦被承认，波函数坍缩就失去它先前那种神秘性。从这个观点来看，测量过程根本没有什么东西令人注目——它就是与热力学第二定律相符的一个不可逆过程的典型例子。

在量子理论中引入内禀不可逆性很富有吸引力，它把热力学第二定律从开始就包含进去，并且解释了测量过程。然而，由我们看来，这仍旧是一套不完备的理论，可逆的量子定律和不可逆的热力学仍旧是以某种特殊方式连接起来的。我们同意贝尔的看法，即在这方面某些基本措施仍待发现："观察事物的新方法将牵涉到某种想象跃进，这跃进将使我们惊讶。无论如何，量子力学的描述将被取代。在这方面，它和其他人为的理论一样。但在更大的程度上，从它的内部结构中可以看到它的末日命运。它本身就载有自我毁灭的种子。"也许彭罗斯的猜想，即一个令人满意的、未来的量子引力理论中的时间是不对称的，能提供所需的"彻底的意识更新"。这样一套理论，如果成功，可以期望拿掉广义相对论中的奇点，说明热力学第二定律，解释波函数坍缩。不过这项工作属于未来。

时间与豹斑

这对于前几章用以描述豹子如何得到身上的花纹、黏菌如何聚合的方程，有何意义？那些含有时间箭头的非线性"运动"方程，它们的动力学来源是什么？

物理学成功地运用了这些方程——其中包括第五

章提到的著名的玻尔兹曼方程来描述诸如黏滞性、扩散、热传导的运输过程。我们熟悉的不可逆过程——扩散，在它里面的是物质从高密度区流进低密度区。类似的，黏滞性来自一种液体的摩擦，由于这种摩擦，流体中的有序的机械能耗散为热能，热能相当于分子的随机运动。

可测的量，比如一个液体的黏滞性和热导率，大多数人认为是物质的"客观"性质。但是绝对坚持原子简并论的人，却认为这些日常现象是"幻觉"，应该予以摒弃。难道这些像黏滞性的性质，真是一个基本上无视时间的宇宙里面，我们目空一切的想象中的虚构？为了解释周围的世界，我们难道还得向主观因素求助？幸好我们有理由相信，答案是否定的。这是因为现在有一个可说是普遍的方法，可以用来导出这些运动方程，这方法看来和不可逆性的来源有深奥的关系。尽管这普遍方法有不少数学上的困难，它看来能够阐明时间箭头问题。特别是：20 世纪 60 年代晚期至 70 年代早期，乔治（Claude George）与何宁（Fran oise Henin），在与普里高津密切合作之下证明了，一个大的耗散系统的时间演化，可以唯一地分成为两个完全独立的、叫做"亚动力学"的成分。

一个是"运动"成分，它描述系统的长期演化，含有到达热力学平衡态的途径。另一个是"非运动"成分，它描述初始条件开始以后不久的短暂行为，这种行为随演化而消失。我们还不太清楚，这两种行为究竟如何划分，究竟在哪个时刻分子就不记得初始条件了，就在时间之箭的影响之下奔向平衡态了。对此问题，活跃的研究仍在进行。动力学不稳定性（混沌）是一定需要的。有件事是肯定的：这种行为如能从微观动力学导出，主宰运动成分的将是一个高度普适性的、时间不对称的运动方程。这样，我们终于揭露了统计力学中的时间箭头。

亚动力学这园地，丰饶多产。它使新的和老的运动方程可以系统地导出，并来描述一大批不同的现象。巴力司古（Radu Balescu），巴黎南边丰特乃玫瑰镇 CEA（欧洲原子协会）的米斯基齐（J. H. Mis-guich），贝尔格莱德物理研究所的西卡尔卡（Vladimir Shkarka）和本书作者之一柯文尼将此分析扩展，他们研究其演化的系统受着一个时间上有变化的外在场的支配，例如由激光产生的电磁场。这对于探求可控聚变发电是一个颇有兴趣的课题，因为后者就是把由电离原子组成的等离子体限制在一个磁场里面，希望载有正电荷的原子核彼此碰撞，从而释放大量的核能。这种等离子体的时间演化可以用非线性运动方程精确地描述，而这些方程可以用亚动力学手段导出。此外，在空间时间都变化的电磁场的情况之下，描述几种特定等离子体的演化的方程，也可以用同一手段来解。

在避免用主观的方法把不可逆的运动方程从力学中推导出来的努力中，如果说布鲁塞尔小组是孤军奋战，那就错了。别人也试图用过另一些同样是微观的、客观的方法。加州大学伯克利分校的一位数学家兰弗德（Oscar E. Lanford Ⅲ）在 1975 年对玻尔兹曼方程做了至今为止最严格的数学推导。可是，他只能证明他的推导只是在很短时期内有效，而我们预期它应该最适宜描述对稀薄气体的长期行为。其他一些人发展了基于"定标"技术的方法，这些人中包括慕尼黑大学的斯庖恩（Herbert Spohn）。不过这些方法有与兰弗德的方法同样的缺点。这些手段的优点是高度的数学严格性，但是它们没有布鲁塞尔小组所发展的那么多的科学内容。

熵与创生

不可逆性与熵看来和所有事件中最重大的事件——时间、宇宙本身的诞生无可避免地连在一起。这启动所有事件的事件——宇宙的无中生有和熵的产生不可避免地结合在一起，因此是不可逆的。第三章讲过这个熵，它无所不在：彭齐亚斯和威尔逊在1965 年发现的来自全天的微波黑体辐射，相信是大爆炸的一个遗迹。这个黑体辐射由低能光子"稀粥"组成，遍布全宇宙，它是一个丰富的熵源。

可惜的是，这个熵不可能跟描述宇宙大尺度结构的爱因斯坦相对论方程挂钩。这些方程只能描述可逆过程，因此无法解释这个熵从何而来，除非用我们已经遇到过的、定义模糊的粗粒化。如果我们因为这办法是特殊的而不加采用，那么问题仍然存在：熵是如何产生的?

均兹格 (Edgar Günzig)、戈呵纽 (Géhéniau)、普里高津在 1987 年对此问题提出的一个解答,虽属臆测,却具有魅力。这个答案建筑在另外一些宇宙学家的想法之上,其中包括,除均兹格外,有布柔特 (Robert Brout) 和恩格勒尔特 (Fran ois Englert),他们的宇宙无中生有,在上面第四章中曾有讨论。

让我们来回想一下他们的看法:最初,时空是一无所有的,是平直的——根据爱因斯坦对引力的解释,那时没有物质使时空弯曲。海森伯的不确定性原理允许在短期间内可以免费借能量来创造宇宙。根据爱因斯坦的物质-能量关系,这能量产生物质(以黑洞形式),物质又引起时空的弯曲——也就是我们所谓的引力。从"无",我们得到相当多的"有";尽管如此,产生宇宙所需的总能量等于零,因为宇宙中所有引力的能量是负的,它和产生的质量的(正)能量恰好抵消。

本章前面我们试图用原子分子的语言来表达第二定律时,我们看到,混沌和动力学不稳定性这些概念与热力学不可逆性相容。这里的建议是:平直("闵可夫斯基")时空量子真空的不稳定性与不可预测性,经过种下充满物质的宇宙的创生的种子,导致出不可逆性。这样,物质形成的过程被认为是在宇宙学尺度上不可逆的,并且黑体辐射中的熵就是这个原始过程产生的。时间的诞生于是变为一个无可避免的单向过程。它是时间之箭的最终表现。

有人认为，宇宙创生以后，经历过一个"暴涨"膨胀阶段（其时黑洞蒸发），然后转变成我们今日熟悉的那种物质辐射混合体。这个模型中一个很有意思的特点是，我们在它里面再次看到时间的双重面目：不可逆性与重复。因为宇宙如果是开放的，也就是说，如果没有充分的物质把它拖向"大坍缩"，它就要一直膨胀下去，宇宙中的物质密度将要变为极端稀薄。这种情况相当于一个平直的时空，于是整个这场戏将要重演在大得非常非常多的尺度上。看来，我们在这本书里一再强调的时间的这双重性质，在无与伦比大的尺度上，居然也可能存在。

第九章　未结束的探索

> 我们已经达到了知识的统一，还是科学在矛盾的前提下已经土崩瓦解？这样的问题将使我们对时间的作用有一个更深入的认识。
>
> ——普里高津
> 《从实存到将然》

在我们试图建立时间之箭的努力中，仍然存在有许多问题。很多问题的解取决于高深的数学，然而还是为大胆的洞察和直觉留下了余地，它们可能会导致今天几乎没有想象到的新的概念。

我们已经为这不可逆佯谬苦恼了100多年：所谓的"基本"理论在区别过去和将来中遭到失败。诚然，这些可逆的理论给了我们对于世界的强大洞察力，但就是对于这同一个世界，死亡和腐烂在提醒我们，不可逆性和时间之箭有多么重要。

宇宙的诞生和膨胀也为时间之箭作证。同样作证的，还有离奇的长寿 K 介子的衰变；光波传播到将来而不是过去的偏向；物体混合、冷却和腐烂的倾向；以及演化树的多种多样的不对称性。只有在一个不可逆的世界里因果才能分明，因而一个合乎逻辑的对事件的陈述才可以成立。

不可逆性容许有一系列令人兴奋的可能性，因为只有有了不可逆性，才会有生命，才会有天地万物。许多人曾试图贬低它的作用；与此相反，我们现在知道如何来利用它。不可逆性可以帮助揭示我们在时间和空间中看到的许许多多变化万千的图案。它这种创造力也就是当今一些时髦词汇。诸如"耗散结构"、"自组织"、"混沌"，"复杂性"等后台。从今天的观点来看，不可能把不可逆性贬黜为虚幻一类，因为它的起因看来就是我们周围大自然中存在的动力学不稳定性。

如我们已经看到的，理解全部这种复杂性的关键，是处理非线性动力学的一个数学分支。它的应用今天已超出了"硬"科学的范围。无疑地，经济情况也一定有它的混沌方面（虽然它也同时受到随机的外部因素的驱动）。怪不得经济预报看来更像一种魔术而不像科学。

人类社会和动物社会也会形成顺着时间之箭的图像：从群体迁移到足球比赛中的万头攒动。这些社会可以看做是开放的和高度非线性的动力学系统，其中大量存在着反馈环和竞争。科学家们已经开始在寻找化学反应中的自组织和混沌和在人类及动物社会中出现的"革命"、"动乱"、"经济崩溃"等现象的对比。

不可能预测这种新的研究方法会导致什么，但是这种在物理学和社会科学之间的跨学科的交叉研究，看来对双方都有益。一方面，物理学家将了解更多的有关现实世界中的内禀复杂性；另一方面，社会科学家（甚至于政治家？）将会从数学处理方法中受益：它比那种含糊的、挥挥手式的解释要好。

有些科学家相信，简单地承认时间之箭"对许多经济过程提供了新的看法"。另一些人认为，在非平衡态热力学中发现的演化规律，有助于领会人类社会进行与发展中的大尺度图像。拉·浩亚研究所的威斯特（Bruce West）和加利福尼亚索尔克疫苗研究所的索尔克（Jonas Salk）相信，把简并处理和综合处理两种方法融合在一起，"我们将会认识到决定人类行为和演化的大自然法则。这样做也就会增加我们的能力，使我们更好地了解人的本性"。

非线性动力学和非平衡态热力学所取得的成果，已经震撼了20世纪的科学，并且对于时间给出了一个精深奥妙的重新评价。非线性方程向我们表明，热力学能够解释线性的时间，也能够解释循环的时间。当时间之箭毫不含糊地指向热力学平衡时，在向这一目的地疾进的过程之中，可能出现重复性的表现，例如化学钟里的颜色变化，黏菌发送出的一波一波的化学信息，或是人的心脏的跳动。我们也已经发现，这些非线性方程中包含着秩序和混沌两者的配方。在化学钟里，同样一组数学表述会产生规则的和无规则的两种颜色变化；混沌不是别的，正是自组织的一种不守规矩的形式。

化学钟不仅仅只是理想的、五彩缤纷的实验。化学钟也启示我们自然系统是如何成长和发展的。在人生的线性轨迹上——从胚胎、出生到死亡和腐烂，我们的细胞中含有的化学钟，柔和地调节着一系列维持生命所必需的循环。描述这些化学钟的数学分支不仅包含时间之箭，而且包含了生命的配方。

我们已经到了一个转折点。与其从原子和分子的抽象世界出发，去试图推导雪人和瓷器店公牛的宏观世界中的主导规律，为什么不反其道而行之？为什么不去相信我们的感觉所告诉我们的以及诗人们千百年来所描述过的一切？我们的世界中的基本现实，不是要在它最小的组成部分中发现，而是要在原子和分子的巨大集合的变化能力中发现，正如热力学第二定律所表述的那样。

这是一步大胆的充满想象力的跨越，但是当我们审视相空间图像时，我们已看到这步跨越是有良好基础的。这已向我们表明，简单的"可逆"机制如何产生出混沌和不可逆的行为。当一只摆动的摆锤的相空间图明显地限定为轨道上的一些点子，不再给出时间流逝的踪迹的时候，只要我们考虑其他更复杂的系统，我们就可以得出完全不同的结果。对于仅仅只有三个台球的情况，动力学表现就变得如此不稳定，以至于不可能预言它们的行为。相空间图变成黏糊糊的一团可能性，发芽抽出许多卷须，蔓延扩散开来，探索着无数的可能性。时间的流逝相应于这种绒毛的增长。

混沌的出现以及因此而出现的时间之箭，在当我们与我们周围的世界——其中物体含有无数个原子——打交道时，是如此清清楚楚地摆在我们眼前。当一个气体分子仅仅经过几次碰撞之后，我们就无法在任何肯定的程度上预言它的行为。对于更大质量的物体，例如绕日运行的一颗行星的轨道，在某些方面我们可以预言它在长得多的时间内的行为，甚至可达几百万年。但是即使如此，最终也会成为不可预测的。我们将只能够预言宇宙的大体性质。例如温度和密度。

这些关于复杂性的新想法，看起来会使传统科学颠倒过来。热力学第二定律，它描述巨大数目的分子的行为，是基本实际的一个部分。而简并主义，它企图单独用世界的微观成分的行为来解释世界，是无效的。与其认为时间之箭是一种幻觉，我们倒应该问一下，这些时间对称的"基本"定律是否是近似，或者是幻觉。它们看来毕竟只适用于极其简单的体系。

时间的箭头好似在某个特定的长度尺度上出现，这种可能性我们不用再管了。我们可以看到，时间之箭如何在事物复杂化的过程中揭示了自己。只有在绝对简单的理想程度上，它的作用仍然是个谜。

下一步将发生什么呢？看来我们在朝一个新的视野探索。因为，如普里高津所说："不可逆性不是对动力学定律的某种附加近似，而是把动力学置于一个更为庞大的形式体系之中。"绝不应该忘记，我们所知道的微观量子世界是扑朔迷离的——以测量问题为典型代表——它需要涉及一个宏观世界的预先存在，才使讨论具有一点点意义。并且，我们也已提到过，一个包括量子力学和广义相对论两者的更一般的理论，很可能是内禀时间不对称的。我们远不是已经接近对大自然彻底了解的尽头，像某些理论物理学家想使我们相信的那样；我们也许正处在一个崭新的大厦的入口处，在那里时间起的作用是主要的，而不是边缘的。

当前，多数科学家拥护简并派的观点。但是在我们贯穿整个科学的旅行之中，我们已经看到需要把宇宙作为一个整体来考虑，并因此采用一种更为综合的观点。如作家托夫勒（Alvin Toffler）所作的评论："当代西方文明最高度发展的技巧之一是分析，把问题分解成它们的最小组成单元。我们精于此道并为此而津津乐道。但是我们常常忘记把这些离枝碎片再拼合回去。"需要有一个新的理论，它能够使我们对时间之箭作深入理解。从贯穿于此书始终的讨论中我们可以清楚地看到，这新的理论应当能够做些什么。它应当驱逐掉从基础上破坏爱因斯坦相对论的奇点。它应当结束量子论中有关测量手段作用的争论。它应当最终地宣布时间旅行、新生儿自谋杀以及白洞（黑洞的时间反演）是非法的，宣布基于主观和幻想的论证是无效的。

我们所得到的无法避免的结论是，由于过分强调非常简单的或者理想化的模型，使得物理学家们所采用的传统方法，即使对于解释日常现象也是太狭隘了。我们必须认识到现实世界的内禀复杂性，并接受一个根本性的概念更新。

今天我们的努力已经远远超过了玻尔兹曼当初的想法，然而他的渊博见解仍然和我们相伴。我们所栖身的这个世界，将来有着无穷尽的可能性，而过去却不可复得地留在我们的后面。时间之箭对于保持科学的完整性是必不可少的。它是创造力的手段，用它，生命才能够被理解。只有通过对这些事实的认识，我们才能在理性上开始沟通人文与科学两方面的经验。

图书在版编目（CIP）数据

周读书系.时间之箭／（英）柯文尼，（英）海菲尔德著；江涛，向守平译. — 4 版. — 长沙：湖南科学技术出版社，2016.1（周读书系）

书名原文：The Arrow of Time: A Voyage ThroughScience To Solve Time's Greatest Mystery

ISBN 978-7-5357-8768-2

Ⅰ.①时 … Ⅱ.①柯 … ②海 … ③江 … ④向 … Ⅲ.①时空—研究 Ⅳ.① O412.1

中国版本图书馆 CIP 数据核字（2015）第 192297 号

The Arrow of Time

湖南科学技术出版社通过大苹果股份有限公司获得本书中文简体版中国大陆出版发行权。

著作权合同登记号：18-2006-035

卍 周读书系

时间之箭

著　　者：[英] 彼得·柯文尼　罗杰·海菲尔德
译　　者：江　涛　向守平
出 版 人：张旭东
丛书策划：朱建纲
责任编辑：吴　炜　戴　涛
整体设计：萧睿子
出版发行：湖南科学技术出版社
社　　址：长沙市湘雅路 276 号
　　　　　http://www.hnstp.com
邮购联系：本社直销科 0731-84375808
印　　刷：长沙超峰印刷有限公司
　　　　　（印装质量问题请直接与本厂联系）
厂　　址：长沙市金州新区泉洲北路 100 号
邮　　编：410600
出版日期：2016 年 1 月第 1 版第 1 次
开　　本：880mm×1230mm　1/32
印　　张：13.25
书　　号：ISBN 978-7-5357-8768-2
定　　价：40.00 元